图表细说电工实用技术

图表细说电工识图

君兰工作室　编
黄海平　审校

科学出版社
北京

内 容 简 介

本书重点介绍初级、中级电工应该掌握的识图与读图技能，主要内容包括：电气器件、开关、电磁继电器、电磁接触器、电磁开闭器、定时器等的动作和图形符号，顺序控制常用语，顺序控制图形符号，顺序图画法，电路的实际布线图及顺序图，基本电路的识读，电动机控制电路的识读，其他电路的识读等。

本书内容丰富，形式新颖、独特，穿插大量的图表，清晰、简洁、直观，易学易用，具有较高的参考阅读价值。

本书适合广大初级、中级电工技术人员，电气安装及维修人员，电工爱好者阅读，也可供工科院校相关专业师生阅读，还可供岗前培训人员参考阅读。

图书在版编目（CIP）数据

图表细说电工识图/君兰工作室编；黄海平审校.—北京：科学出版社，2014.5

（图表细说电工实用技术）

ISBN 978-7-03-039426-2

Ⅰ.图… Ⅱ.① 君…② 黄… Ⅲ.① 电路图-识别-图解 Ⅳ. TM13-64

中国版本图书馆CIP数据核字（2013）第312554号

责任编辑：孙力维　杨　凯 / 责任制作：魏　谨
责任印制：赵德静 / 封面设计：东方云飞

北京东方科龙图文有限公司 制作
http://www.okbook.com.cn

科 学 出 版 社 出版
北京东黄城根北街16号
邮政编码：100717
http://www.sciencep.com

新科印刷有限公司 印刷
科学出版社发行　各地新华书店经销

*

2014年5月第　一　版　　开本：787×1092　1/16
2014年5月第一次印刷　　印张：10 3/4
印数：1—4 000　　　　　字数：240 000

定价：34. 00元
（如有印装质量问题，我社负责调换）

前　言

为了帮助广大电工技术的初学人员较快地识读电路图，理解电路图，我们根据初学人员的特点和要求，结合多年的实际工作经验，特别编写了这本《图表细说电工识图》。希望读者通过阅读本书能对电工技术更有兴趣，活学活用其中的知识，提高自己的实际工作技能。

本书主要内容包括：电气器件的图形符号，开关的动作和图形符号，电磁继电器、电磁接触器、电磁开闭器的动作和图形符号，定时器的动作和图形符号，顺序控制常用语，顺序控制图形符号，顺序图画法，电路的实际布线图及顺序图，基本电路的识读，电动机控制电路的识读，其他电路的识读等。

本书的排版形式采用了全新的图表形式，版面清晰、简洁、直观，重点突出，易学易用，有较高的参考价值和较为舒适的阅读体验。

本书适合广大初级、中级电工人员，电气安装及维修人员，电工爱好者阅读，也可供工科院校相关专业师生阅读，还可供岗前培训人员参考阅读。

参考本书编写的人员还有张景皓、黄青、张玉娟、张钧皓、鲁娜、张学洞、张永奇、王文婷、凌玉泉、刘守真、王兰君、高惠瑾、朱雷雷、凌黎、谭亚林、刘彦爱、贾贵超等，在此一并表示感谢。

由于编者水平有限，书中难免存在错误和不当之处，敬请广大读者批评指正。

编　者

目　录

第10章 识读电动机控制电路

第11章 其他电路的识读

第1章 电气器件的图形符号

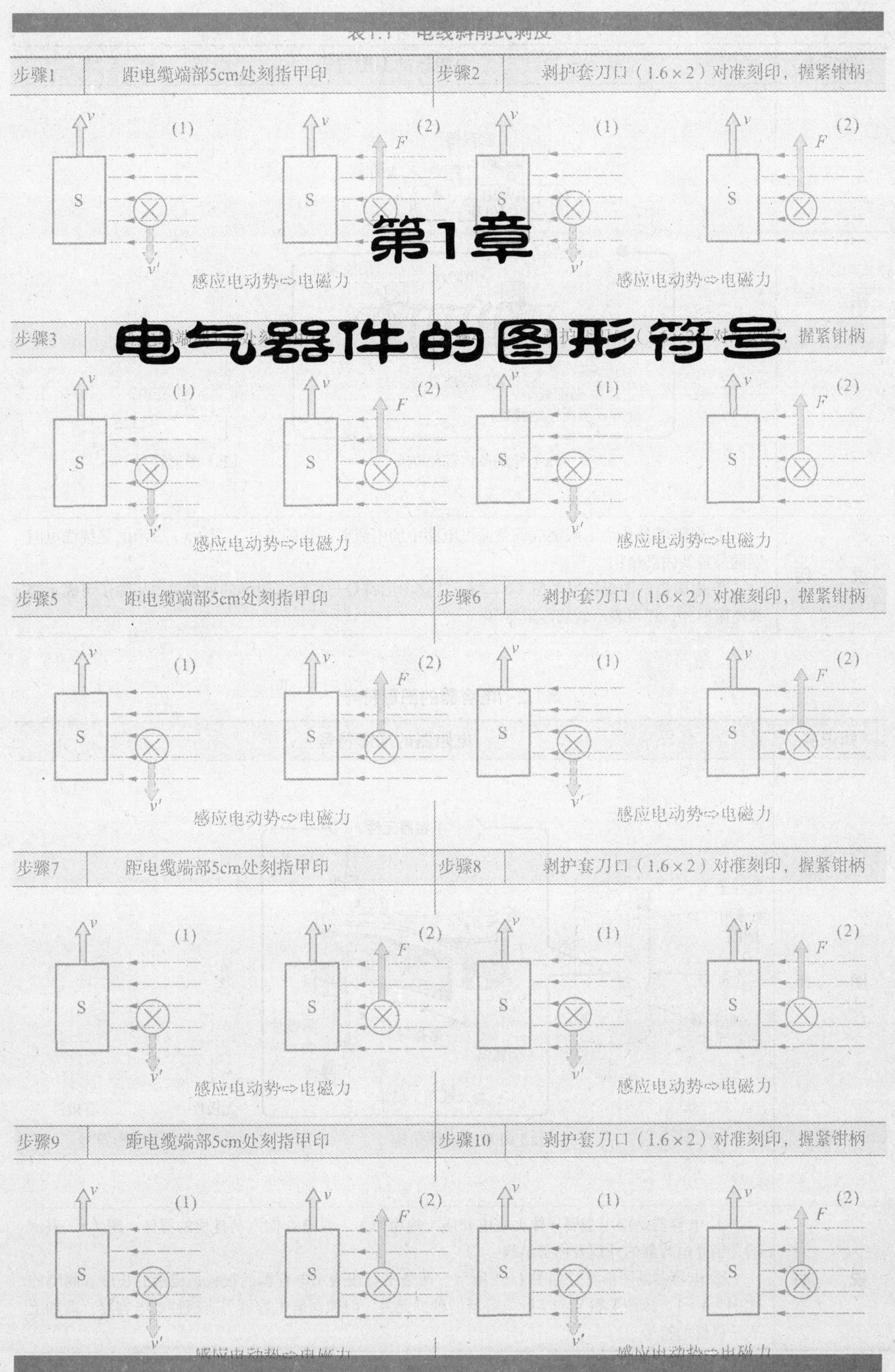

表1.1　电阻器的图形符号

知识点	电阻器的图形符号
图　示	接线端 电阻丝 断面板 RW2H 50ΩJ 内部结构 电阻丝 接线端 瓷制绕线管 断面板 (滑石质高频绝缘瓷) R （a）外观及内部结构　　（b）图形符号
说　明	① 电阻器是指为了限制或调整通过电路中的电流而制作的器件。图（a）表示的是绕线电阻器的外观及内部结构 ② 电阻器的图形符号如图（b）所示。该图形符号与实际电阻器的种类无关，除了可表示绕线电阻器外，还可表示碳膜电阻器等

表1.2　电容器的图形符号

知识点	电阻器的图形符号
图　示	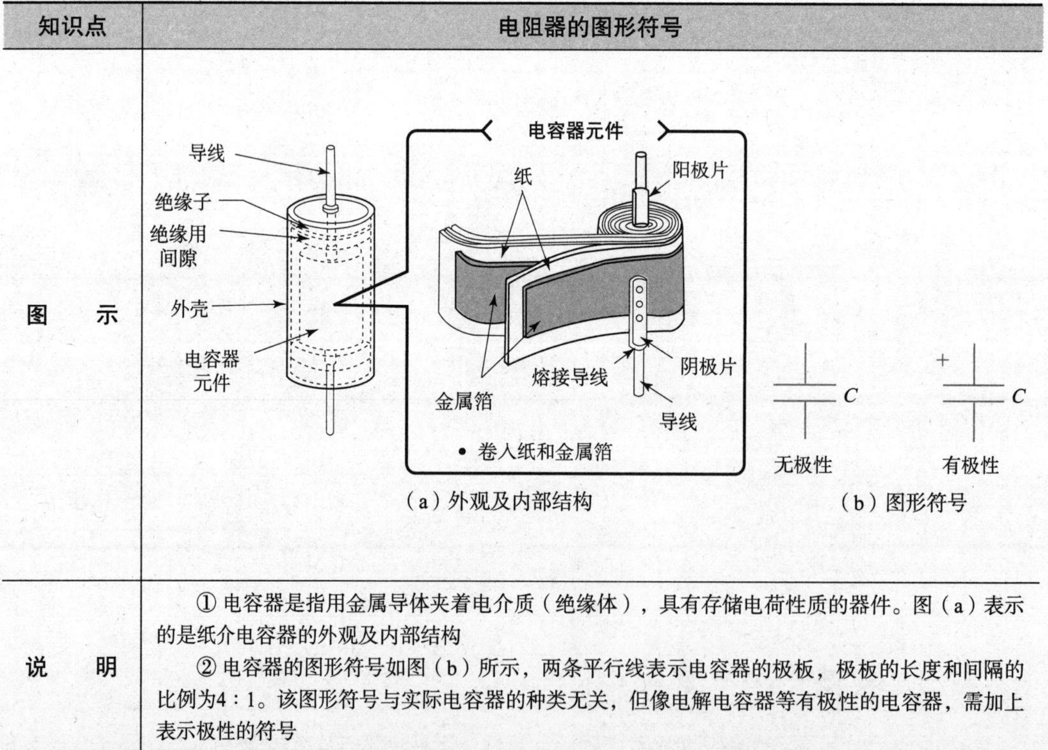 （a）外观及内部结构　　（b）图形符号
说　明	① 电容器是指用金属导体夹着电介质（绝缘体），具有存储电荷性质的器件。图（a）表示的是纸介电容器的外观及内部结构 ② 电容器的图形符号如图（b）所示，两条平行线表示电容器的极板，极板的长度和间隔的比例为4∶1。该图形符号与实际电容器的种类无关，但像电解电容器等有极性的电容器，需加上表示极性的符号

表1.3 配线断路器的图形符号

知识点1	配线断路器的工作原理
图　示	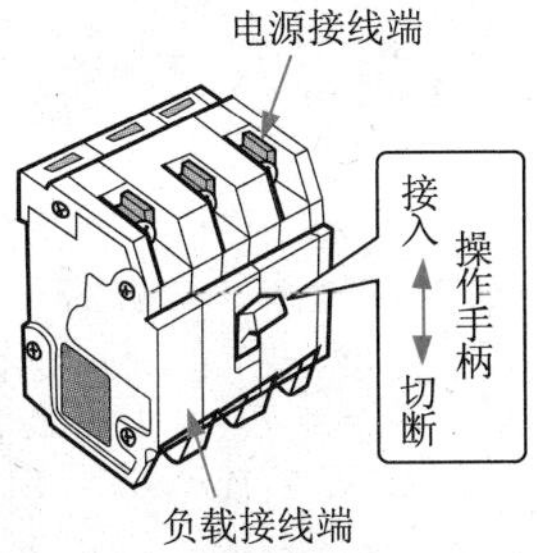 (a) 配线断路器的接入、切断 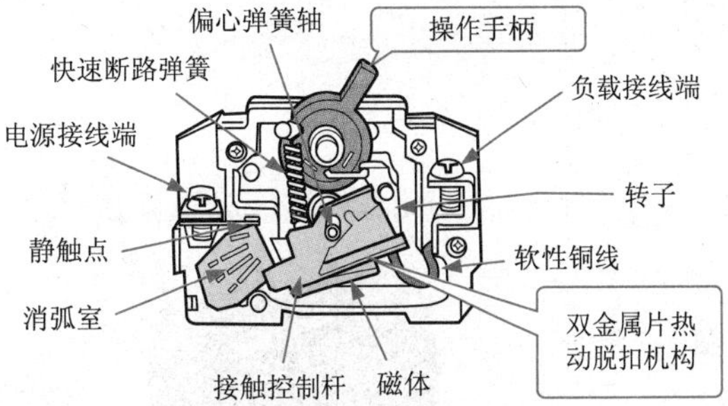　(b) 内部结构图(热动脱扣)
说　明	配线断路器一般也可以称为断路器或无保险丝断路器，是一种控制负载电流的开闭，在发生过载以及短路事故时，自动切断电路的器件。配线断路器正常负载状态的开闭操作如图（a）所示，根据接入、切断操作手柄来进行。在电路出现过电流以及短路时，配线断路器与热动脱扣机构（或电磁脱扣机构）联动，切断电路。配线断路器内部结构图如图（b）所示
知识点2	配线断路器的图形符号
图　示	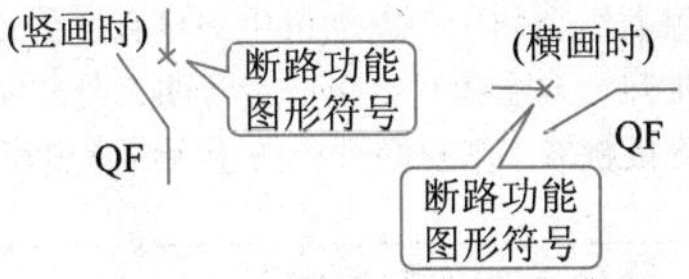 (a) 单　极 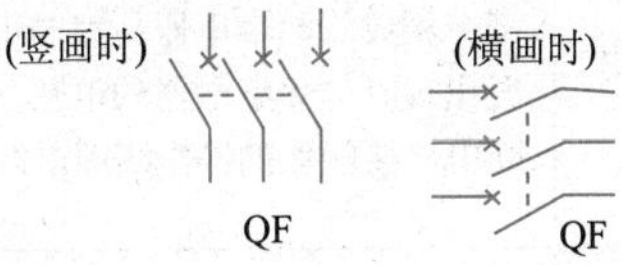　(b) 三　极
说　明	配线断路器的图形符号如上图所示，将静触点画成垂直的线段（竖画时），再从与操作手柄联动进行开闭动作的转子（动触点）左侧引斜线段（闭合触点的图形符号）来表示。并且，把表示断路功能的图形符号（图形符号：×）加到静触点的顶端

表1.4 熔断器的图形符号

知识点	熔断器的图形符号
图　示	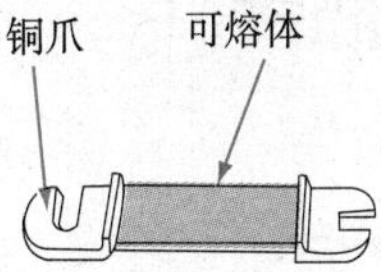 (a) 开放式熔断器 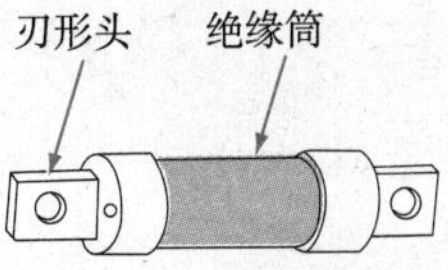　(b) 封闭式熔断器 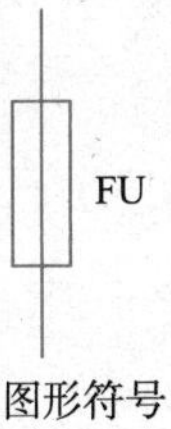　(c) 图形符号
说　明	① 熔断器是指用铅、锡等受热容易熔化的金属（称为可熔体）制成的，在电路发生短路事故，或电路中有超过规定值的大电流出现等情况下，可熔体自身会因发热而熔断，自动切断电路，从而保护电路的器件 ② 熔断器的结构如图（a）、（b）所示，可分为带接线片的熔丝那样的开放式熔断器和用纤维或者合成树脂等绝缘物覆盖可熔体的封闭式熔断器 ③ 熔断器的图形符号与种类无关，如图（c）所示

表1.5　热继电器的图形符号

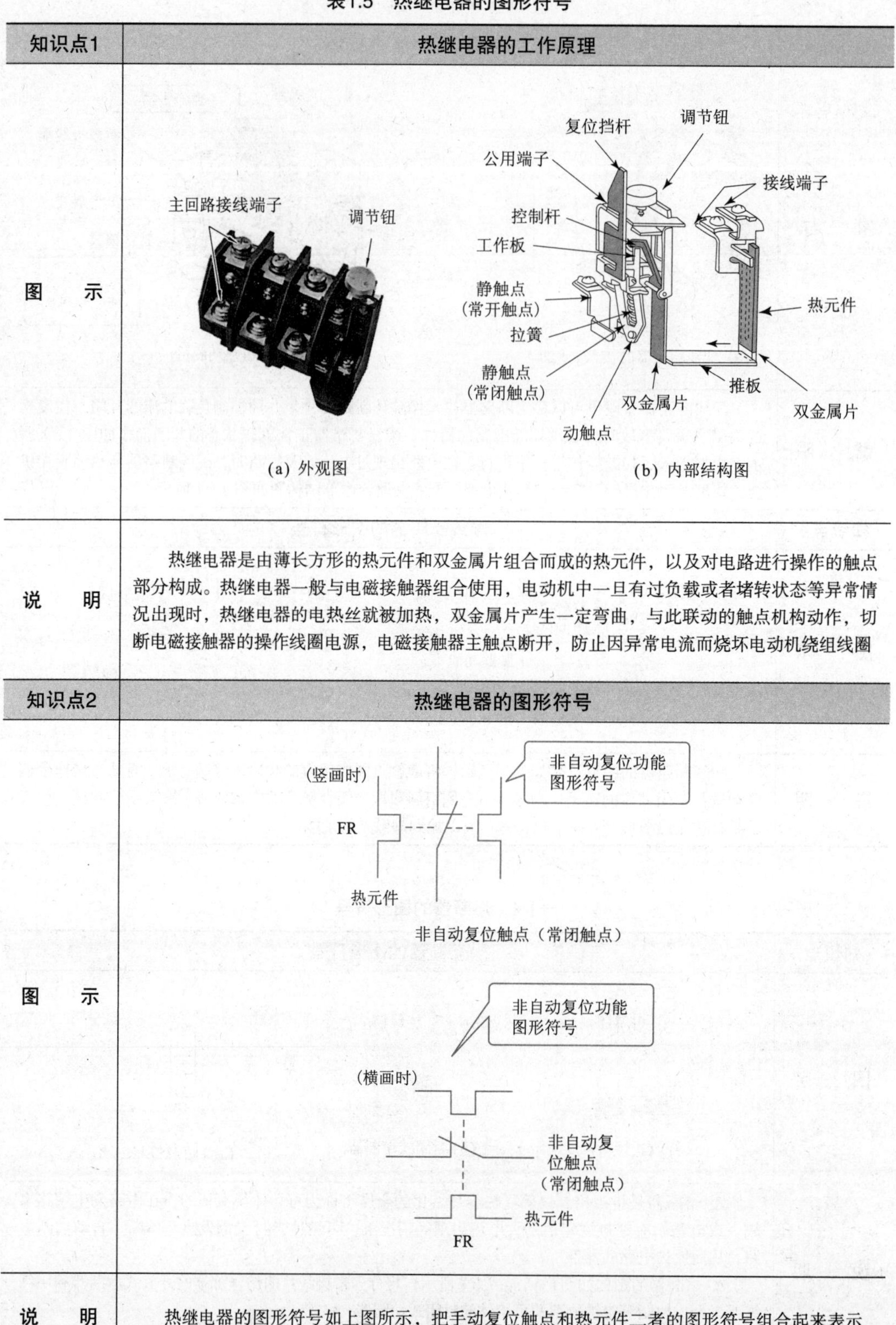

知识点1	热继电器的工作原理
图　示	(a) 外观图　　(b) 内部结构图
说　明	热继电器是由薄长方形的热元件和双金属片组合而成的热元件，以及对电路进行操作的触点部分构成。热继电器一般与电磁接触器组合使用，电动机中一旦有过负载或者堵转状态等异常情况出现时，热继电器的电热丝就被加热，双金属片产生一定弯曲，与此联动的触点机构动作，切断电磁接触器的操作线圈电源，电磁接触器主触点断开，防止因异常电流而烧坏电动机绕组线圈
知识点2	**热继电器的图形符号**
图　示	非自动复位触点（常闭触点）
说　明	热继电器的图形符号如上图所示，把手动复位触点和热元件二者的图形符号组合起来表示

表1.6 电池、直流电源的图形符号

知识点	电池直流电源的图形符号
图　示	 (a) 外观图(铅蓄电池) 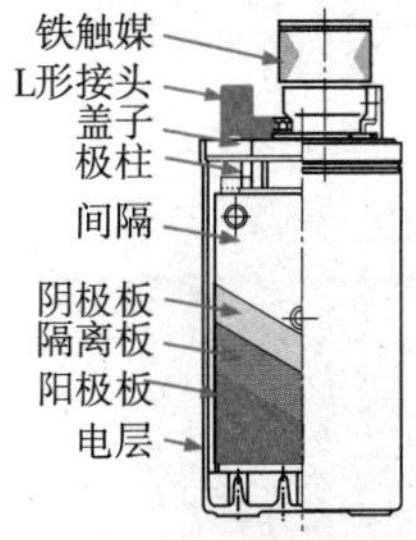　(b) 内部结构图 　(c) 图形符号
说　明	① 电池是指把浸在电解液中的两种不同金属具有的化学能转化为电能、获取直流电的装置。图（a）、（b）所示为铅蓄电池的外观及其内部结构 ② 电池、直流电源的图形符号如图（c）所示，采用同样的图形符号，具体表现时表示电池，抽象表现时表示直流电源

表1.7 计量仪器的图形符号

知识点1	计量仪器
图　示	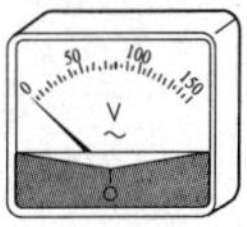 线圈中一通有电流就产生磁极(根据N极和N极, S极和S极的斥力，轴旋转) (a) 交流电压表 　(b) 交流电流表 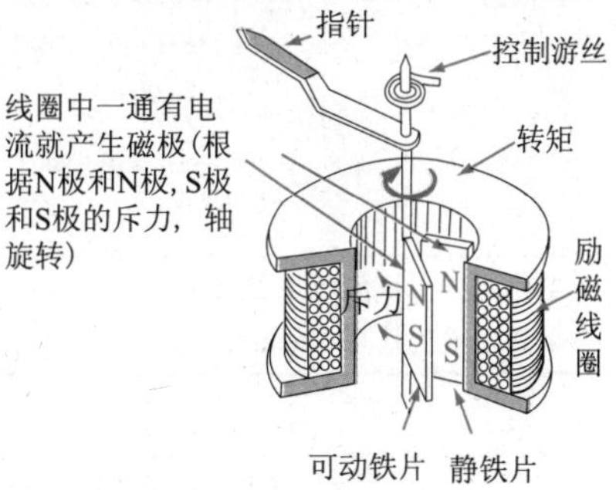　(c) 内部结构图(动铁片形)
说　明	计量仪器是用来测定电路中各种量的仪器，测定电流的仪器称为电流表，测定电压的仪器称为电压表，其中测定直流电压的是直流电压表，测定交流电压的是交流电压表。一般来说，交流电压表、电流表中最常使用的是图（c）所示的可动铁片形状的装置
知识点2	**计量仪器的图形符号**
图　示	 (a) 电压表 　(b) 电流表  (c) 功率表 　(d) 直流用 　(e) 交流用
说　明	计量仪器的图形符号如上图所示，用在圆圈中写入表示种类的文字或加入符号来表示。例如，如果把A写入圆圈中，就表示电流表。区别用于直流还是交流时，除了表示种类的文字，还要附加图（d）、（e）所示的符号

表1.8 电动机、发电机的图形符号

知识点1	电动机和发电机
图　示	定子铁心 定子线圈 通风扇 轴 轴承 转子铁心 接线盒 (a)电动机外观图　(b)电动机内部结构图
说　明	电动机是指利用从电源得到电力来产生机械动力的旋转机器。利用直流电产生机械动力的电动机叫做直流电动机，利用交流电产生机械动力的电动机叫做交流电动机。一般来说，作为机械和装置的动力源，大多采用图（a）所示的感应电动机，其内部结构如图（b）所示。发电机是指受到机械动力产生电力的旋转机。其中，受到机械动力产生直流电力的发电机是直流发电机，产生交流电力的发电机是交流发电机
知识点2	电动机和发电机的图形符号
图　示	M　G (a) 电动机　(b) 发电机
说　明	电动机和发电机的图形符号如上图所示，如果是电动机就在圆圈中写入大写的motor首字母M，如果是发电机就写入generator的大写首字母G

表1.9 变压器的图形符号

知识点1	变压器
图　示	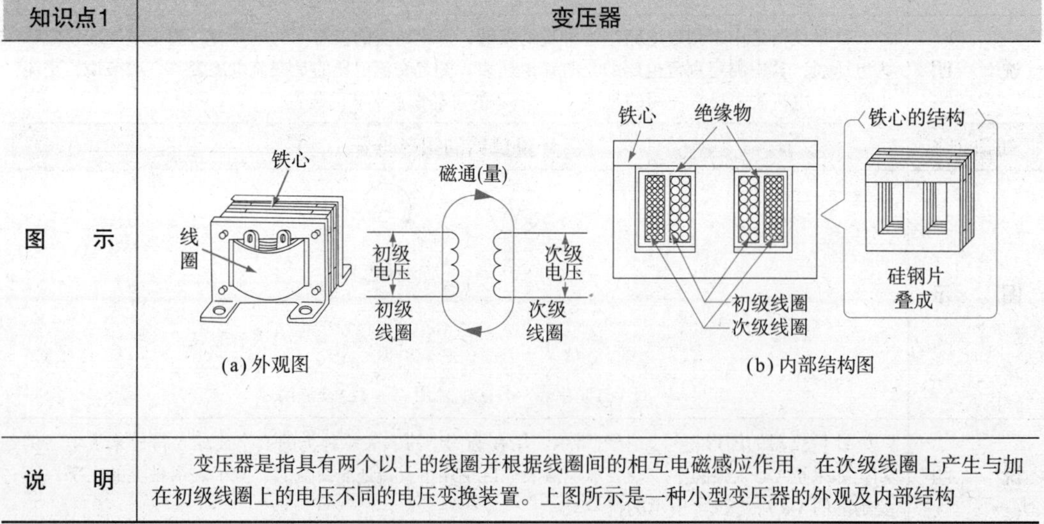 (a) 外观图　(b) 内部结构图
说　明	变压器是指具有两个以上的线圈并根据线圈间的相互电磁感应作用，在次级线圈上产生与加在初级线圈上的电压不同的电压变换装置。上图所示是一种小型变压器的外观及内部结构

续表1.9

知识点2	变压器的图形符号
图　示	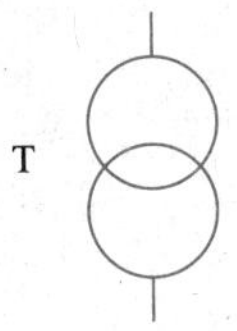 T 用于单线图 (a) 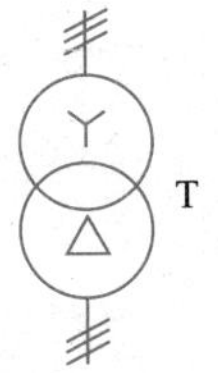 T 用于单线图 （三相变压器Y-△接线） (b) 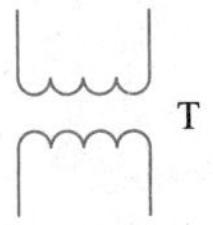 T 用于多线图 (c) 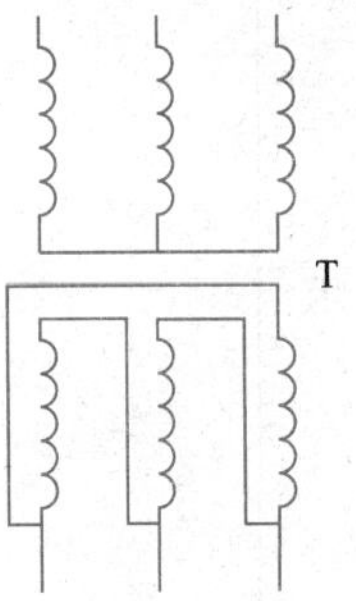 T 用于多线图 （三相变压器Y-△接线） (d)
说　明	上图所示是变压器的图形符号，其中图（a）、图（b）用于单线图，图（c）、图（d）用于多线图

表1.10　指示灯的图形符号

知识点1	指示灯
图　示	 发光部分 插座部分 HL (a) 外观图 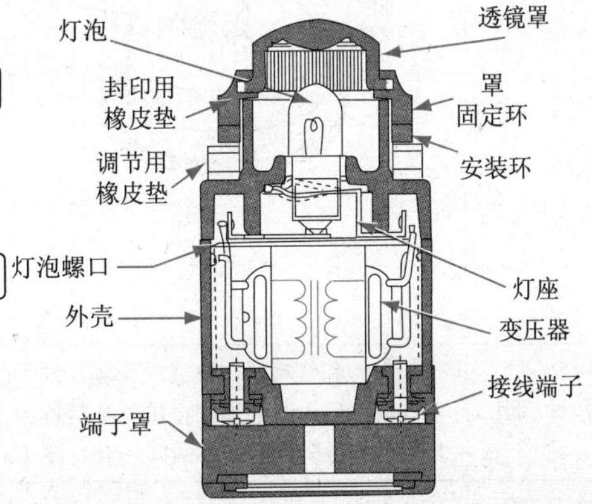 灯泡 封印用橡皮垫 调节用橡皮垫 灯泡螺口 外壳 端子罩 透镜罩 罩固定环 安装环 灯座 变压器 接线端子 (b) 内部结构图
说　明	指示灯是指通过灯泡的点亮或熄灭来表示运转、停止、故障等的器件，用在配电盘、控制盘等器件上表示电路控制的工作状态，也称为监视灯或信号灯。指示灯是由灯泡和分色透镜组成的发光单元，以及用于使电路电压降为灯泡电压的变压器或串联电阻组成。一般指示灯的外观如图（a）所示，其内部结构如图（b）所示

续表1.10

知识点2	指示灯的图形符号
图　示	(a)　GL (b) 区别颜色时用下面的符号 红 (Red) RL 绿 (Green) GL 蓝 (Blue) BL 黄 (Yellow) YL 白 (White) WL
说　明	指示灯的图形符号如上图所示，在圆圈中画×标记来表示。特别注意，区别指示灯颜色时应附加其他的符号含义，如红色用RL（red lamp）、绿色用GL（green lamp）、蓝色用BL（blue lamp）、白色用WL（white lamp）

表1.11　电铃、蜂鸣器的图形符号

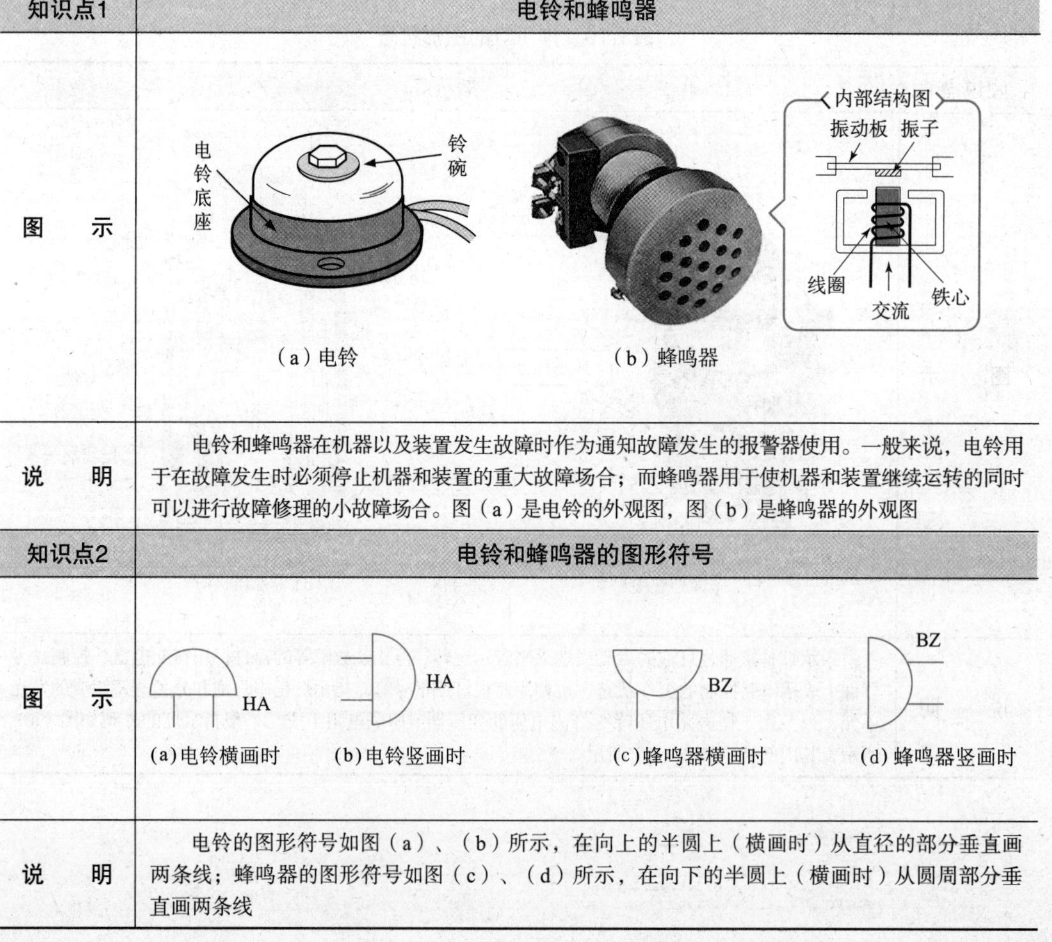

知识点1	电铃和蜂鸣器
图　示	（a）电铃　（b）蜂鸣器
说　明	电铃和蜂鸣器在机器以及装置发生故障时作为通知故障发生的报警器使用。一般来说，电铃用于在故障发生时必须停止机器和装置的重大故障场合；而蜂鸣器用于使机器和装置继续运转的同时可以进行故障修理的小故障场合。图（a）是电铃的外观图，图（b）是蜂鸣器的外观图
知识点2	电铃和蜂鸣器的图形符号
图　示	(a)电铃横画时　(b)电铃竖画时　(c)蜂鸣器横画时　(d)蜂鸣器竖画时
说　明	电铃的图形符号如图（a）、（b）所示，在向上的半圆上（横画时）从直径的部分垂直画两条线；蜂鸣器的图形符号如图（c）、（d）所示，在向下的半圆上（横画时）从圆周部分垂直画两条线

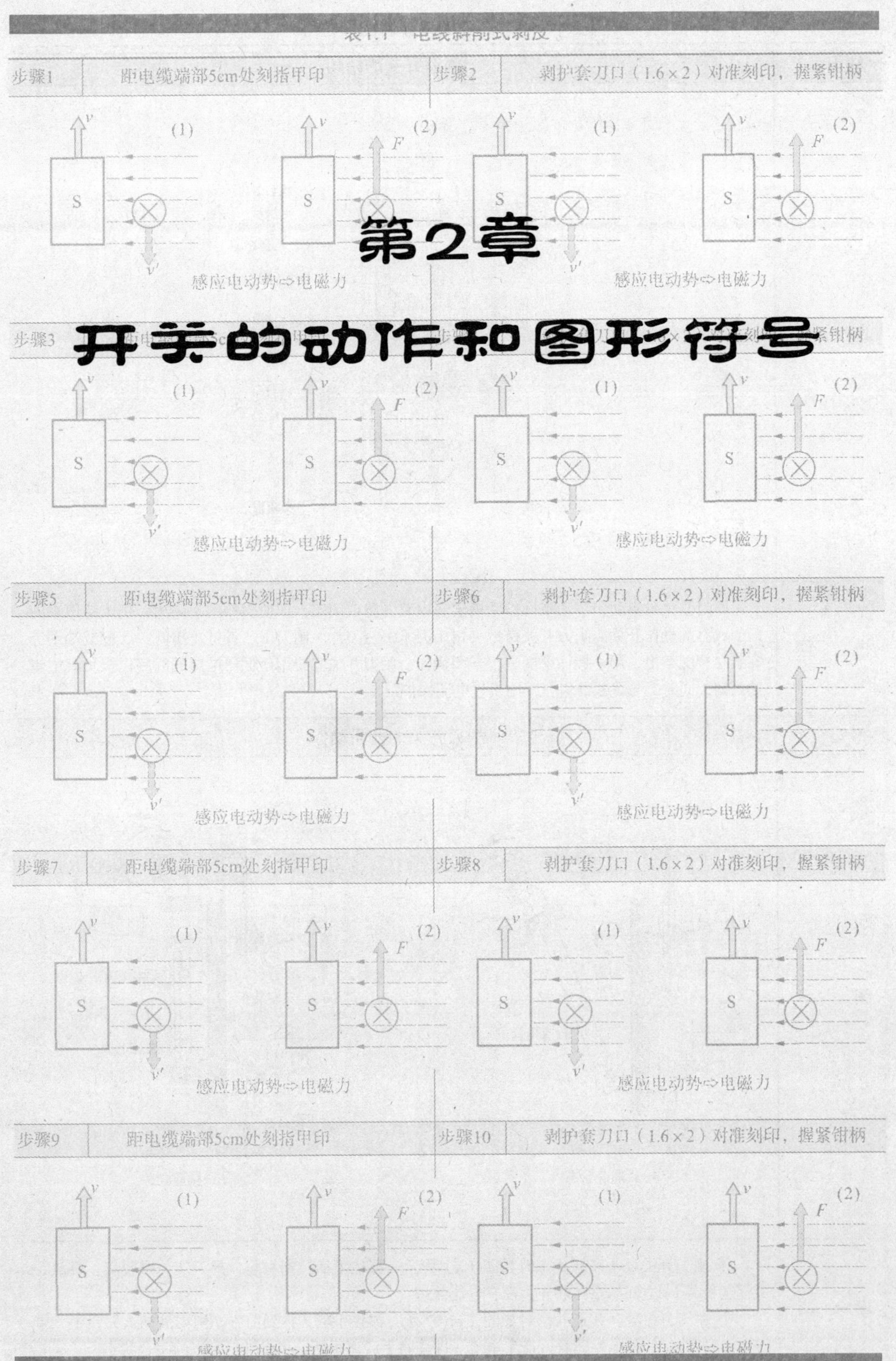

第2章

开关的动作和图形符号

表2.1 闸刀开关的动作和图形符号

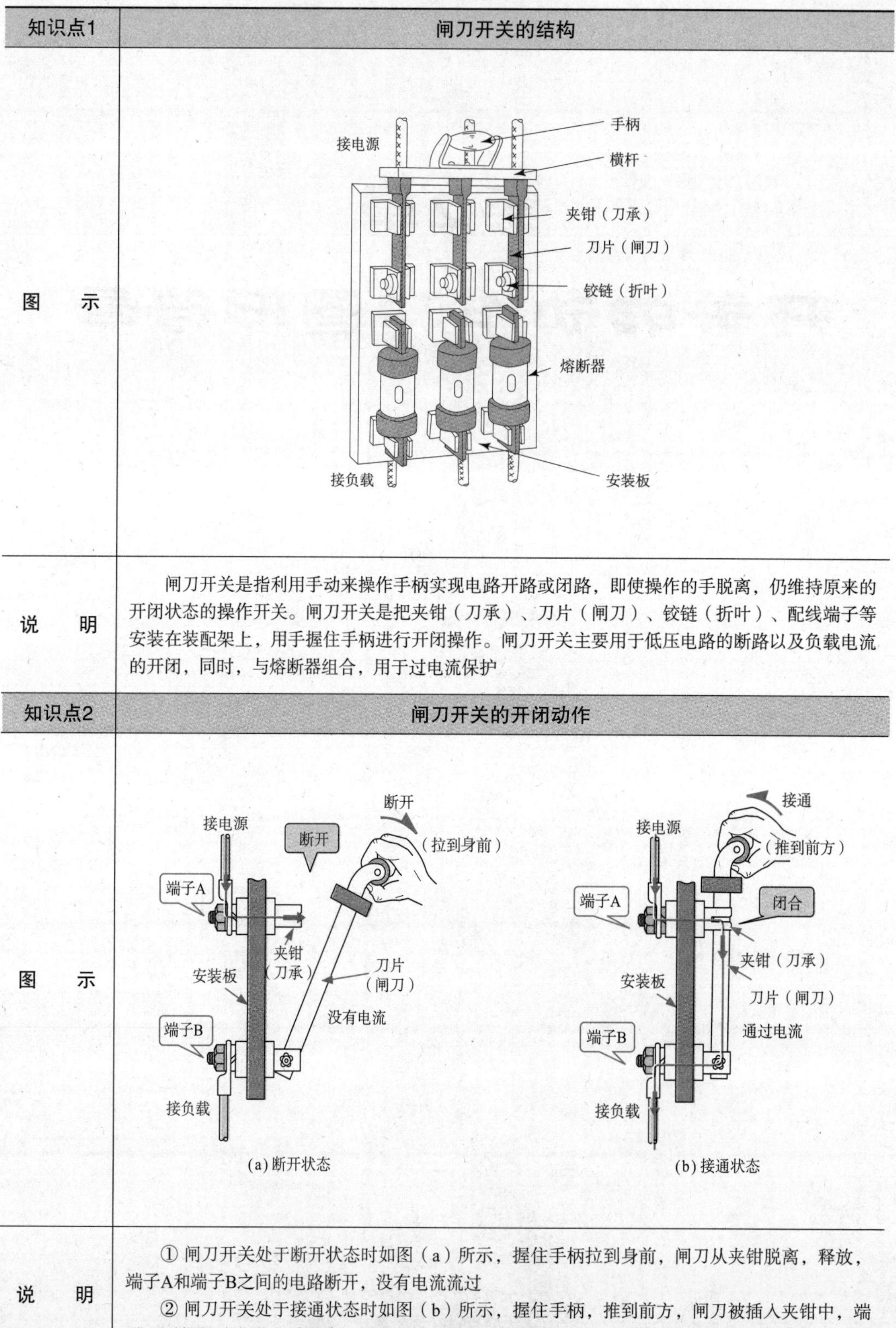

知识点1	闸刀开关的结构
图　　示	(a) 断开状态
说　　明	闸刀开关是指利用手动来操作手柄实现电路开路或闭路，即使操作的手脱离，仍维持原来的开闭状态的操作开关。闸刀开关是把夹钳（刀承）、刀片（闸刀）、铰链（折叶）、配线端子等安装在装配架上，用手握住手柄进行开闭操作。闸刀开关主要用于低压电路的断路以及负载电流的开闭，同时，与熔断器组合，用于过电流保护
知识点2	**闸刀开关的开闭动作**
图　　示	(a) 断开状态　　(b) 接通状态
说　　明	① 闸刀开关处于断开状态时如图（a）所示，握住手柄拉到身前，闸刀从夹钳脱离，释放，端子A和端子B之间的电路断开，没有电流流过 ② 闸刀开关处于接通状态时如图（b）所示，握住手柄，推到前方，闸刀被插入夹钳中，端子A和端子B之间的电路闭合，产生电流。即使将手脱离手柄，仍然维持原来的闭合状态

续表2.1

知识点3	闸刀开关的图形符号
图　示	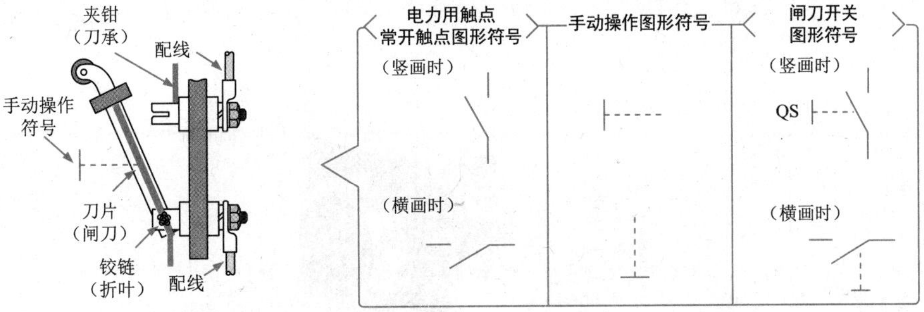 夹钳（刀承） 配线 手动操作符号 刀片（闸刀） 铰链（折叶） 配线 电力用触点常开触点图形符号 （竖画时） （横画时） 手动操作图形符号 闸刀开关图形符号 （竖画时） QS （横画时）
说　明	闸刀开关的图形符号全部忽略机械性细节，即用未用手操作的断开状态来表示。闸刀开关的图形符号如上图所示，实际上用垂直线段（竖画时）表示电流流过的夹钳，与之相对，用左侧的斜线段（电力用触点常开触点图形符号）表示闸刀。并且，由于用手动来操作手柄，所以把手动操作图形符号（图形符号：|---）附加在表示闸刀的斜线段左侧，其文字符号用QS表示
知识点4	二极闸刀开关的图形符号
图　示	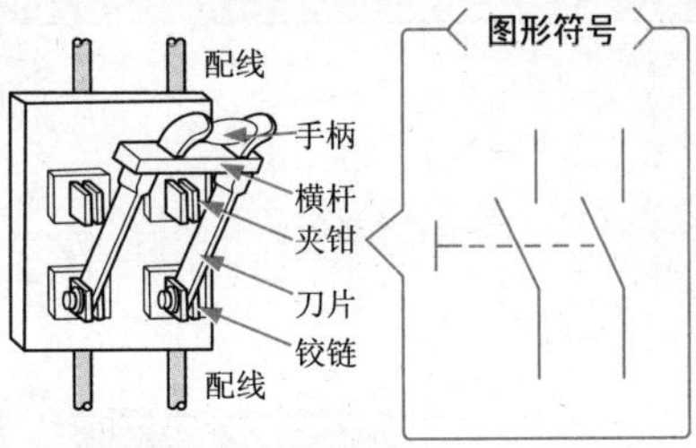 配线 手柄 横杆 夹钳 刀片 铰链 配线 图形符号
说　明	同时开闭两个电路的二极闸刀开关的图形符号如上图所示，用各自的垂直线段以及斜线段，即独立的电力用触点常开触点的图形符号来表示二极的夹钳和闸刀。并且，根据手柄的操作，同时开闭二极的闸刀，因此，延长手动操作图形符号（图形符号：|---）的虚线，连接到表示闸刀的斜线段上
知识点5	三极闸刀开关的图形符号
图　示	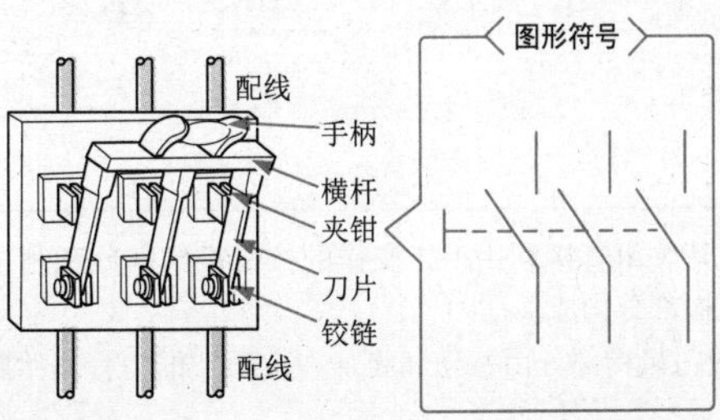 配线 手柄 横杆 夹钳 刀片 铰链 配线 图形符号
说　明	上图所示为在三相交流电路等电路中同时开闭三个电路的闸刀开关的图形符号

表2.2　按钮开关的结构

知识点1	按钮开关和手动操作自动复位触点
图　示	
说　明	按钮开关是利用手指按下按钮，触点机构部分进行开闭动作，使电路开路或闭路，手指一脱离，自动利用弹簧力，还原到原始状态的控制用操作开关。我们把像按钮开关的触点那样，操作时手动进行，手指一脱离，自动复位还原到原始状态的触点称为手动操作自动复位触点
知识点2	**按钮开关的结构**
图　示	
说　明	按钮开关由直接利用手指操作的按钮机构部分和利用从按钮机构部分受到的力来开闭电路的触点机构部分构成： ① 按钮机构部分由按钮和将加在按钮上的力传递给触点机构部分的按钮轴，以及支持它的按钮台构成 ② 触点机构部分由直接进行电路开闭的动触点、静触点、有使触点复位作用的触点复位弹簧、配线用的接线端、存放触点机构的塑料外壳构成

表2.3　按钮开关常开触点的动作和图形符号

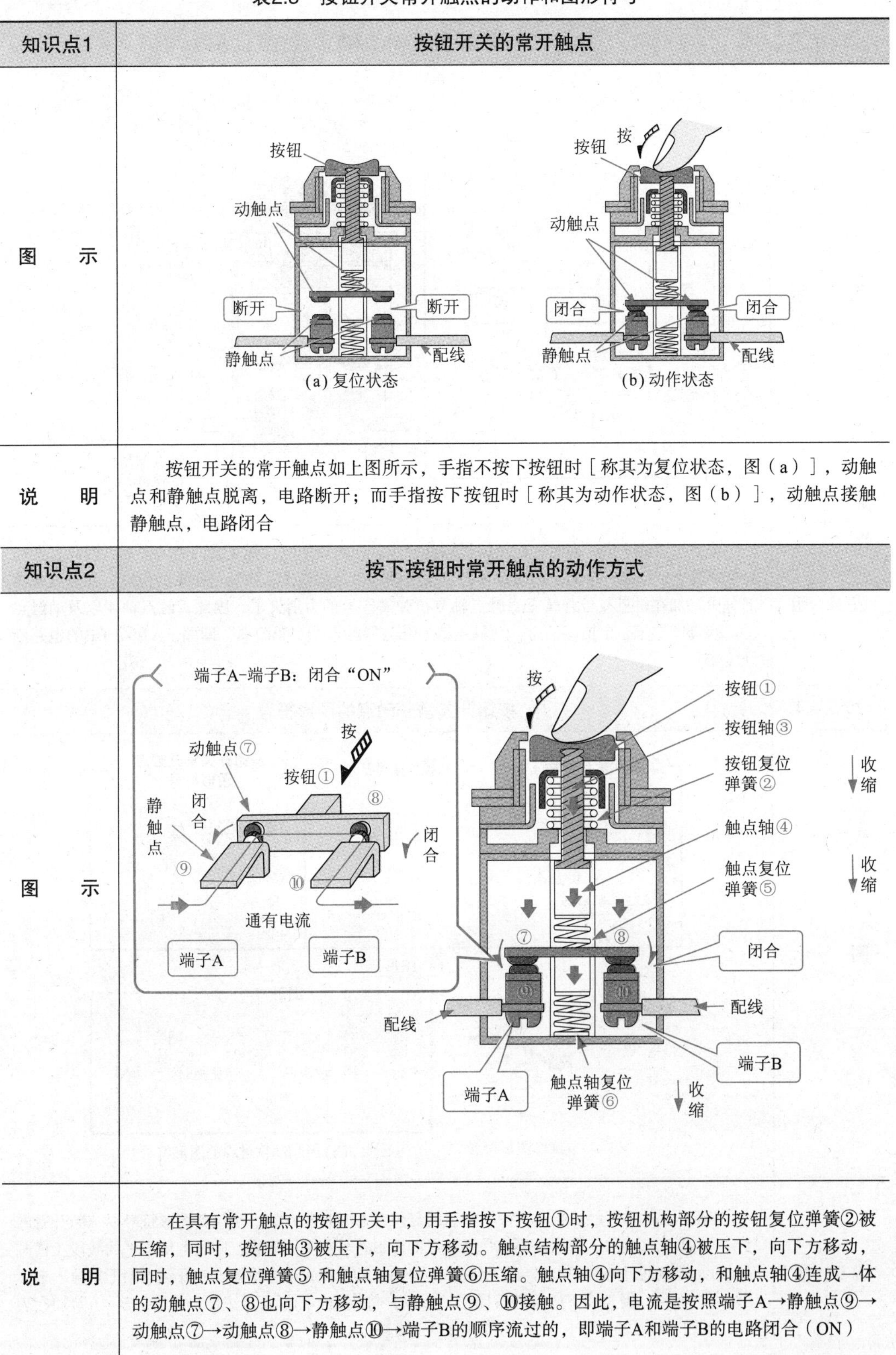

知识点1	按钮开关的常开触点
图　示	
说　明	按钮开关的常开触点如上图所示，手指不按下按钮时［称其为复位状态，图（a）］，动触点和静触点脱离，电路断开；而手指按下按钮时［称其为动作状态，图（b）］，动触点接触静触点，电路闭合
知识点2	**按下按钮时常开触点的动作方式**
图　示	
说　明	在具有常开触点的按钮开关中，用手指按下按钮①时，按钮机构部分的按钮复位弹簧②被压缩，同时，按钮轴③被压下，向下方移动。触点结构部分的触点轴④被压下，向下方移动，同时，触点复位弹簧⑤和触点轴复位弹簧⑥压缩。触点轴④向下方移动，和触点轴④连成一体的动触点⑦、⑧也向下方移动，与静触点⑨、⑩接触。因此，电流是按照端子A→静触点⑨→动触点⑦→动触点⑧→静触点⑩→端子B的顺序流过的，即端子A和端子B的电路闭合（ON）

续表2.3

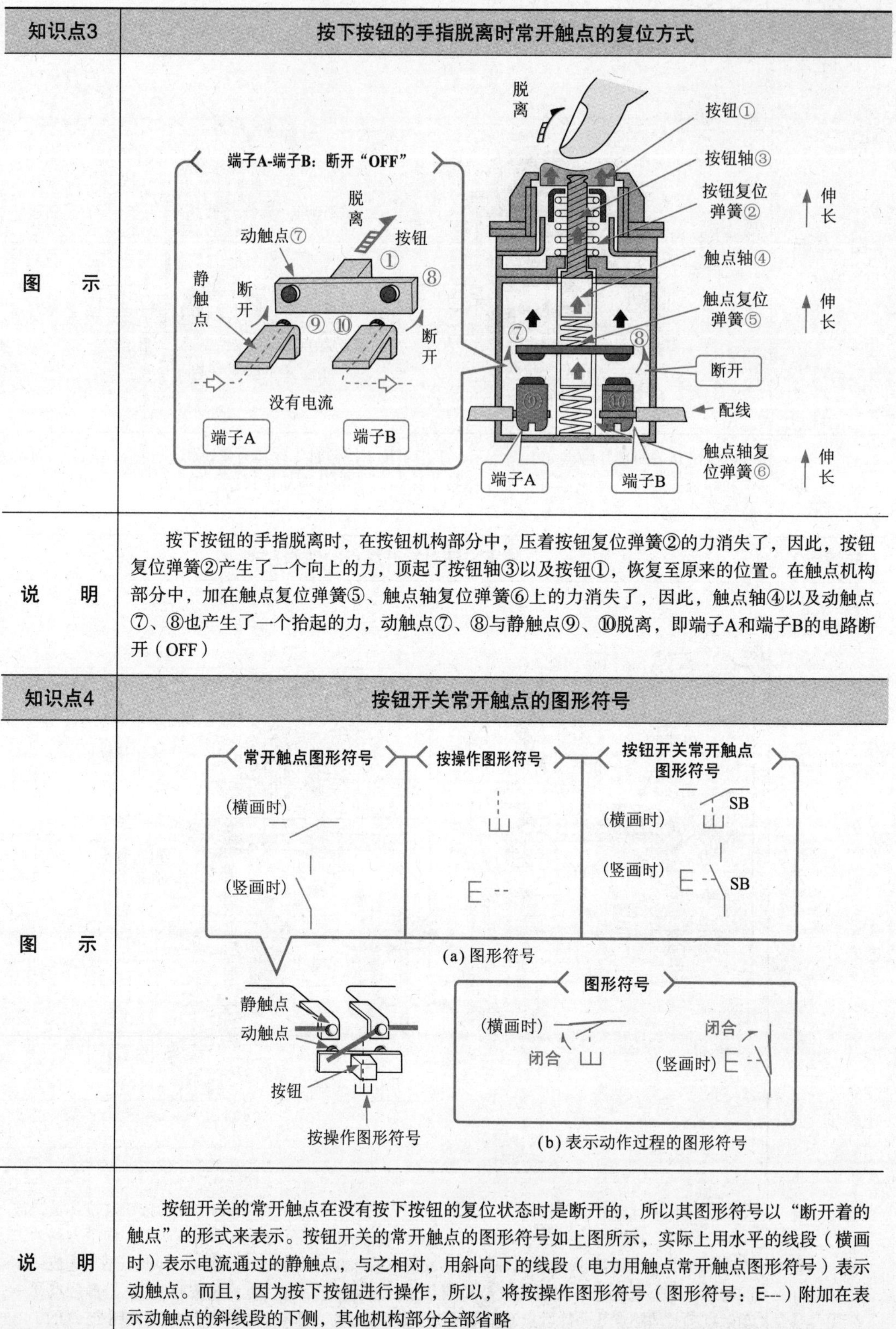

(a) 图形符号

(b) 表示动作过程的图形符号

知识点3	按下按钮的手指脱离时常开触点的复位方式
图示	（见上图）
说明	按下按钮的手指脱离时，在按钮机构部分中，压着按钮复位弹簧②的力消失了，因此，按钮复位弹簧②产生了一个向上的力，顶起了按钮轴③以及按钮①，恢复至原来的位置。在触点机构部分中，加在触点复位弹簧⑤、触点轴复位弹簧⑥上的力消失了，因此，触点轴④以及动触点⑦、⑧也产生了一个抬起的力，动触点⑦、⑧与静触点⑨、⑩脱离，即端子A和端子B的电路断开（OFF）
知识点4	按钮开关常开触点的图形符号
图示	（见上图）
说明	按钮开关的常开触点在没有按下按钮的复位状态时是断开的，所以其图形符号以“断开着的触点”的形式来表示。按钮开关的常开触点的图形符号如上图所示，实际上用水平的线段（横画时）表示电流通过的静触点，与之相对，用斜向下的线段（电力用触点常开触点图形符号）表示动触点。而且，因为按下按钮进行操作，所以，将按操作图形符号（图形符号：E---）附加在表示动触点的斜线段的下侧，其他机构部分全部省略

续表2.3

知识点5	按钮开关常开触点的顺序动作
图　示	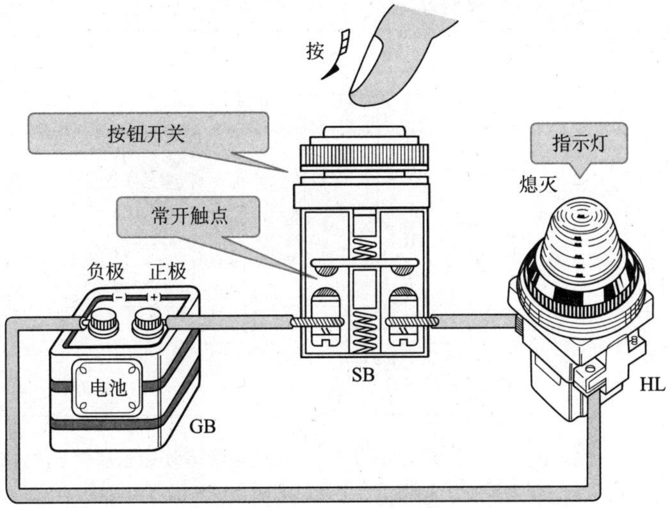
说　明	将指示灯连接在具有常开触点的按钮开关上，按下按钮，指示灯点亮，手指一脱离按钮，指示灯随即熄灭 •实物连接图。上图所示是一个把电池作为电源，将具有常开触点的按钮开关和电灯串联连接的实物连接图
图　示	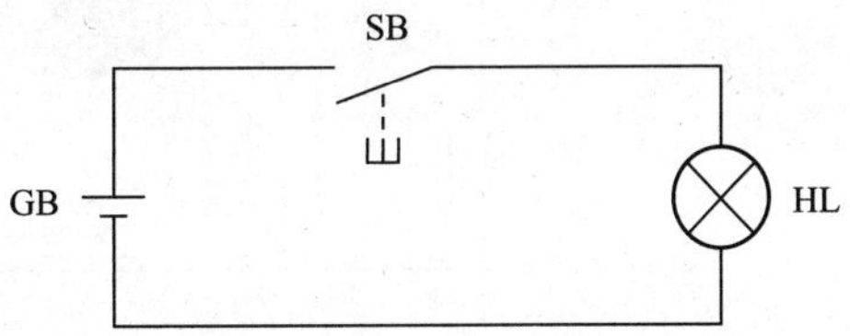
说　明	•电路图。实物连接图与其说是图不如说是画，如果用器件的电气图形符号表示它，器件的配置按原样显示则是上图所示的电路图
图　示	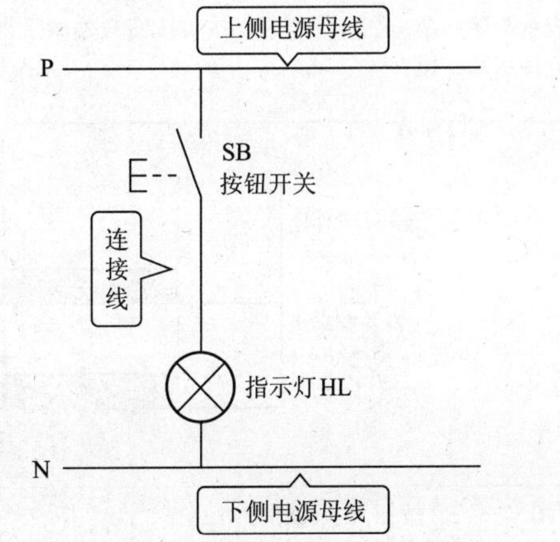 P：正（+）极(positive)；N：负（−）极(negative)

续表2.3

说　明	•顺序图。在顺序图中没有详细表示电源电路。原则上，把上下的横线作为电源母线来表示；连接器件的连接线在上下母线之间用笔直的竖线来表示；将器件连接在两条电源母线之间，这可以说是顺序图的特点
图　示	步骤[2] 通有电流 P 闭合 SB 步骤[1] 按下按钮 ON 按 HL 步骤[3] 指示灯点亮 点亮 N 指示灯电路
说　明	•按钮开关常开触点的动作步骤。上图是用顺序图表示从按下按钮开关SB到指示灯HL点亮的动作步骤：按下按钮开关SB，其常开触点闭合→指示灯电路中有电流流过→指示灯点亮
图　示	步骤[2] 没有电流 P 断开 SB 步骤[1] 按下按钮的手脱离 ON 脱离 HL 步骤[3] 指示灯熄灭 熄灭 N 指示灯电路
说　明	•按钮开关常开触点的复位步骤。从按着按钮开关SB的手指脱离按钮到指示灯HL熄灭，将其动作步骤表示为顺序图，如上图所示。按着按钮开关的手指脱离，其常开触点断开→指示灯电路中没有电流→指示灯熄灭。
图　示	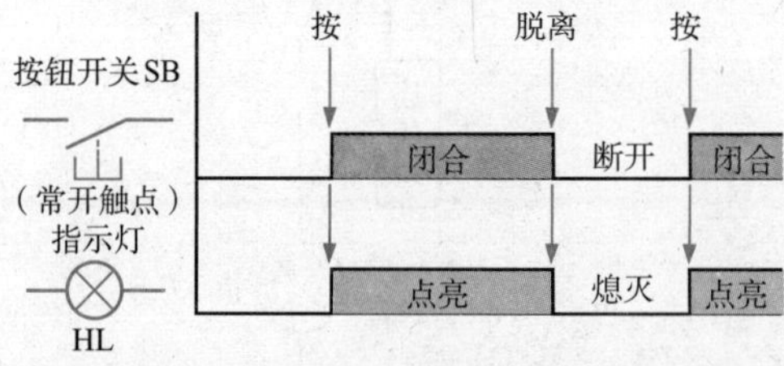
说　明	•时序图。将按着按钮开关时指示灯点亮，与手指脱离按钮开关时指示灯熄灭的时间性变化表示在时序图上，如上图所示，在纵轴上按照控制的顺序排列画出控制器件，在横轴上显示时间性的变化

表2.4　按钮开关常闭触点的动作和图形符号

知识点1	按钮开关的常闭触点
图　示	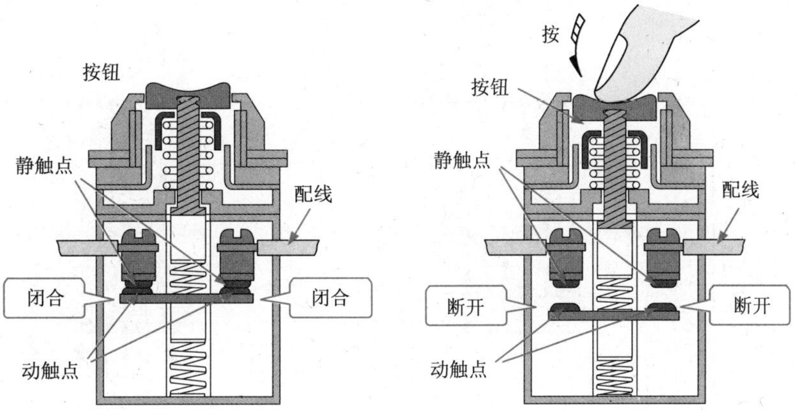 按钮 静触点 配线 闭合 闭合 动触点 (a) 复位状态 按 按钮 静触点 配线 断开 断开 动触点 (b) 动作状态
说　明	按钮开关的常闭触点如上图所示，手指不按下按钮时［称其为复位状态，图（a）］，动触点和静触点接触，电路闭合；手指按下按钮时［称其为动作状态，图（b）］，动触点和静触点脱离，电路断开
知识点2	按下按钮时常闭触点的动作方式
图　示	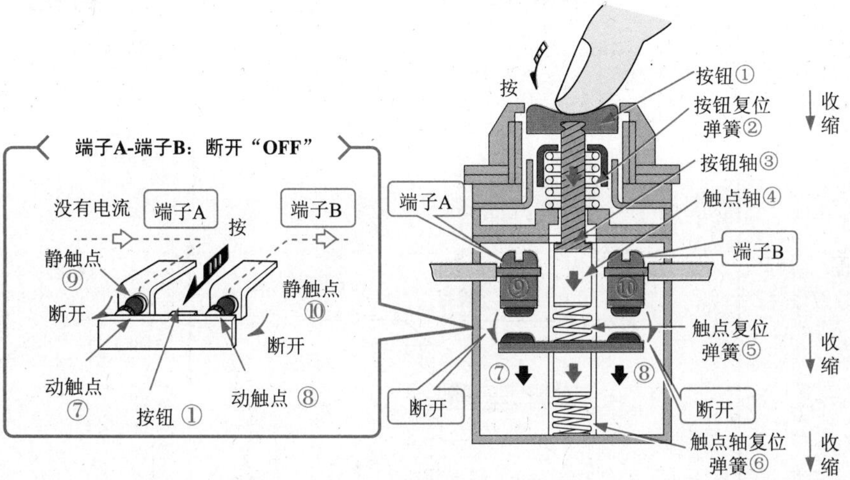 端子A-端子B：断开“OFF” 没有电流 端子A 端子B 按 静触点⑨ 断开 静触点⑩ 断开 动触点⑦ 按钮① 动触点⑧ 按 按钮① 按钮复位弹簧② 收缩 按钮轴③ 端子A 触点轴④ 端子B ⑨ ⑩ 触点复位弹簧⑤ 收缩 ⑦ ⑧ 断开 断开 触点轴复位弹簧⑥ 收缩
说　明	在具有常闭触点的按钮开关中，用手指按下按钮①，按钮机构部分的按钮复位弹簧②被压缩，同时，按钮轴③被压下，向下方移动。按钮轴③向下方移动，触点机构部分的触点轴④被压下，向下方移动，同时，触点复位弹簧⑤和触点轴复位弹簧⑥被压缩，与常开触点的情况完全相同。触点轴④向下方移动，与触点轴④连成一体的动触点⑦和⑧也向下方移动，与静触点⑨和⑩脱离，即端子A和端子B的电路断开（OFF）

续表2.4

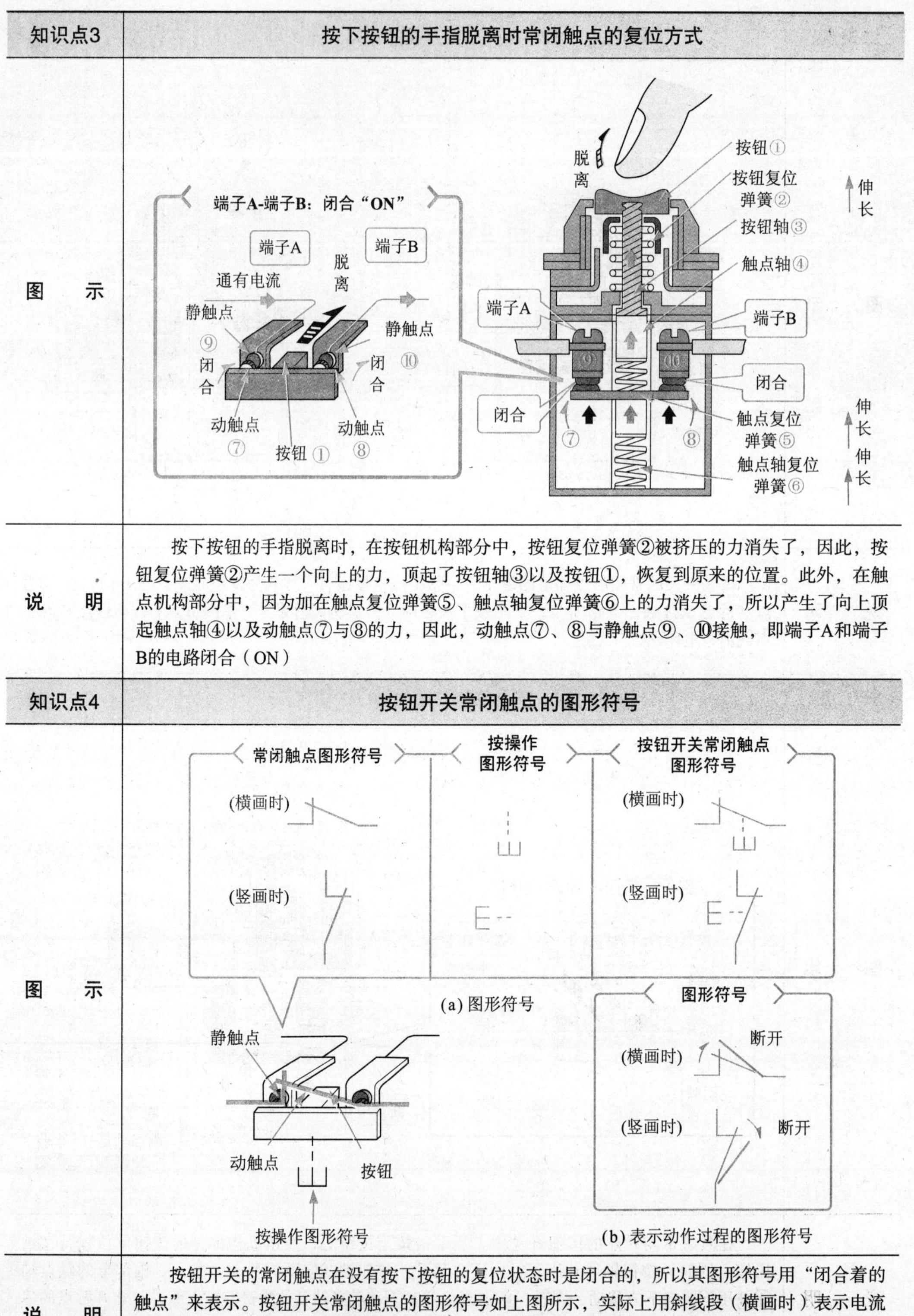

知识点3	按下按钮的手指脱离时常闭触点的复位方式
图示	
说明	按下按钮的手指脱离时，在按钮机构部分中，按钮复位弹簧②被挤压的力消失了，因此，按钮复位弹簧②产生一个向上的力，顶起了按钮轴③以及按钮①，恢复到原来的位置。此外，在触点机构部分中，因为加在触点复位弹簧⑤、触点轴复位弹簧⑥上的力消失了，所以产生了向上顶起触点轴④以及动触点⑦与⑧的力，因此，动触点⑦、⑧与静触点⑨、⑩接触，即端子A和端子B的电路闭合（ON）
知识点4	按钮开关常闭触点的图形符号
图示	(a) 图形符号 (b) 表示动作过程的图形符号
说明	按钮开关的常闭触点在没有按下按钮的复位状态时是闭合的，所以其图形符号用“闭合着的触点”来表示。按钮开关常闭触点的图形符号如上图所示，实际上用斜线段（横画时）表示电流经过的动触点，使之与表示静触点的L（钩形）交叉，表示闭合。并且将按操作图形符号（图形符号：E--）附加在表示动触点的斜线段的下侧，其他机构部分全部省略

续表2.4

知识点5	按钮开关常闭触点的顺序动作
图　示	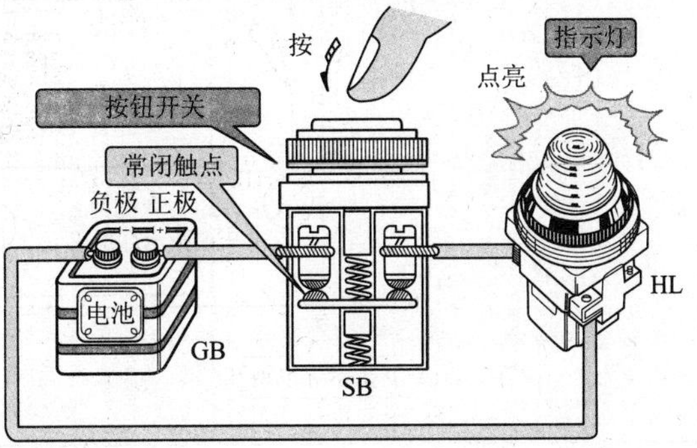 按 指示灯 点亮 按钮开关 常闭触点 负极 正极 电池 GB SB HL
说　明	将指示灯与具有常闭触点的按钮开关连接在一起，按下按钮SB，指示灯HL熄灭；手指一脱离，指示灯HL点亮 •实物连接图。上图表示一个把电池作为电源，将具有常闭触点的按钮开关和指示灯串联连接的实物连接图
图　示	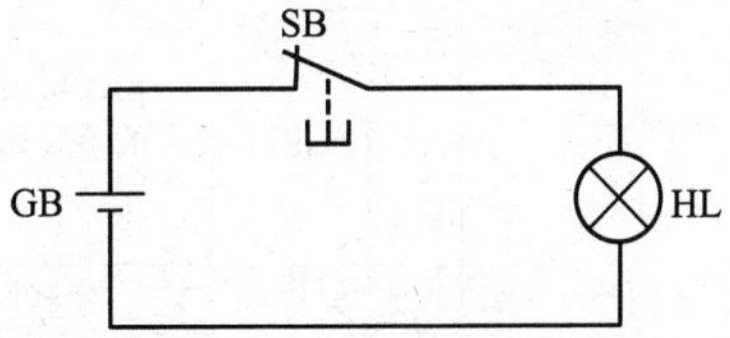 SB GB HL GB：电池　SB：按钮开关　HL：指示灯
说　明	•电路图。在实物连接图中，器件的配置保持原样，用电气图形符号重新画成上图所示的电路图
图　示	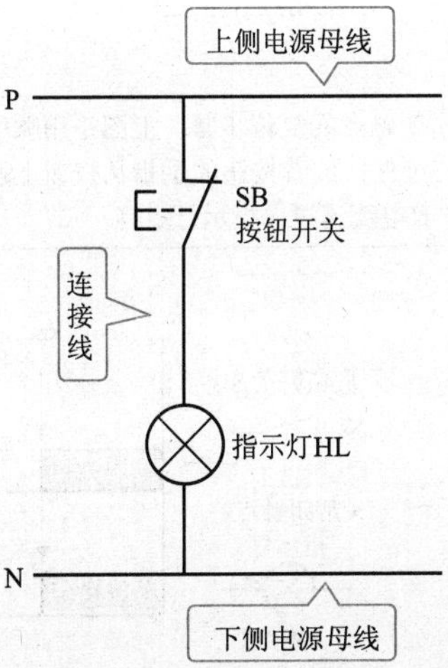 上侧电源母线 P SB 按钮开关 连接线 指示灯HL N 下侧电源母线
说　明	•顺序图。上图所示为表示按钮开关常闭触点的顺序动作的顺序图

续表2.4

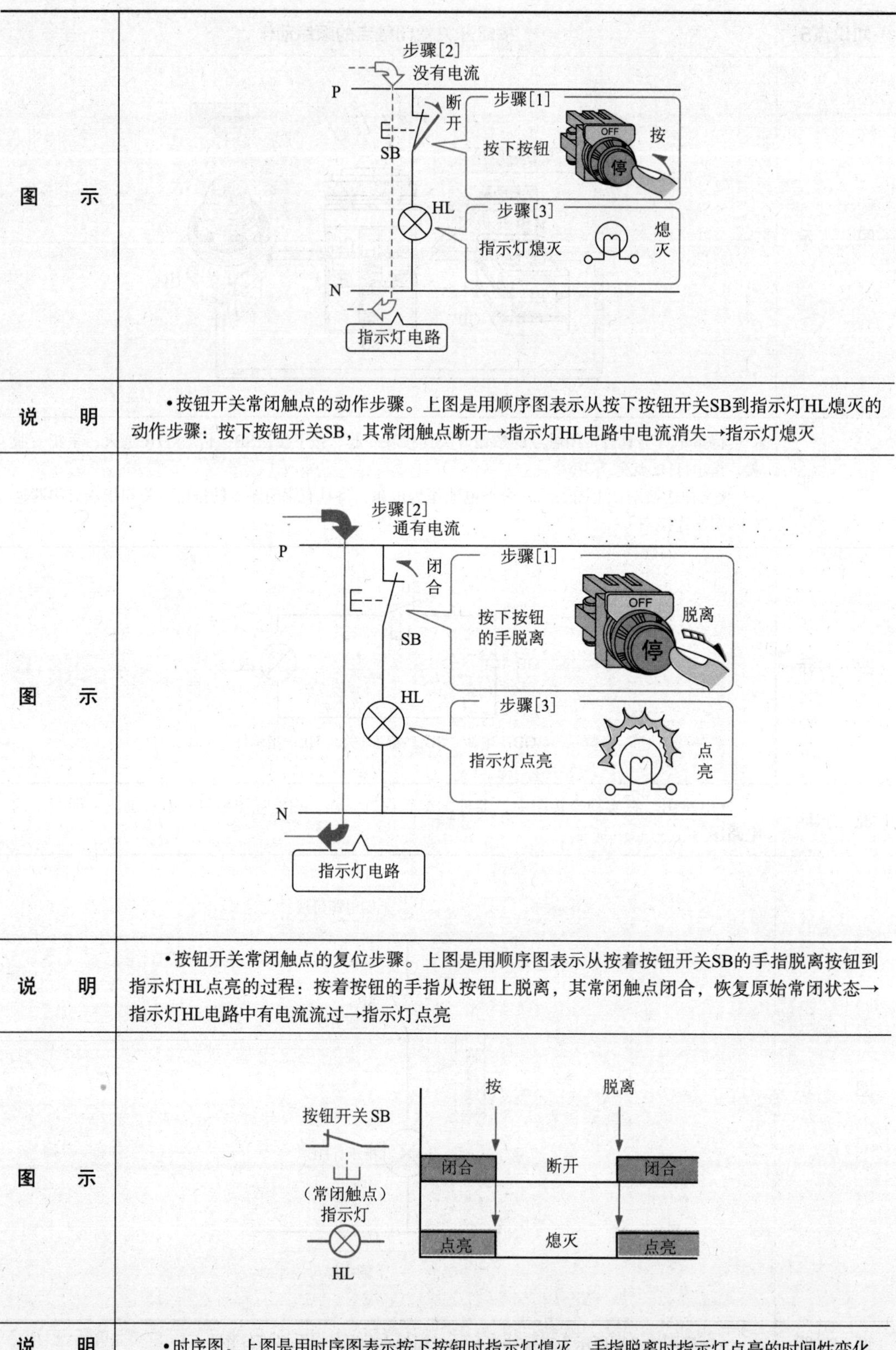

图　示	
说　明	•按钮开关常闭触点的动作步骤。上图是用顺序图表示从按下按钮开关SB到指示灯HL熄灭的动作步骤：按下按钮开关SB，其常闭触点断开→指示灯HL电路中电流消失→指示灯熄灭
图　示	
说　明	•按钮开关常闭触点的复位步骤。上图是用顺序图表示从按着按钮开关SB的手指脱离按钮到指示灯HL点亮的过程：按着按钮的手指从按钮上脱离，其常闭触点闭合，恢复原始常闭状态→指示灯HL电路中有电流流过→指示灯点亮
图　示	
说　明	•时序图。上图是用时序图表示按下按钮时指示灯熄灭，手指脱离时指示灯点亮的时间性变化

表2.5　按钮开关转换触点的动作和图形符号

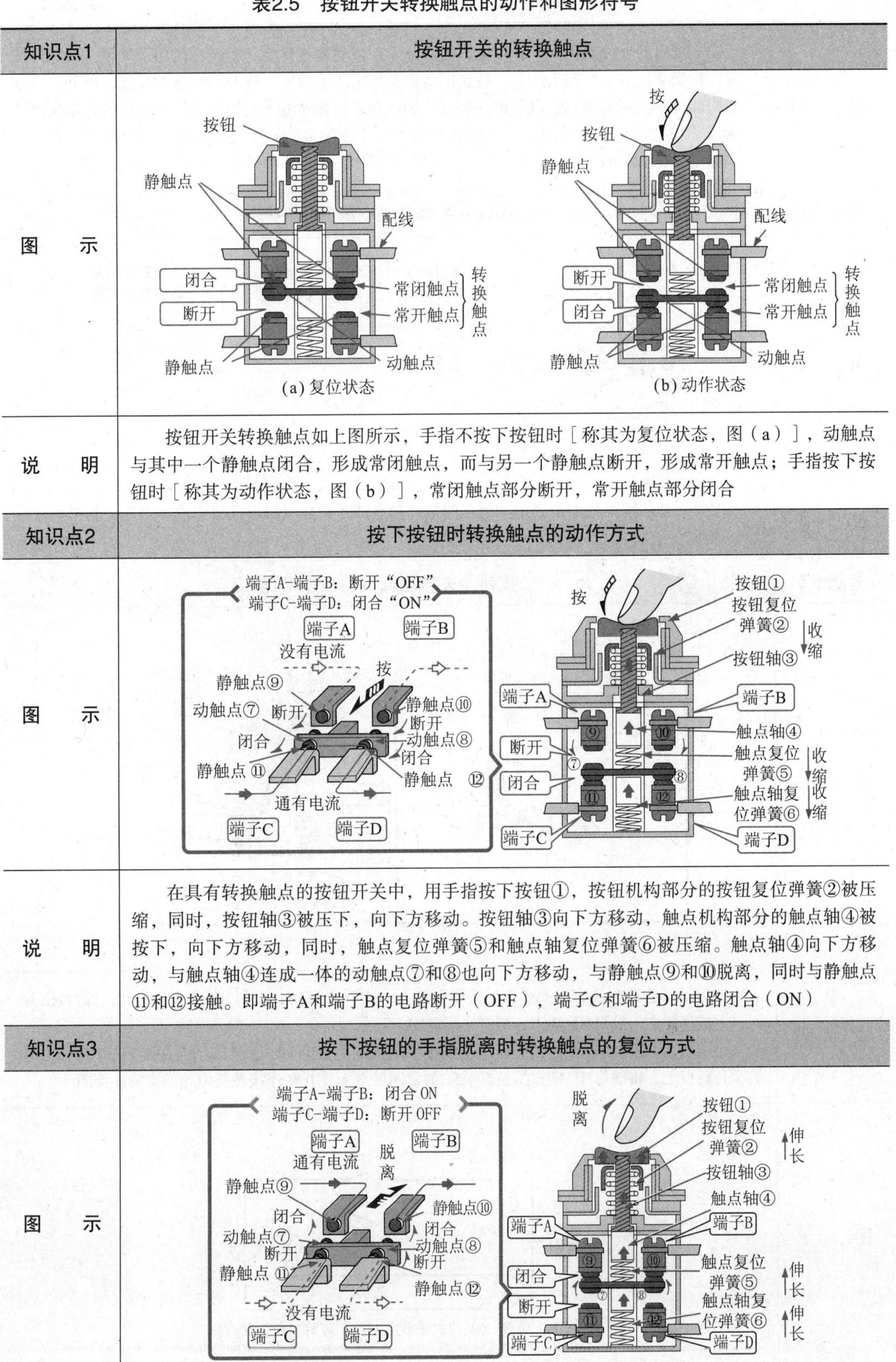

知识点1	按钮开关的转换触点
图　示	(a) 复位状态　(b) 动作状态
说　明	按钮开关转换触点如上图所示，手指不按下按钮时［称其为复位状态，图（a）］，动触点与其中一个静触点闭合，形成常闭触点，而与另一个静触点断开，形成常开触点；手指按下按钮时［称其为动作状态，图（b）］，常闭触点部分断开，常开触点部分闭合
知识点2	**按下按钮时转换触点的动作方式**
图　示	
说　明	在具有转换触点的按钮开关中，用手指按下按钮①，按钮机构部分的按钮复位弹簧②被压缩，同时，按钮轴③被压下，向下方移动。按钮轴③向下方移动，触点机构部分的触点轴④被按下，向下方移动，同时，触点复位弹簧⑤和触点轴复位弹簧⑥被压缩。触点轴④向下方移动，与触点轴④连成一体的动触点⑦和⑧也向下方移动，与静触点⑨和⑩脱离，同时与静触点⑪和⑫接触。即端子A和端子B的电路断开（OFF），端子C和端子D的电路闭合（ON）
知识点3	**按下按钮的手指脱离时转换触点的复位方式**
图　示	

续表2.5

说　明

按下按钮的手指脱离时，在按钮机构部分中，按钮复位弹簧②被挤压的力消失了，因此，按钮复位弹簧②产生一个向上的力，按钮轴③以及按钮①被顶起，恢复到原来的位置。此外，在触点机构部分中，因为加在触点复位弹簧⑤、触点轴复位弹簧⑥上的力消失了，所以触点轴④以及动触点⑦与⑧产生了抬起的力，动触点⑦和⑧与静触点⑨和⑩接触，同时，与静触点⑪和⑫脱离，即端子A和端子B的电路闭合（ON），端子C和端子D的电路断开（OFF）

知识点4　按钮开关转换触点的图形符号

图　示

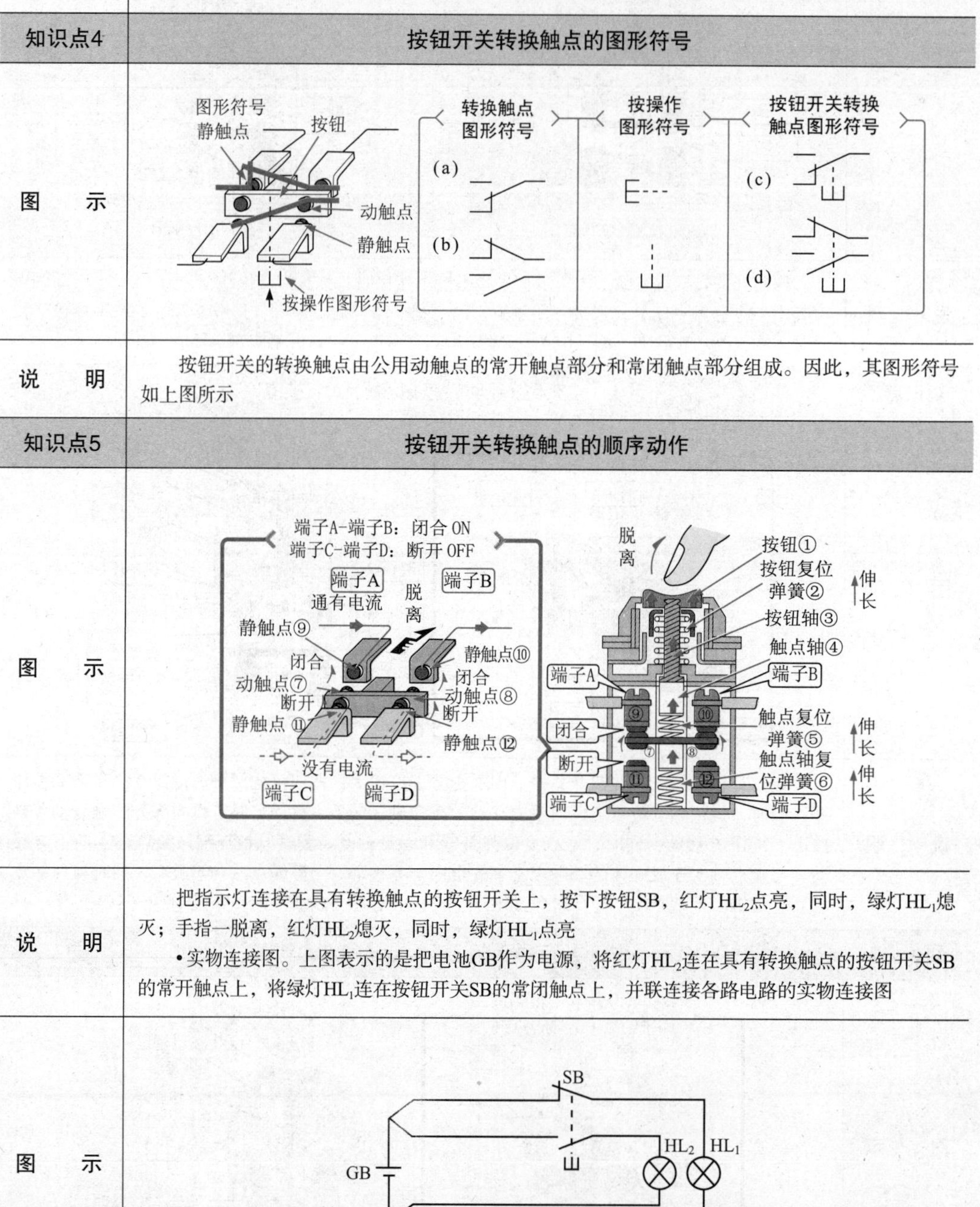

说　明

按钮开关的转换触点由公用动触点的常开触点部分和常闭触点部分组成。因此，其图形符号如上图所示

知识点5　按钮开关转换触点的顺序动作

图　示

说　明

把指示灯连接在具有转换触点的按钮开关上，按下按钮SB，红灯HL_2点亮，同时，绿灯HL_1熄灭；手指一脱离，红灯HL_2熄灭，同时，绿灯HL_1点亮

•实物连接图。上图表示的是把电池GB作为电源，将红灯HL_2连在具有转换触点的按钮开关SB的常开触点上，将绿灯HL_1连在按钮开关SB的常闭触点上，并联连接各路电路的实物连接图

图　示

GB：电池　SB：按钮开关　HL_2：红灯　HL_1：绿灯

续表2.5

说　明	•电路图。在实物连接图中，器件配置保持原样，用电气图形符号代替实物图，表示成上图所示的电路图。按钮开关SB的转换触点作为独立的常闭触点和常开触点，以各自串联绿灯HL_1以及红灯HL_2的形式来表示
图　示	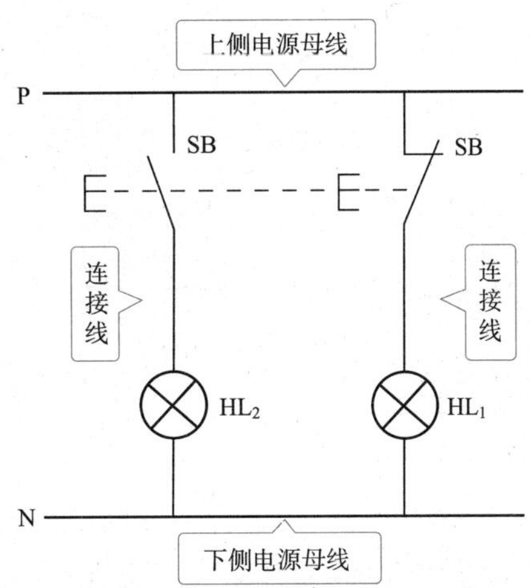
说　明	•顺序图。将按钮开关转换触点的电路图改画成顺序图，如上图所示
图　示	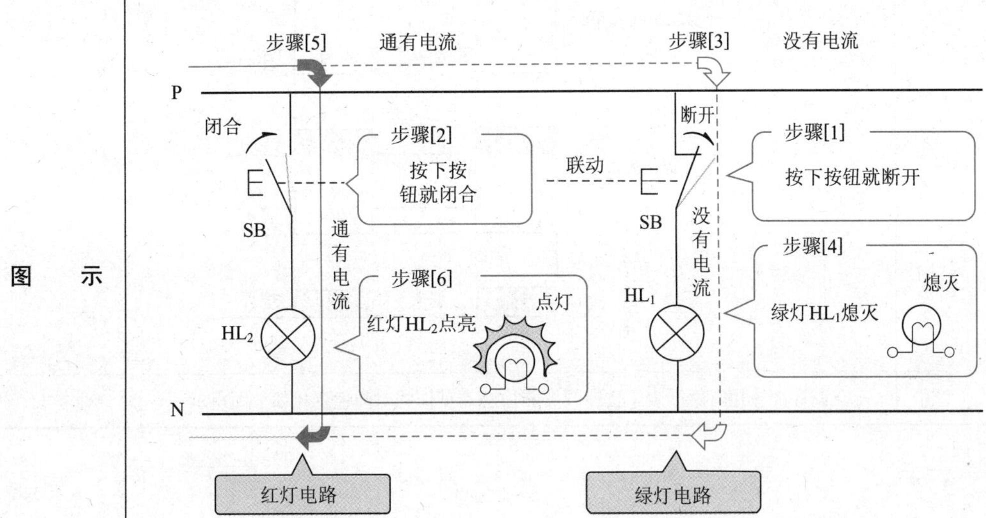
说　明	•按钮开关转换触点的动作步骤。上图是用顺序图表示从按下按钮开关SB到红灯HL_2点亮、绿灯HL_1熄灭的动作步骤：按下按钮开关SB，SB常闭触点断开→SB常开触点闭合，SB常闭触点断开→绿灯HL_1电路中电流消失→绿灯HL_1熄灭，SB常开触点闭合→红灯HL_2电路通入电流→红灯HL_2点亮

续表2.5

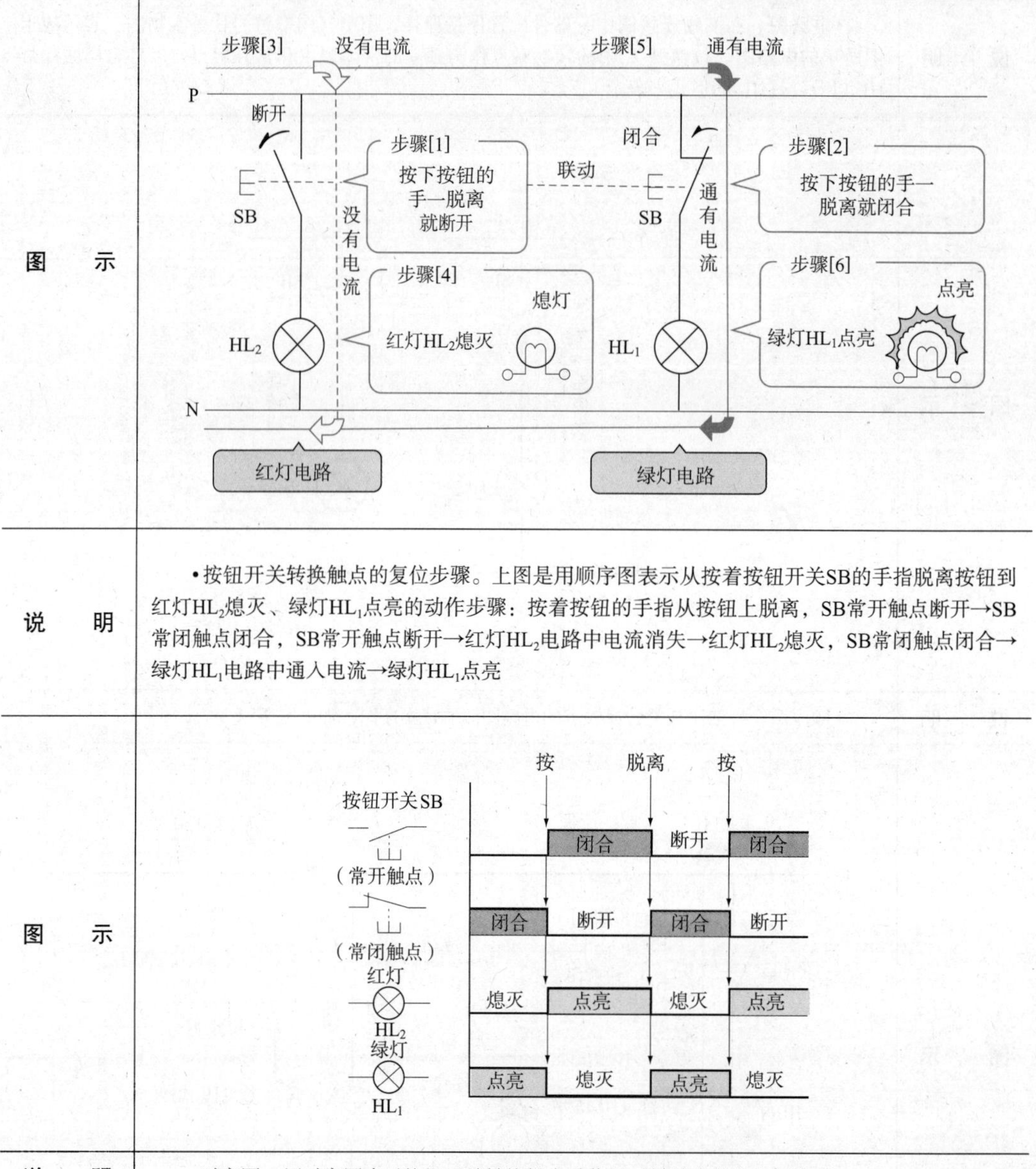

说　明

•按钮开关转换触点的复位步骤。上图是用顺序图表示从按着按钮开关SB的手指脱离按钮到红灯HL_2熄灭、绿灯HL_1点亮的动作步骤：按着按钮的手指从按钮上脱离，SB常开触点断开→SB常闭触点闭合，SB常开触点断开→红灯HL_2电路中电流消失→红灯HL_2熄灭，SB常闭触点闭合→绿灯HL_1电路中通入电流→绿灯HL_1点亮

说　明

•时序图。用时序图表示按钮开关转换触点动作的时间性变化如上图所示

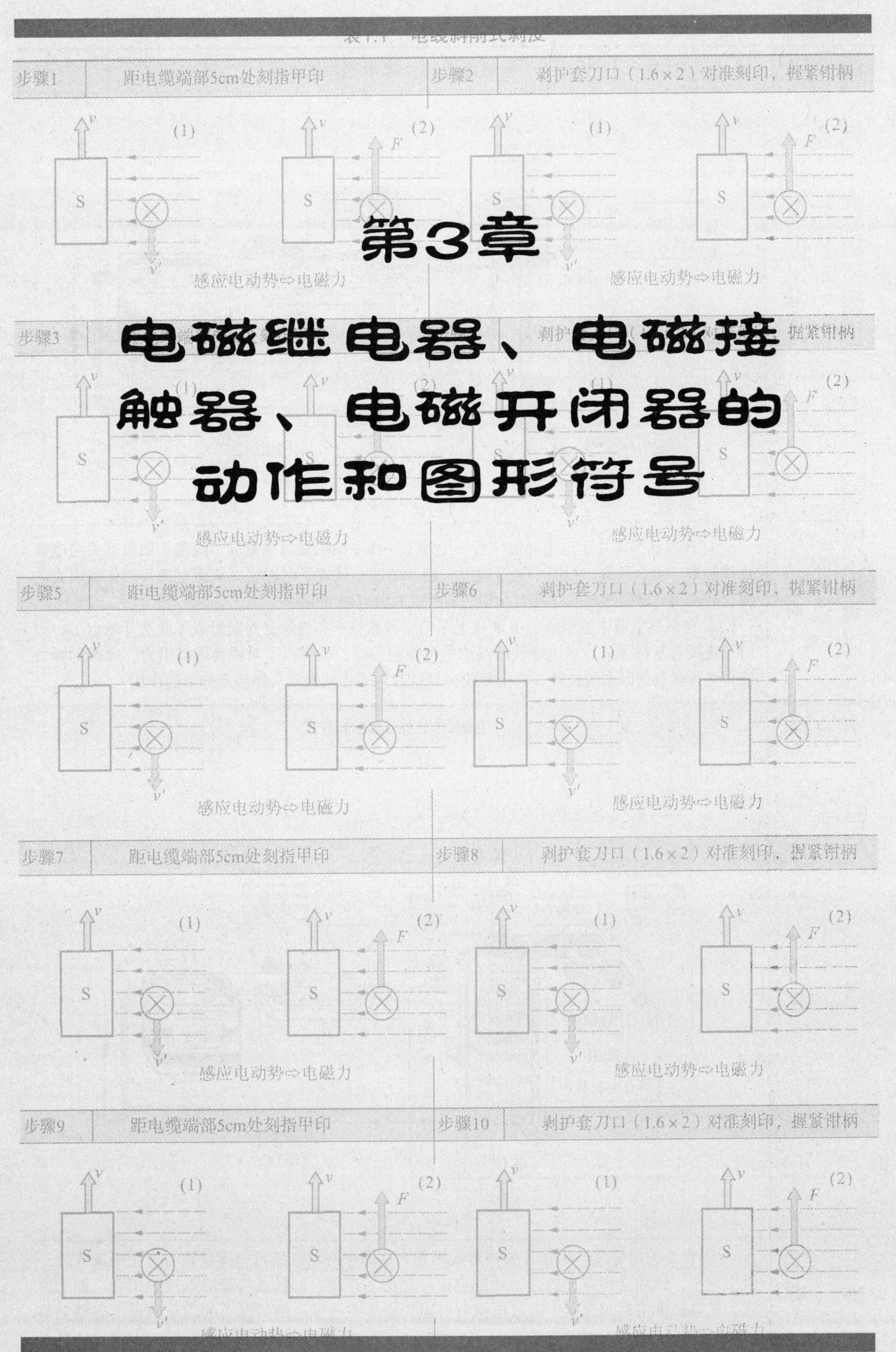

第3章

电磁继电器、电磁接触器、电磁开闭器的动作和图形符号

表3.1　电磁继电器的结构

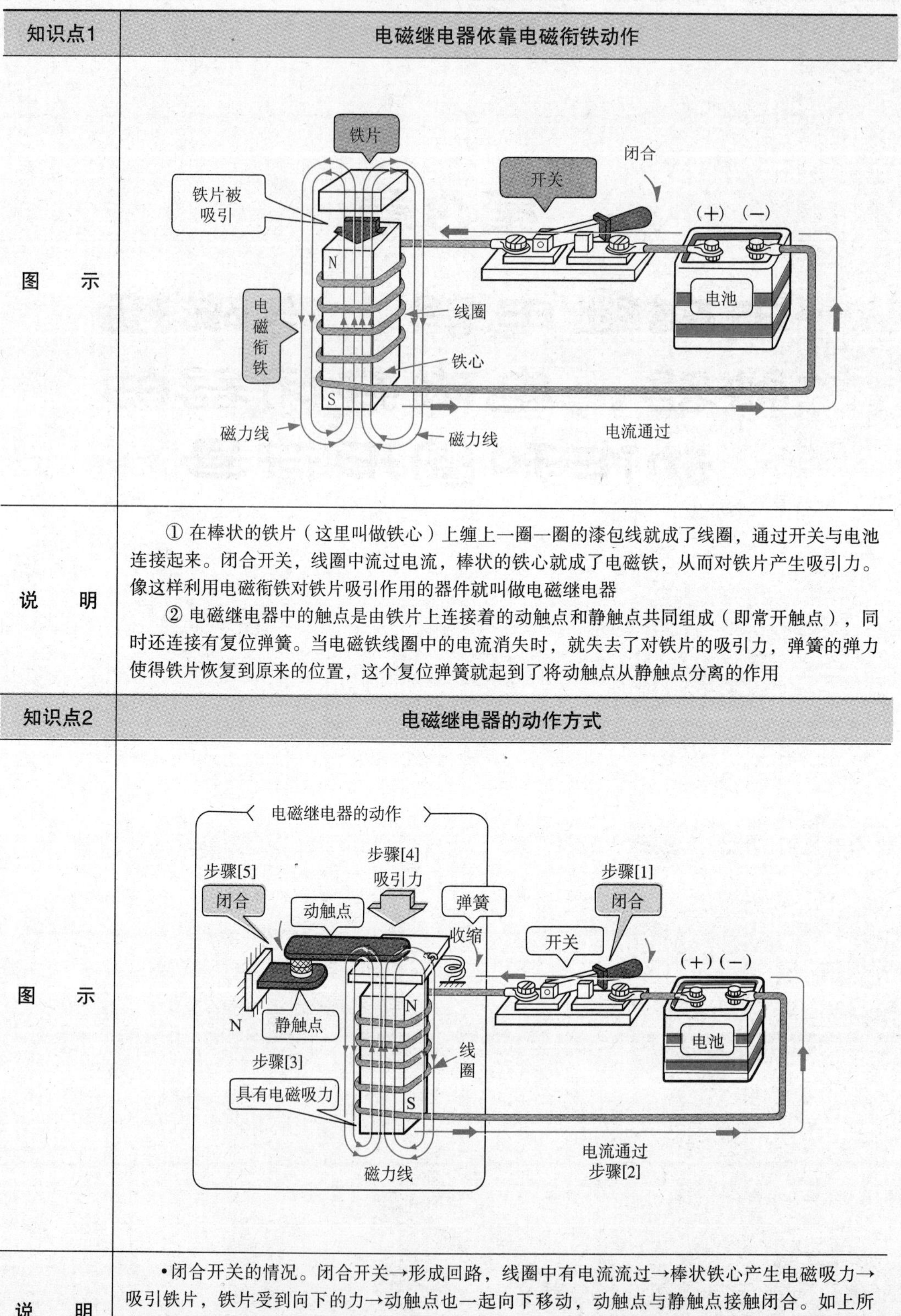

知识点1	电磁继电器依靠电磁衔铁动作
图　示	
说　明	① 在棒状的铁片（这里叫做铁心）上缠上一圈一圈的漆包线就成了线圈，通过开关与电池连接起来。闭合开关，线圈中流过电流，棒状的铁心就成了电磁铁，从而对铁片产生吸引力。像这样利用电磁衔铁对铁片吸引作用的器件就叫做电磁继电器 ② 电磁继电器中的触点是由铁片上连接着的动触点和静触点共同组成（即常开触点），同时还连接有复位弹簧。当电磁铁线圈中的电流消失时，就失去了对铁片的吸引力，弹簧的弹力使得铁片恢复到原来的位置，这个复位弹簧就起到了将动触点从静触点分离的作用
知识点2	**电磁继电器的动作方式**
图　示	
说　明	•闭合开关的情况。闭合开关→形成回路，线圈中有电流流过→棒状铁心产生电磁吸力→吸引铁片，铁片受到向下的力→动触点也一起向下移动，动触点与静触点接触闭合。如上所述，把电磁继电器的线圈中流过电流时触点闭合（常开触点的情况）的现象叫做电磁继电器“动作”

续表3.1

图　示	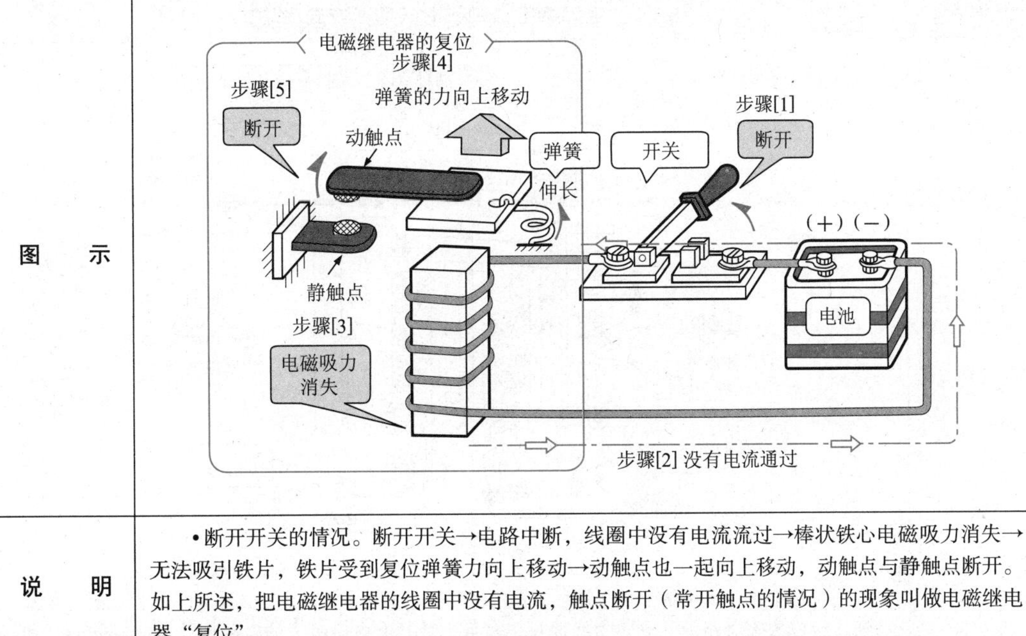
说　明	•断开开关的情况。断开开关→电路中断，线圈中没有电流流过→棒状铁心电磁吸力消失→无法吸引铁片，铁片受到复位弹簧力向上移动→动触点也一起向上移动，动触点与静触点断开。如上所述，把电磁继电器的线圈中没有电流，触点断开（常开触点的情况）的现象叫做电磁继电器“复位”

表3.2　电磁继电器常开触点的动作和图形符号

知识点1	电磁继电器常开触点的定义
图　示	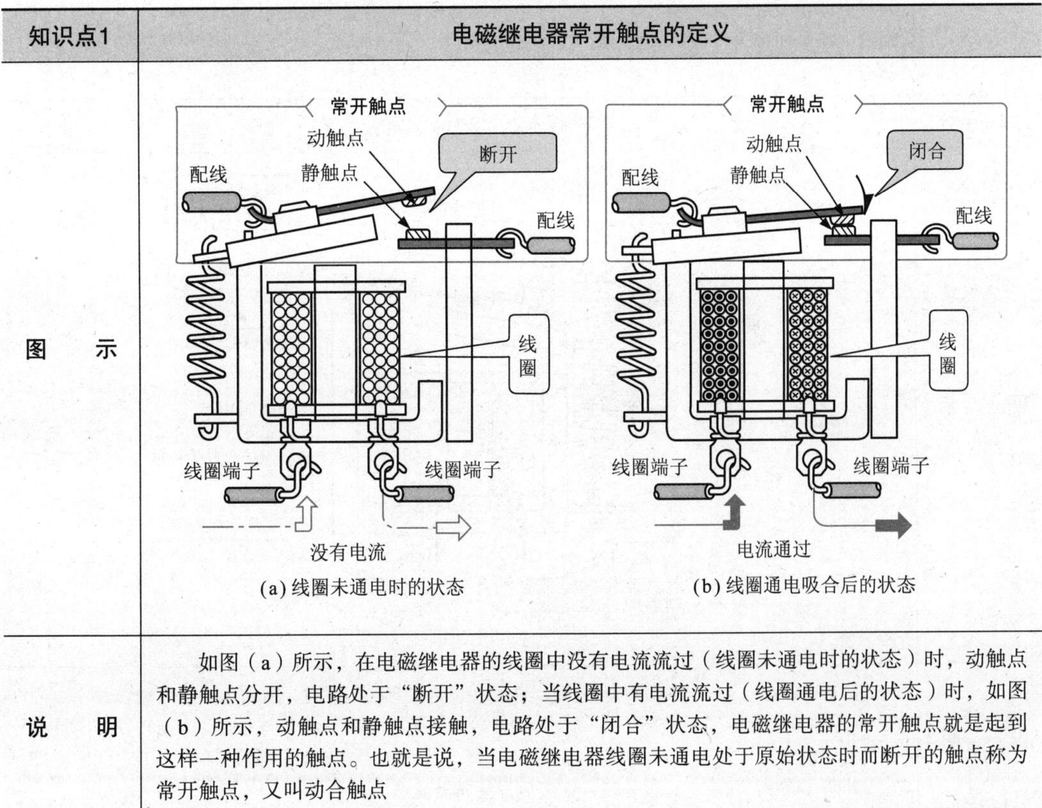(a) 线圈未通电时的状态　(b) 线圈通电吸合后的状态
说　明	如图（a）所示，在电磁继电器的线圈中没有电流流过（线圈未通电时的状态）时，动触点和静触点分开，电路处于“断开”状态；当线圈中有电流流过（线圈通电后的状态）时，如图（b）所示，动触点和静触点接触，电路处于“闭合”状态，电磁继电器的常开触点就是起到这样一种作用的触点。也就是说，当电磁继电器线圈未通电处于原始状态时而断开的触点称为常开触点，又叫动合触点

续表3.2

<table>
<tr><th>知识点2</th><th>电磁继电器励磁时的动作方式</th></tr>
<tr><td>图　示</td><td>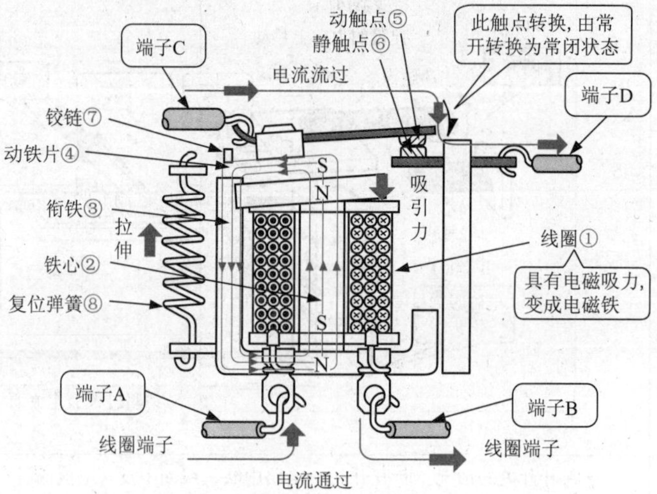
</td></tr>
<tr><td>说　明</td><td>当电流从具有常开触点的电磁继电器的线圈①的端子A流向端子B时，铁心②、衔铁③及动铁片形成的磁电路中就有磁力线通过，从而形成具有电磁吸力的电磁铁。因此，铁心②和动铁片④的N极和S极之间产生力的作用，动铁片④被吸引到铁心②上。动铁片④由于吸引力的作用受到向下的力，于是和与其连在一起的动触点⑤一起向下运动，与静触点⑥接触。另外，动铁片④以铰链⑦为支点受到吸引力，从而使复位弹簧⑧向上拉伸，当吸引力消失时，动触点⑤恢复到原来的位置。当电磁继电器线圈得电吸合处于励磁状态时，端子C和端子D之间的电路处于闭合（ON）状态，也就是说，此常开触点转换，由原来的常开状态转换为常闭状态</td></tr>
<tr><th>知识点3</th><th>电磁继电器消磁时的复位方式</th></tr>
<tr><td>图　示</td><td>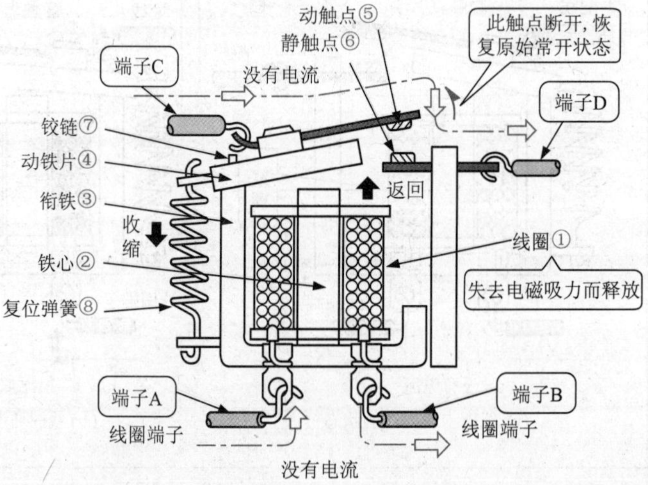
</td></tr>
<tr><td>说　明</td><td>切断电磁继电器的线圈①中的电流，铁心②不再具有电磁吸力，从而无法吸引动铁片④。因此，动铁片④以铰链⑦为支点，在复位弹簧⑧收缩产生的力的作用下向上运动。与动铁片④连在一起的动触点⑤与静触点⑥分开。当电磁继电器工作于消磁状态时，端子C和端子D之间的电路处于开路（OFF）状态，也就是说，恢复到原始常开状态</td></tr>
</table>

续表3.2

知识点4	电磁线圈的图形符号
图　示	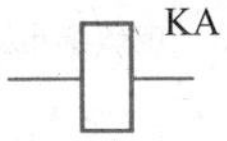 KA
说　明	电磁继电器的电磁线圈有电流流过的时候成为电磁铁，有电磁吸力的作用，如上图所示，其图形符号用电磁操作图形符号表示。一般地，在电磁线圈的图形符号旁标注表示电磁继电器的文字
知识点5	有常开触点的电磁继电器的图形符号
图　示	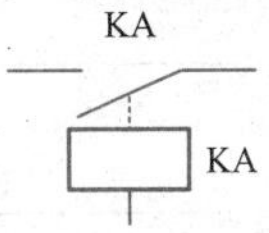 KA KA
说　明	电磁继电器是由多种不同的部分组成的，但电磁继电器的图形符号全部忽略这些结构上的关联，将表示由电磁铁组成的“电磁线圈”的图形符号和表示电路开闭的触点图形符号组合起来加以表示。所以，有常开触点的电磁继电器的图形符号如上图所示，将电磁线圈图形符号和“电磁继电器常开触点”图形符号组合起来加以表示
知识点6	电磁继电器常开触点的图形符号
图　示	 KA　(a) 横画时 KA　(b) 竖画时 横画　闭合　竖画　闭合　(c) 表示动作过程的图形符号
说　明	电磁继电器常开触点的图形符号是用来表示当电磁线圈中没有电流流过时“断开着的触点”的。实际流过电流的静触点用一条水平的线段（横画时）表示，动触点用一条向下倾斜的线段（电磁继电器的常开触点的图形符号）表示，这就表示两者是断开的
知识点7	电磁继电器励磁时常开触点的动作
图　示	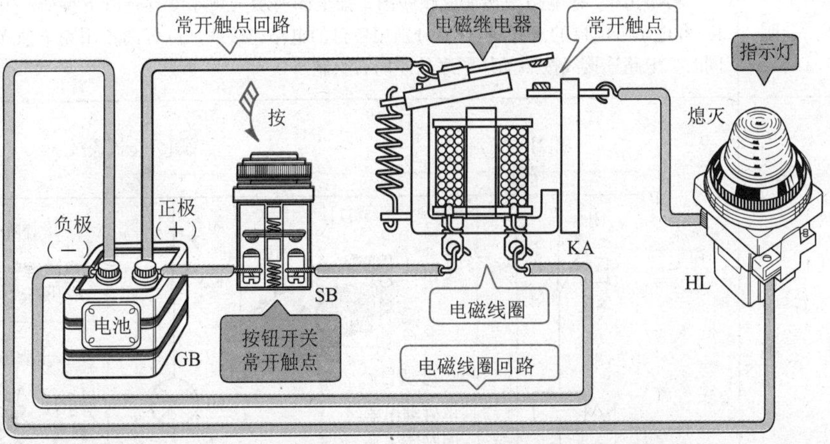 常开触点回路 电磁继电器 常开触点 指示灯 按 熄灭 负极（－） 正极（＋） 电池 GB SB 按钮开关常开触点 电磁线圈 电磁线圈回路 KA HL
说　明	将指示灯接在电磁继电器常开触点上，按下按钮开关SB，则指示灯HL点亮 •实物连接图。上图所示是利用具有常开触点的电磁继电器构成的指示灯控制电路的实物连接图。把指示灯接在电磁继电器的常开触点上，在电磁线圈的回路中接上控制电磁继电器得电吸合励磁、断电释放消磁的按钮开关（常开触点），指示灯与开关分别并联在电池上

续表3.2

图　示

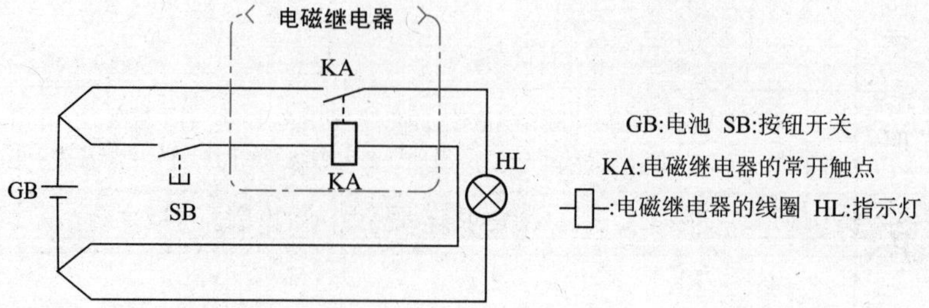

说　明

•电路图。用电气图形符号将实物连接图转换成电路图，如上图所示。从图中可以看出，电磁继电器的常开触点KA和指示灯HL串联，电磁继电器的线圈KA和按钮开关SB串联，两个串联电路分别并联在电池两端

图　示

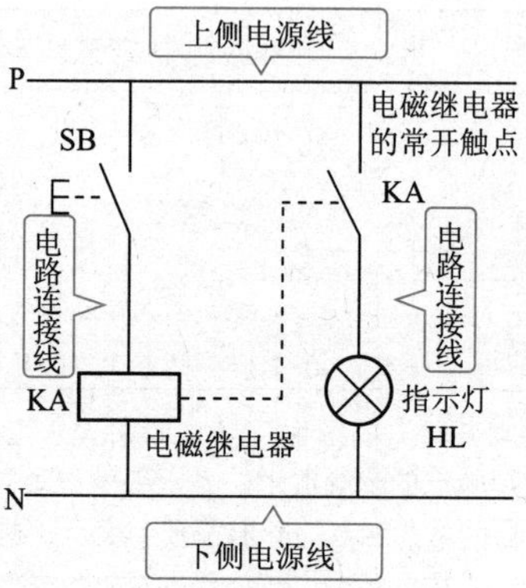

说　明

•顺序图。把电路图转换成顺序图，如上图所示。顺序图具有以下特征：电磁继电器的线圈KA和电磁继电器的常开触点KA分别用各自的电路连接线加以分离，用完全独立的电路来表示，同时，电路连接线按照动作顺序从左向右绘制

图　示

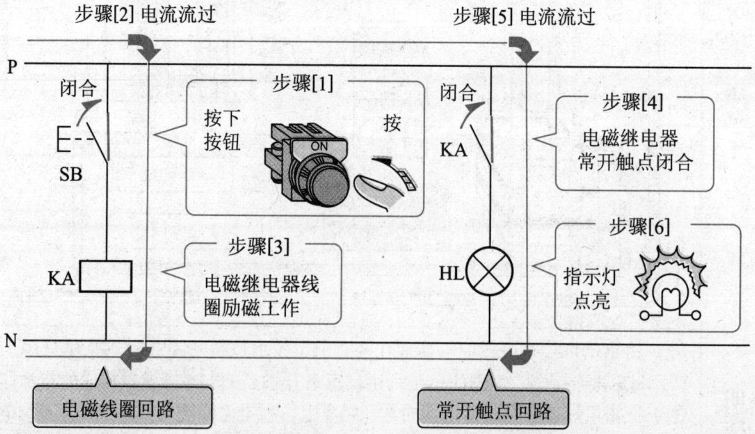

续表3.2

说 明	•电磁继电器常开触点的动作步骤。上图是用顺序图表示从按下按钮开关SB，电磁继电器开始动作，到指示灯HL点亮这一过程的动作步骤：按下按钮开关SB，常开触点闭合→电磁线圈KA电路中有电流流过→电磁继电器KA线圈励磁吸合动作→常开触点KA闭合→常开触点回路中有电流流过→指示灯HL点亮
知识点8	**电磁继电器消磁时常开触点的动作**
图 示	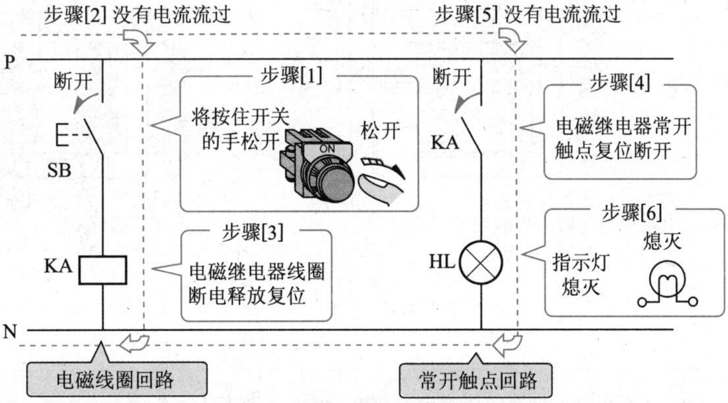
说 明	在指示灯控制电路中，从按着开关的手指脱离，电磁继电器线圈断电释放复位，到指示灯HL熄灭这一过程用顺序图表示，如上图所示。按下按钮开关SB的手指脱离，SB常开触点断开恢复常开状态→电磁线圈KA回路中因断电而没有电流流过→电磁继电器KA线圈断电释放复位→常开触点KA断开→常开触点回路中没有电流流过→指示灯HL熄灭
图 示	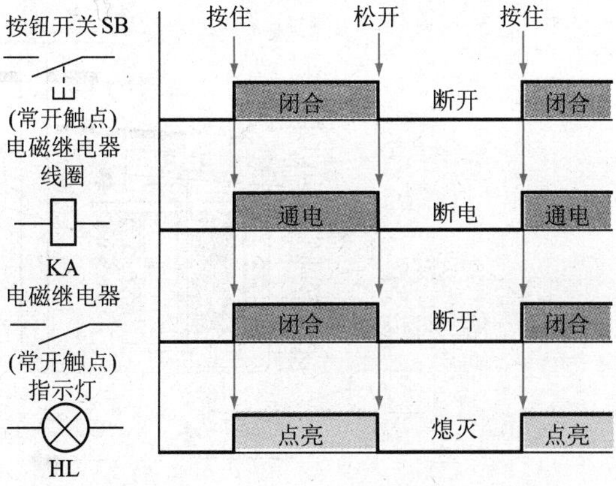
说 明	•时序图。用时序图表示电磁继电器“动作”及“复位”的时间性变化，如上图所示

表3.3 电磁继电器常闭触点的动作和图形符号

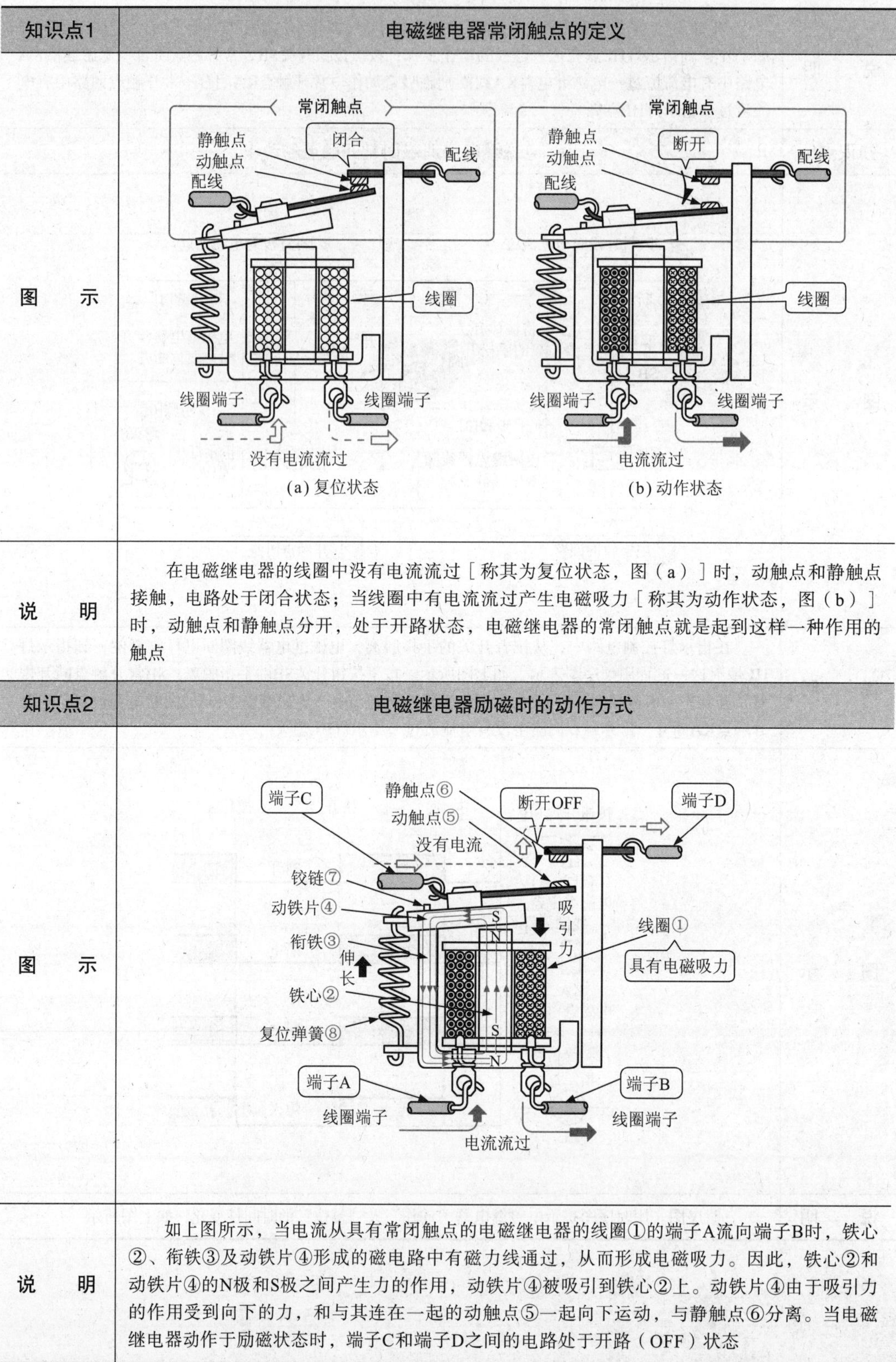

知识点1	电磁继电器常闭触点的定义
图　示	(a) 复位状态　(b) 动作状态
说　明	在电磁继电器的线圈中没有电流流过［称其为复位状态，图（a）］时，动触点和静触点接触，电路处于闭合状态；当线圈中有电流流过产生电磁吸力［称其为动作状态，图（b）］时，动触点和静触点分开，处于开路状态，电磁继电器的常闭触点就是起到这样一种作用的触点
知识点2	电磁继电器励磁时的动作方式
图　示	
说　明	如上图所示，当电流从具有常闭触点的电磁继电器的线圈①的端子A流向端子B时，铁心②、衔铁③及动铁片④形成的磁电路中有磁力线通过，从而形成电磁吸力。因此，铁心②和动铁片④的N极和S极之间产生力的作用，动铁片④被吸引到铁心②上。动铁片④由于吸引力的作用受到向下的力，和与其连在一起的动触点⑤一起向下运动，与静触点⑥分离。当电磁继电器动作于励磁状态时，端子C和端子D之间的电路处于开路（OFF）状态

续表3.3

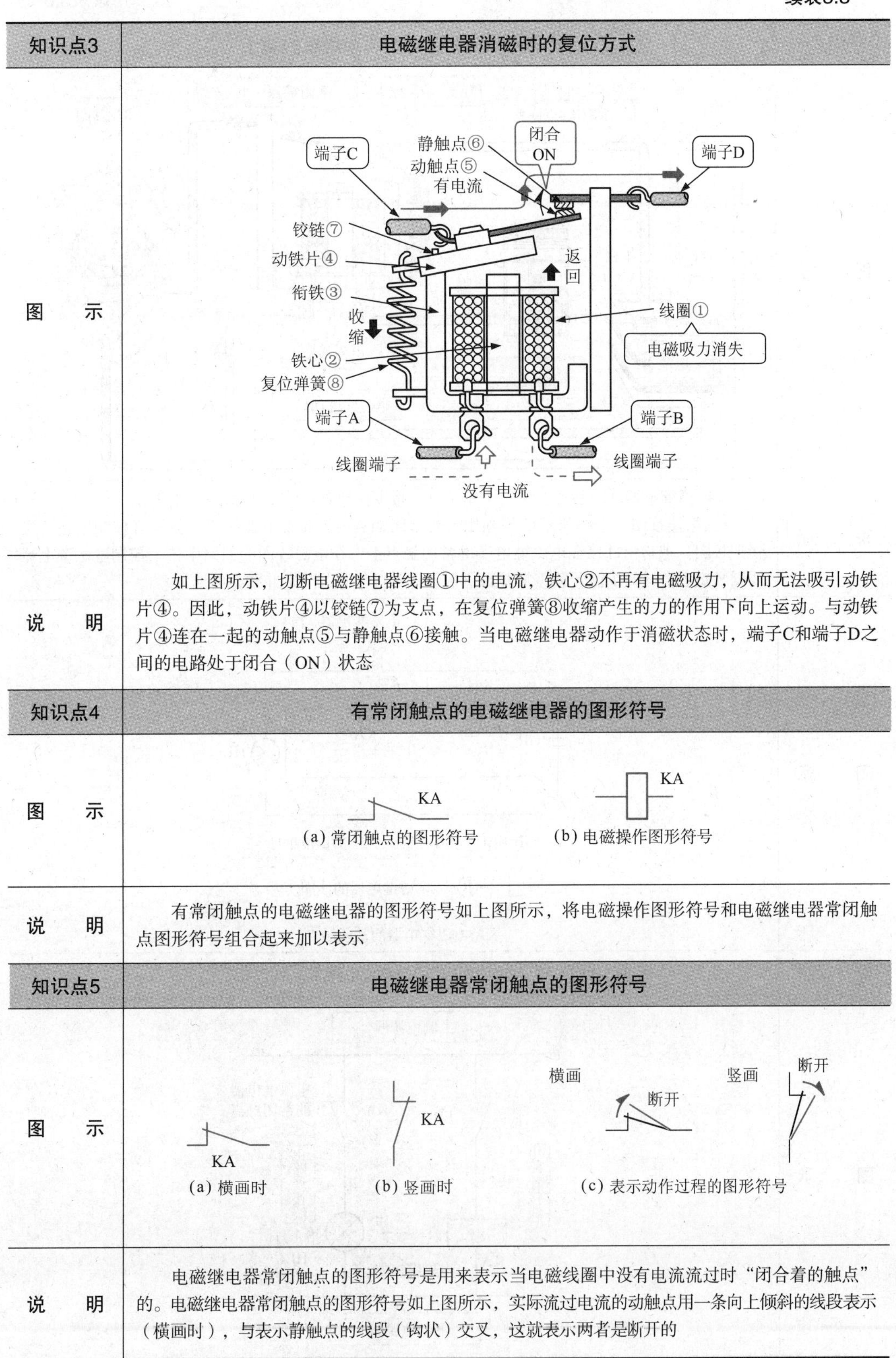

知识点3	电磁继电器消磁时的复位方式
图示	
说明	如上图所示，切断电磁继电器线圈①中的电流，铁心②不再有电磁吸力，从而无法吸引动铁片④。因此，动铁片④以铰链⑦为支点，在复位弹簧⑧收缩产生的力的作用下向上运动。与动铁片④连在一起的动触点⑤与静触点⑥接触。当电磁继电器动作于消磁状态时，端子C和端子D之间的电路处于闭合（ON）状态
知识点4	有常闭触点的电磁继电器的图形符号
图示	(a) 常闭触点的图形符号　(b) 电磁操作图形符号
说明	有常闭触点的电磁继电器的图形符号如上图所示，将电磁操作图形符号和电磁继电器常闭触点图形符号组合起来加以表示
知识点5	电磁继电器常闭触点的图形符号
图示	(a) 横画时　(b) 竖画时　(c) 表示动作过程的图形符号
说明	电磁继电器常闭触点的图形符号是用来表示当电磁线圈中没有电流流过时“闭合着的触点”的。电磁继电器常闭触点的图形符号如上图所示，实际流过电流的动触点用一条向上倾斜的线段表示（横画时），与表示静触点的线段（钩状）交叉，这就表示两者是断开的

续表3.3

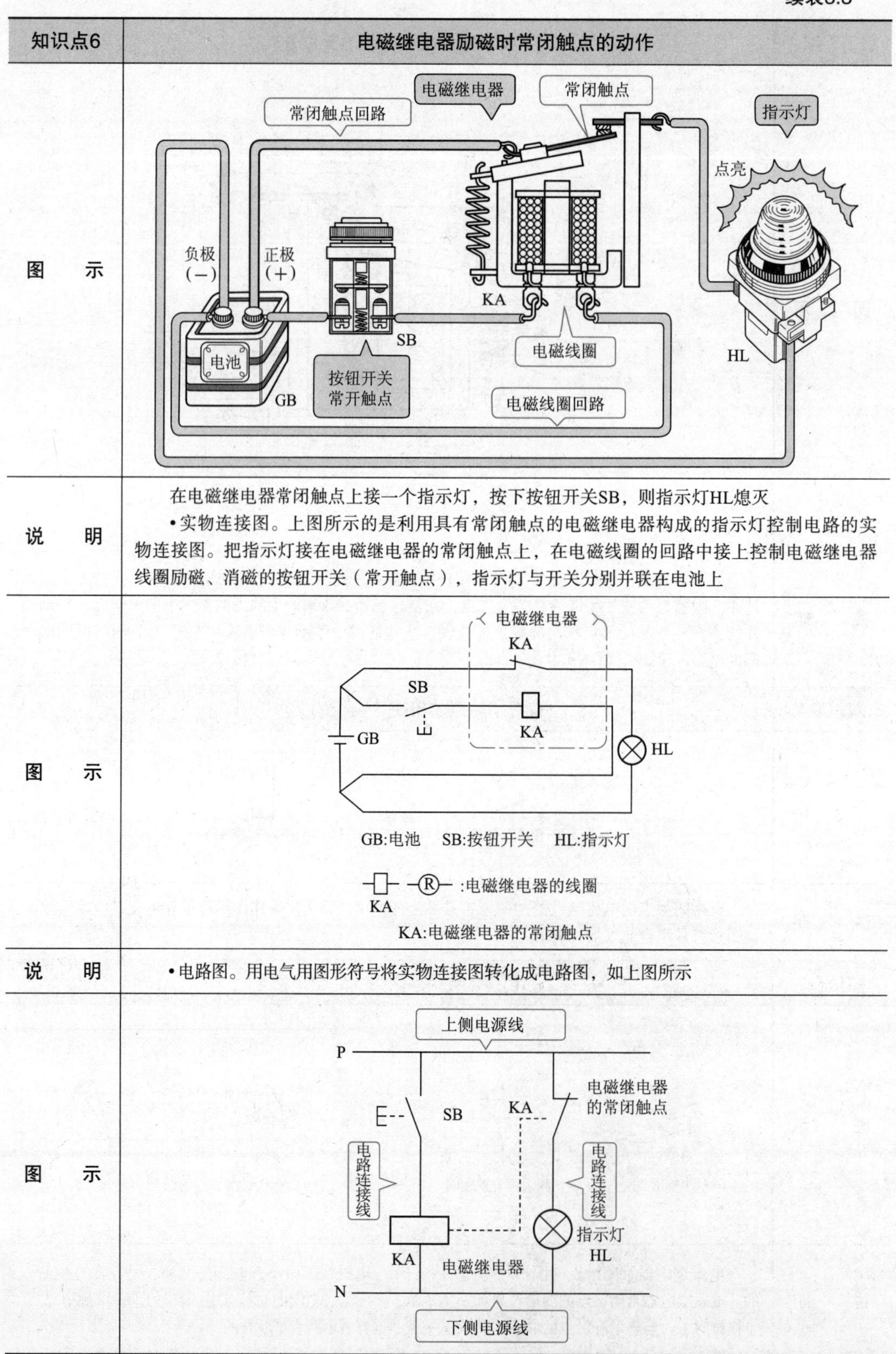

知识点6	电磁继电器励磁时常闭触点的动作
图　示	
说　明	在电磁继电器常闭触点上接一个指示灯，按下按钮开关SB，则指示灯HL熄灭 •实物连接图。上图所示的是利用具有常闭触点的电磁继电器构成的指示灯控制电路的实物连接图。把指示灯接在电磁继电器的常闭触点上，在电磁线圈的回路中接上控制电磁继电器线圈励磁、消磁的按钮开关（常开触点），指示灯与开关分别并联在电池上
图　示	
说　明	•电路图。用电气用图形符号将实物连接图转化成电路图，如上图所示
图　示	

续表3.3

说　明	•顺序图。把电路图换成顺序图，如上图所示。在顺序图中，电磁继电器的线圈KA和电磁继电器的常闭触点KA分别用各自的电路连接线加以分离，用完全独立的电路来表示
图　示	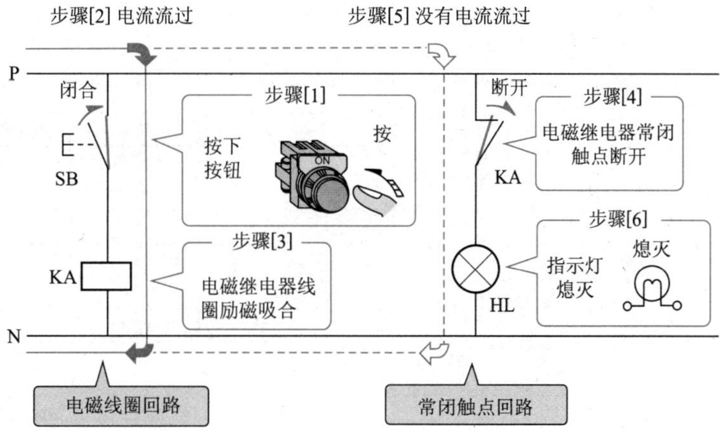
说　明	•电磁继电器常闭触点的动作步骤。从按下按钮开关SB使电磁继电器KA线圈被通电励磁吸合动作，到指示灯HL熄灭这一过程的动作步骤，用顺序图表示，如上图所示。按下按钮开关SB，常开触点闭合→电磁线圈回路中有电流流过→电磁继电器KA线圈通电励磁吸合动作→常闭触点KA断开→常闭触点回路中没有电流流过→指示灯HL熄灭
知识点7	**电磁继电器消磁时常闭触点的动作**
图　示	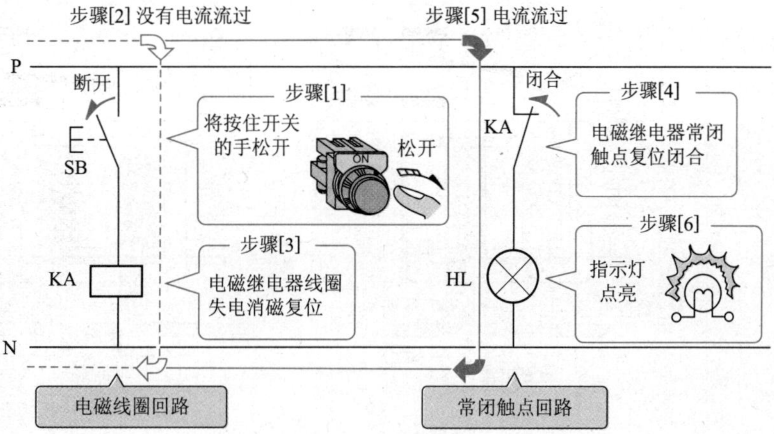
说　明	在指示灯控制电路中，从手指脱离按钮SB，电磁继电器KA线圈失电消磁复位，到指示灯HL点亮这一过程用顺序图表示，如上图所示。按下按钮开关SB的手指脱离，其常开触点断开→电磁线圈回路中没有电流流过→电磁继电器KA线圈失电消磁复位→其常闭触点KA闭合→常闭触点回路中有电流流过→指示灯HL点亮

续表3.3

图　示	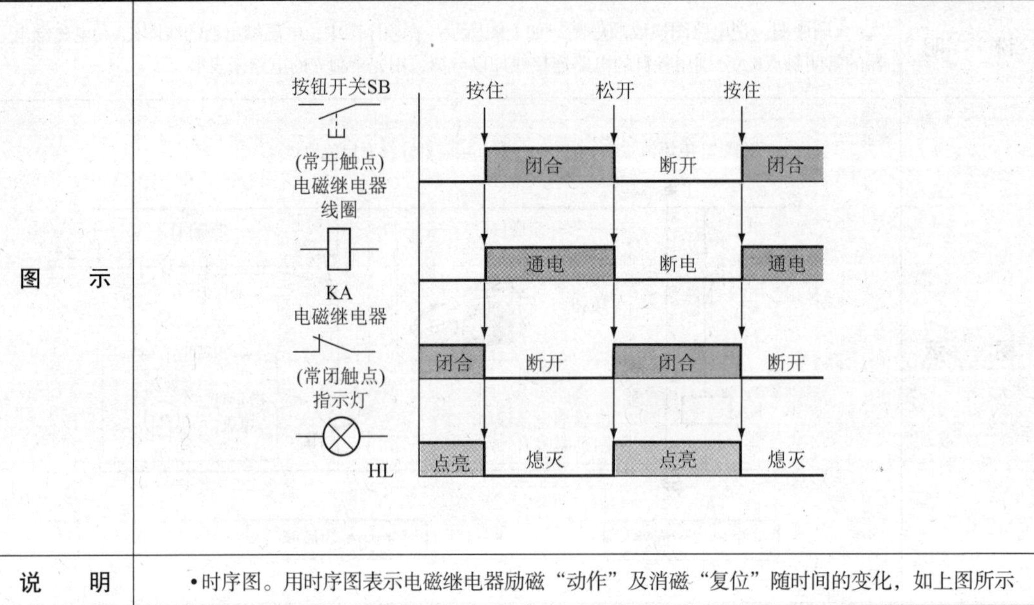
说　明	•时序图。用时序图表示电磁继电器励磁“动作”及消磁“复位”随时间的变化，如上图所示

表3.4　电磁继电器转换触点的动作和图形符号

知识点1	电磁继电器转换触点的定义
图　示	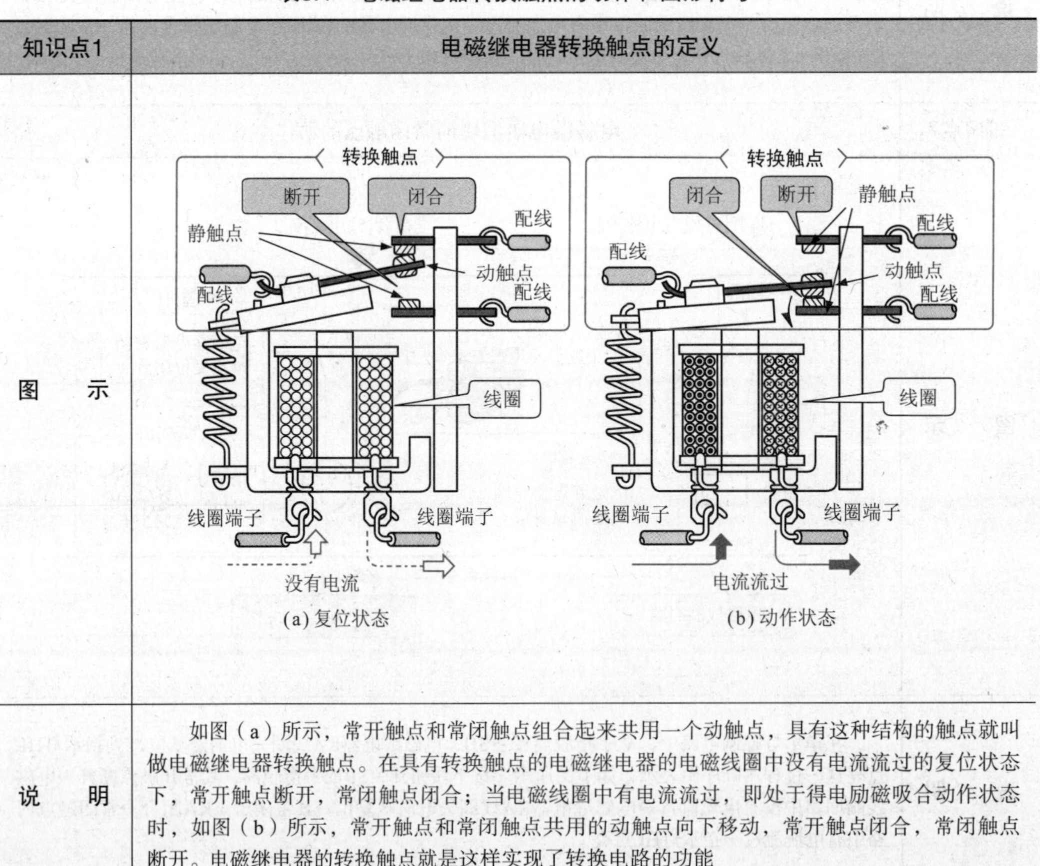 (a) 复位状态　(b) 动作状态
说　明	如图（a）所示，常开触点和常闭触点组合起来共用一个动触点，具有这种结构的触点就叫做电磁继电器转换触点。在具有转换触点的电磁继电器的电磁线圈中没有电流流过的复位状态下，常开触点断开，常闭触点闭合；当电磁线圈中有电流流过，即处于得电励磁吸合动作状态时，如图（b）所示，常开触点和常闭触点共用的动触点向下移动，常开触点闭合，常闭触点断开。电磁继电器的转换触点就是这样实现了转换电路的功能

续表3.4

知识点2	电磁继电器励磁时的动作方式
图　示	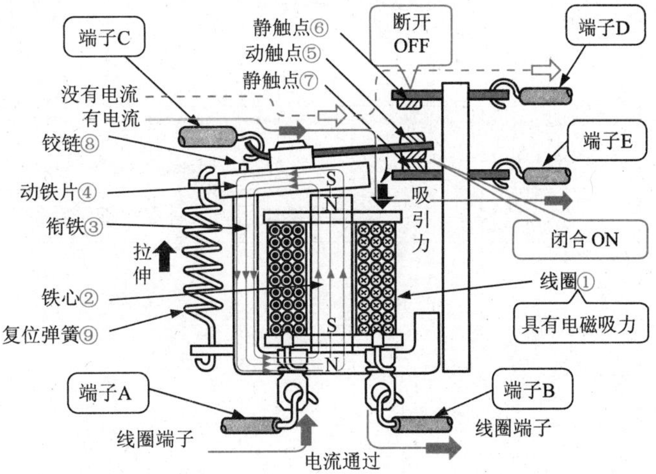
说　明	当电流从具有转换触点的电磁继电器线圈①的端子A流向端子B时，铁心②、衔铁③及动铁片④形成的磁电路中有磁力线通过，从而形成电磁吸力。因此，铁心②和动铁片④的N极和S极之间产生力的作用，动铁片④被吸引到铁心②上。动铁片④由于吸引力的作用受到向下的力，和与其连在一起的动触点⑤一起向下运动，与静触点⑥分开的同时与静触点⑦接触。此时端子C和端子D之间的电路处于开路（OFF）状态，端子C和端子E之间的电路处于闭合（ON）状态
知识点3	**电磁继电器消磁时的复位方式**
图　示	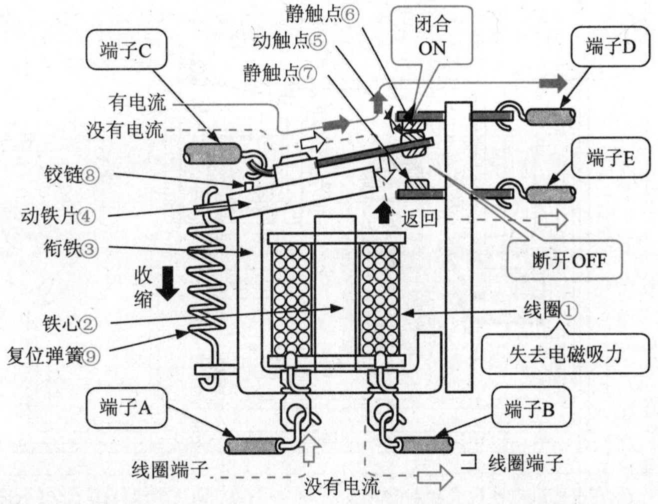
说　明	切断电磁继电器线圈①中的电流，铁心②不再具有电磁吸力，从而无法吸引动铁片④。因此，动铁片④以铰链⑧为支点，在复位弹簧⑨收缩产生的力的作用下向上运动。与动铁片④连在一起的动触点⑤与静触点⑦分开，与静触点⑥接触。此时端子C和端子E之间的电路处于开路（OFF）状态，端子C和端子D之间的电路处于闭合（ON）状态

续表3.4

知识点4	有转换触点的电磁继电器的图形符号
图 示	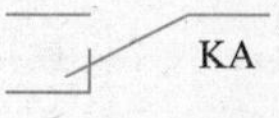 KA (a) 转换触点图形符号 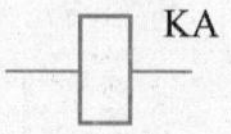 KA (b) 电磁操作图形符号
说 明	有转换触点的电磁继电器的图形符号如上图所示，将电磁操作图形符号和电磁继电器转换触点图形符号组合起来加以表示，其他结构上的关联全部忽略
知识点5	电磁继电器转换触点的图形符号
图 示	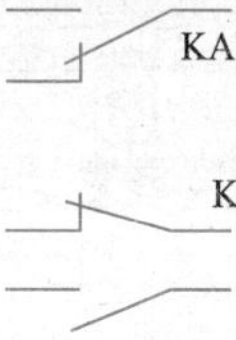 KA KA (a) 横画时 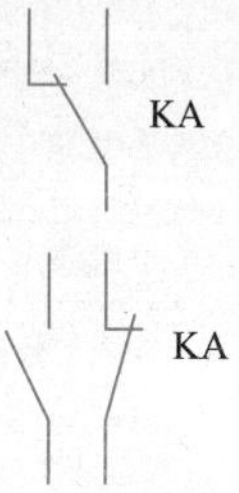 KA KA (b) 竖画时
说 明	电磁继电器的转换触点是由共有一个动触点的常开触点部分和常闭触点部分组成的，所以它的图形符号如上图所示，由共用一个斜线表示的动触点的常开触点和常闭触点组合加以表示。但是，在顺序图中，忽略了结构上的关联，在相关标准的图形符号中，用分别独立的常开触点图形符号和常闭触点图形符号表示的情况居多
知识点6	电磁继电器励磁时转换触点的动作
图 示	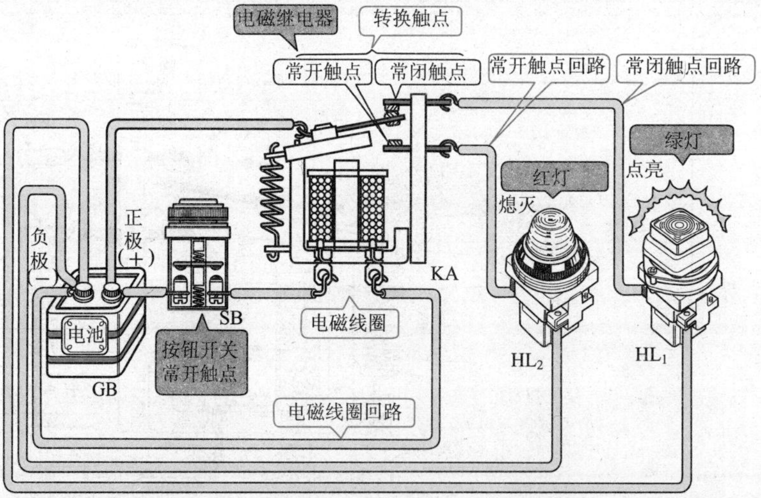
说 明	在电磁继电器转换触点上分别接一个红灯HL_2和一个绿灯HL_1，按下按钮开关SB时，红灯HL_2点亮，绿灯HL_1熄灭 •实物连接图。上图所示的是利用具有转换触点的电磁继电器构成的指示灯控制电路的实物连接图。电磁继电器KA的常开触点回路中串联红灯HL_2，常闭触点回路中串联绿灯HL_1，电磁线圈回路中串联控制电磁继电器励磁、消磁的按钮开关SB（常开触点），然后将指示灯回路与电磁线圈KA回路分别并联在电池上

续表3.4

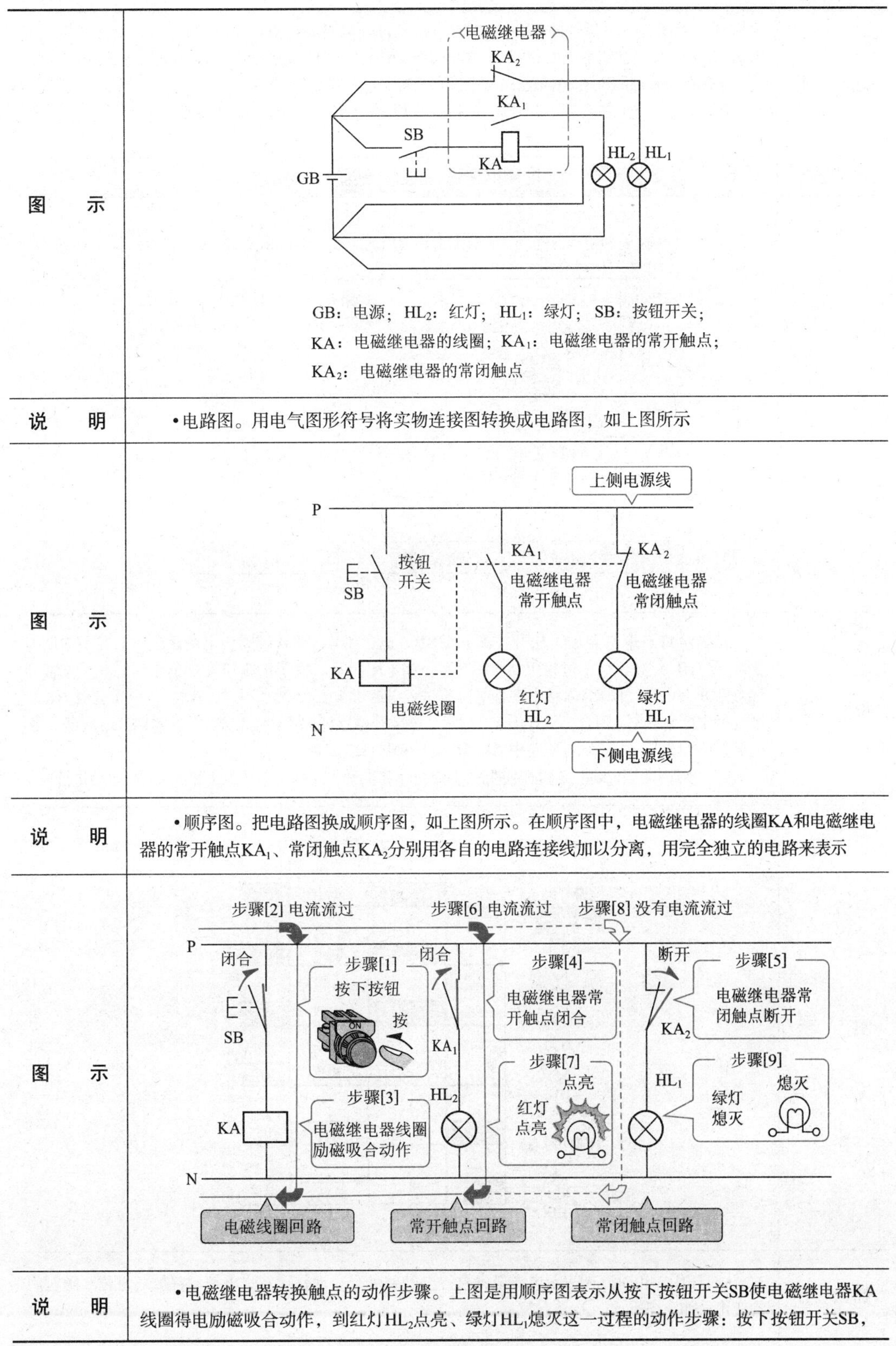

图　示	GB：电源；HL_2：红灯；HL_1：绿灯；SB：按钮开关； KA：电磁继电器的线圈；KA_1：电磁继电器的常开触点； KA_2：电磁继电器的常闭触点
说　明	•电路图。用电气图形符号将实物连接图转换成电路图，如上图所示
图　示	
说　明	•顺序图。把电路图换成顺序图，如上图所示。在顺序图中，电磁继电器的线圈KA和电磁继电器的常开触点KA_1、常闭触点KA_2分别用各自的电路连接线加以分离，用完全独立的电路来表示
图　示	
说　明	•电磁继电器转换触点的动作步骤。上图是用顺序图表示从按下按钮开关SB使电磁继电器KA线圈得电励磁吸合动作，到红灯HL_2点亮、绿灯HL_1熄灭这一过程的动作步骤：按下按钮开关SB，

续表3.4

说　明	其常开触点闭合→电磁线圈KA回路中有电流流过→电磁继电器KA线圈通电励磁吸合动作→常开触点KA闭合→常闭触点KA断开，常开触点KA闭合→常开触点回路中有电流流过→红灯HL_2点亮，常闭触点KA断开→常闭触点回路中没有电流流过→绿灯HL_1熄灭 注：步骤［4］和步骤［5］同时进行，步骤［6］和步骤［7］以及步骤［8］和步骤［9］同时进行
知识点7	**电磁继电器消磁时转换触点的动作**
图　示	步骤[2] 没有电流流过　步骤[6] 没有电流流过　步骤[8] 电流流过 P　断开　SB　KA　N 步骤[1] 按下按钮的手 脱离 步骤[3] 电磁继电器线圈失电消磁复位 断开　KA_1　HL_2 步骤[4] 电磁继电器常开触点复位断开 步骤[7] 红灯熄灭　熄灭 闭合　KA_2　HL_1 步骤[5] 电磁继电器常闭触点复位闭合 步骤[9] 绿灯点亮　点亮 电磁线圈回路　常开触点回路　常闭触点回路
说　明	在指示灯点熄电路中，松开按钮开关SB，电磁继电器KA线圈失电消磁复位，红灯HL_2熄灭，绿灯HL_1点亮，这一过程用顺序图表示，如上图所示。按下按钮开关SB的手指脱离，其常开触点断开→电磁线圈KA回路中没有电流流过→电磁继电器KA线圈失电消磁复位→常开触点KA_1断开→常闭触点KA_2闭合，常开触点KA_1断开→常开触点回路中没有电流流过→红灯HL_2熄灭，常闭触点KA_2闭合→常闭触点回路中有电流流过→绿灯HL_1点亮 注：步骤［4］和步骤［5］同时进行；步骤［6］和步骤［7］以及步骤［8］和步骤［9］同时进行
图　示	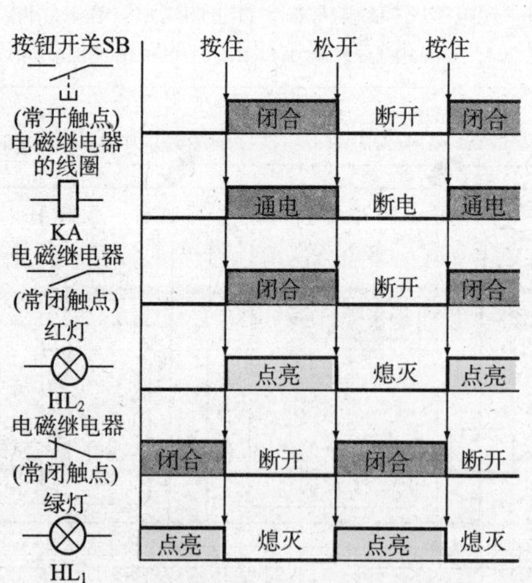
说　明	•时序图。用时序图表示电磁继电器得电励磁吸合“动作”及失电消磁释放“复位”随时间的变化，如上图所示

表3.5　电磁接触器的结构

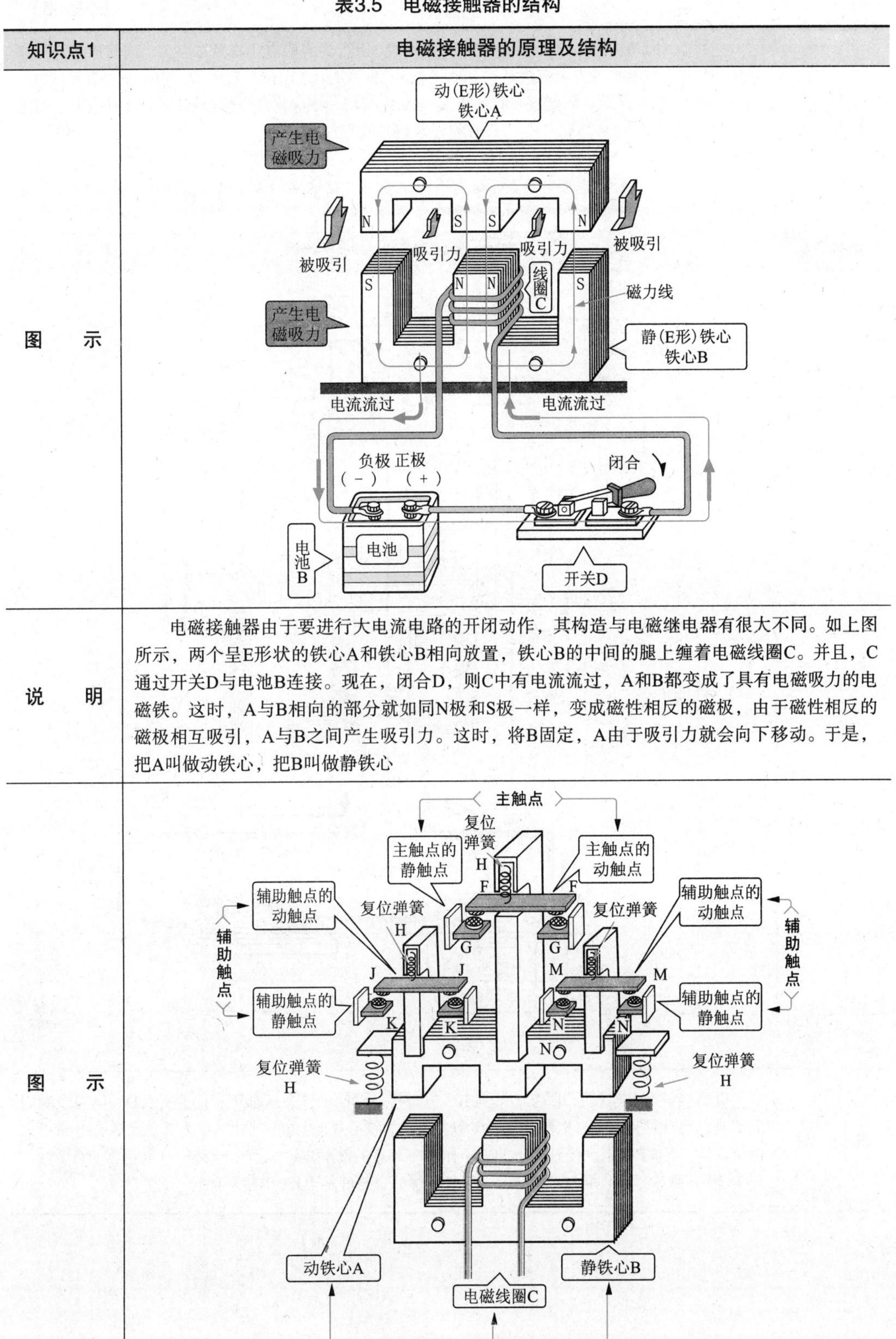

知识点1	电磁接触器的原理及结构
图　　示	
说　　明	电磁接触器由于要进行大电流电路的开闭动作，其构造与电磁继电器有很大不同。如上图所示，两个呈E形状的铁心A和铁心B相向放置，铁心B的中间的腿上缠着电磁线圈C。并且，C通过开关D与电池B连接。现在，闭合D，则C中有电流流过，A和B都变成了具有电磁吸力的电磁铁。这时，A与B相向的部分就如同N极和S极一样，变成磁性相反的磁极，由于磁性相反的磁极相互吸引，A与B之间产生吸引力。这时，将B固定，A由于吸引力就会向下移动。于是，把A叫做动铁心，把B叫做静铁心
图　　示	

续表3.5

说　明	在铁心A即动铁心上连接动触点F，与静触点G组合构成触点（常开触点），同时连接复位弹簧H。当电磁线圈中没有电流流过时，动铁心A和静铁心B之间没有吸引力，由于复位弹簧H的作用力，A及F向上移动，回到原来的位置，F与G分离开——这就是复位弹簧H所起到的作用。在A的两侧还有动触点J和静触点K，以及动触点M和静触点N两组触点，把J、K和M、N叫做电磁接触器的辅助触点，与电磁继电器的触点相同，是为完成小电流开关功能而设的触点。与此相对，把F、G叫做电磁接触器的主触点，是完成像电动机电路这样的大电流开关功能、安全的具有大电流容量的触点。这种结构叫做电磁接触器的柱塞式结构
知识点2	**电磁接触器的动作方式**
图　示	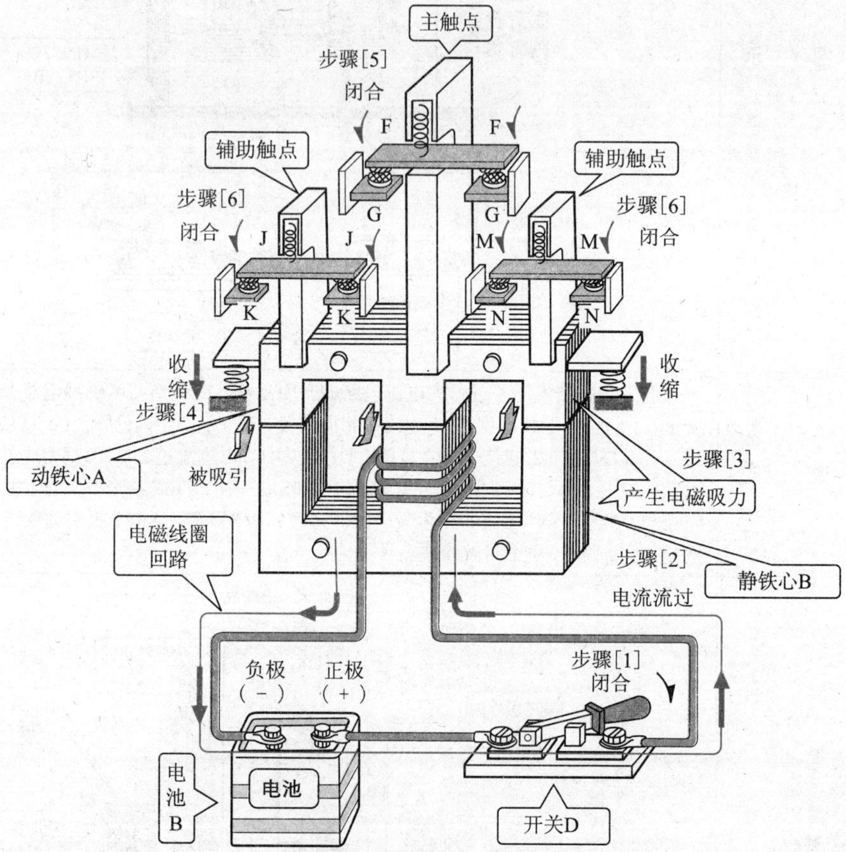
说　明	电磁接触器上连接有开关D和电池B。电磁接触器的动作方式如下：闭合开关D→电磁线圈回路闭合，电磁线圈C中有电流流过→动铁心A和静铁心B产生电磁吸力→A和B变成具有电磁吸力的电磁铁，A被B吸引，受到向下的力→作为主触点的动触点F一起向下移动→F与静触点G接触，作为辅助触点的两组动触点J和M也一起向下移动→与静触点K、N接触闭合

续表3.5

知识点3	电磁接触器的内部结构图
图　示	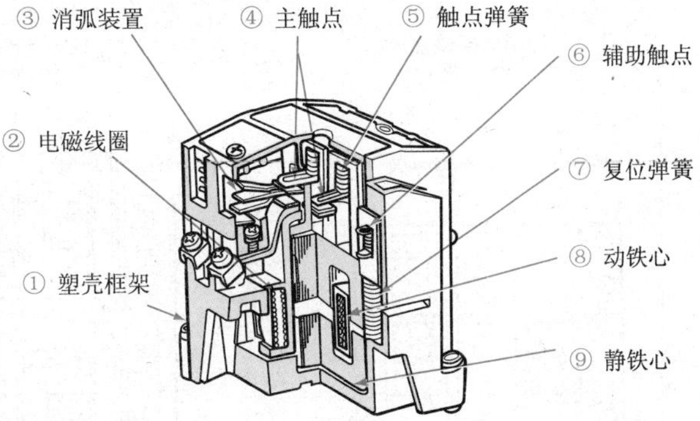 ③ 消弧装置　④ 主触点　⑤ 触点弹簧　⑥ 辅助触点　② 电磁线圈　⑦ 复位弹簧　① 塑壳框架　⑧ 动铁心　⑨ 静铁心
说　明	① 塑壳框架。由合成树脂压制，起到安装各构成部件的作用 ② 电磁线圈。在线圈骨架上缠上数圈绝缘线做成线圈，当线圈中有电流流过时，电磁线圈起到使铁心变成具有电磁吸力的电磁铁的作用 ③ 消弧装置。呈放射状安装几片强磁性金属片，起到消除在主触点断开时产生的电弧（称为消弧）的作用 ④ 主触点。在主电路电流控制部分，动触点与静触点成对组合在一起。触点材料使用具有接触电阻稳定性好、抗电弧性强等特点的银的特殊合金 ⑤ 触点弹簧。依靠弹簧的力推动主触点的动触点，从而获得与静触点相接触的压力 ⑥ 辅助触点。与电磁继电器触点相同，辅助触点是指保持原始状态或者控制联锁装置等操作回路的电流开闭的触点 ⑦ 复位弹簧。电磁线圈失电消磁后，由于复位弹簧的反作用力，使受重力作用而与静铁心接触的动铁心回到上方 ⑧ 铁心。静铁心与动铁心相向放置，静铁心由于电磁线圈的作用变成电磁铁，从而吸引动铁心

表3.6　电磁接触器的图形符号

知识点1	电磁接触器触点的图形符号
图　示	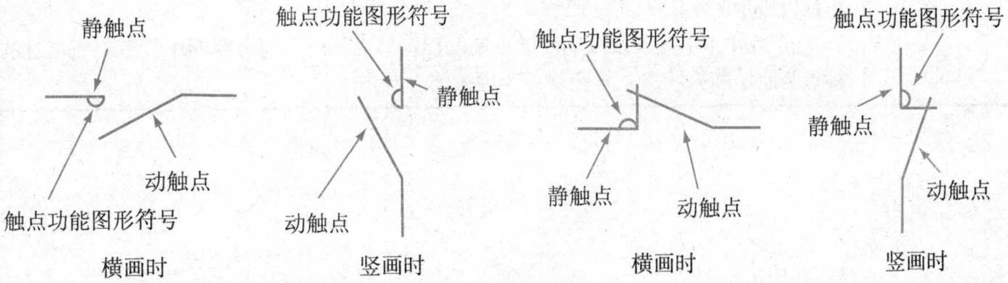 静触点　触点功能图形符号　动触点　横画时；触点功能图形符号　静触点　动触点　竖画时 (a) 常开触点图形符号 触点功能图形符号　静触点　动触点　横画时；触点功能图形符号　静触点　动触点　竖画时 (b) 常闭触点图形符号
说　明	作为电磁接触器主触点的电磁接触器触点，由于要控制大电流的开闭，所以用与电磁继电器触点不同的图形符号加以表示。如上图所示，电磁接触器触点的图形符号是在表示电力用触点的常开触点图形符号、常闭触点图形符号中的静触点图形符号的线段前端，加上一个表示触点功能的图形符号来表示

续表3.6

<table>
<tr><th>知识点2</th><th>电磁接触器的图形符号</th></tr>
<tr><td>图 示</td><td>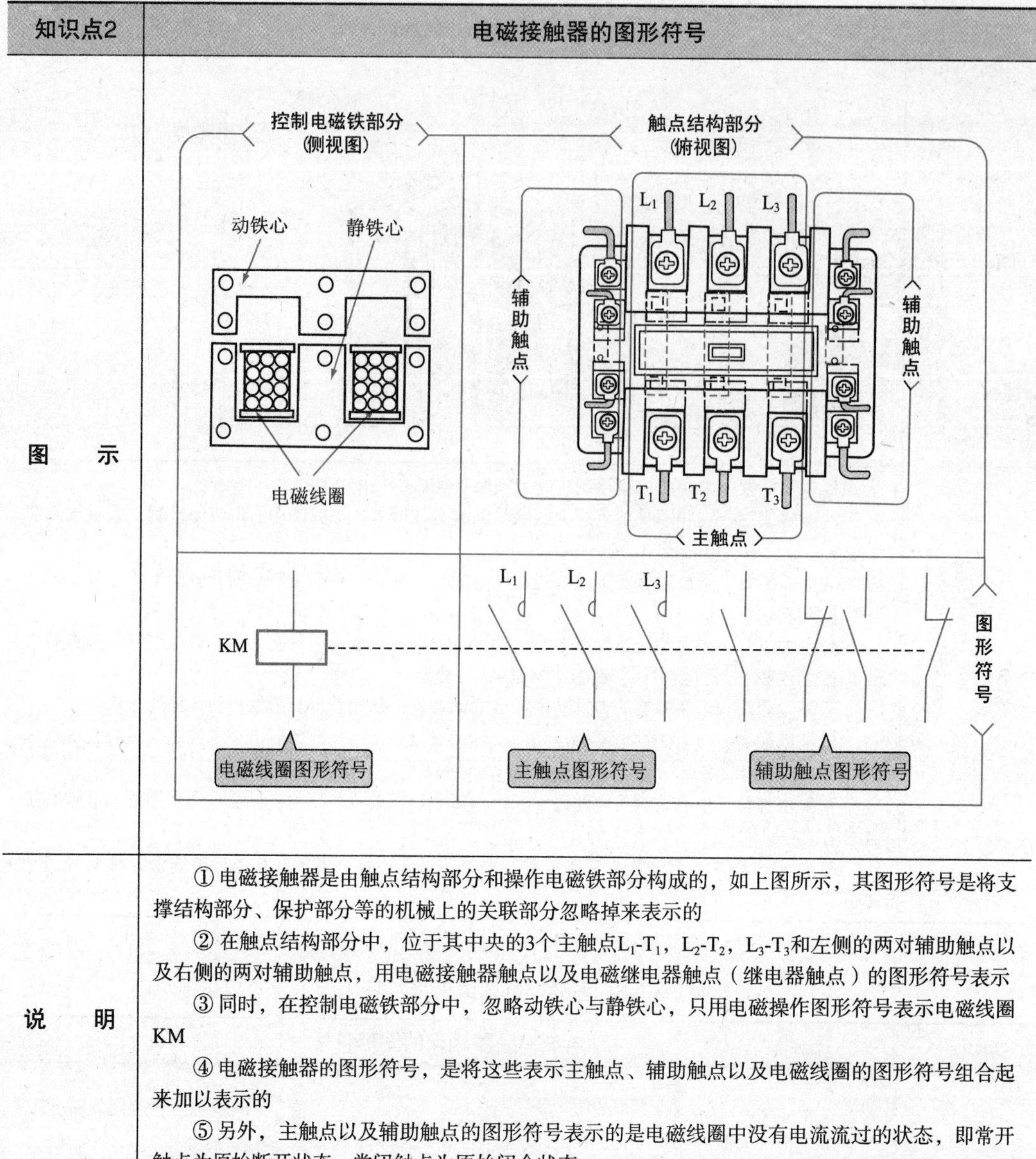
</td></tr>
<tr><td>说 明</td><td>① 电磁接触器是由触点结构部分和操作电磁铁部分构成的，如上图所示，其图形符号是将支撑结构部分、保护部分等的机械上的关联部分忽略掉来表示的
② 在触点结构部分中，位于其中央的3个主触点L_1-T_1，L_2-T_2，L_3-T_3和左侧的两对辅助触点以及右侧的两对辅助触点，用电磁接触器触点以及电磁继电器触点（继电器触点）的图形符号表示
③ 同时，在控制电磁铁部分中，忽略动铁心与静铁心，只用电磁操作图形符号表示电磁线圈KM
④ 电磁接触器的图形符号，是将这些表示主触点、辅助触点以及电磁线圈的图形符号组合起来加以表示的
⑤ 另外，主触点以及辅助触点的图形符号表示的是电磁线圈中没有电流流过的状态，即常开触点为原始断开状态，常闭触点为原始闭合状态</td></tr>
</table>

表3.7　电磁接触器的动作

<table>
<tr><th>知识点1</th><th>电磁接触器的动作方式</th></tr>
<tr><td>图　示</td><td>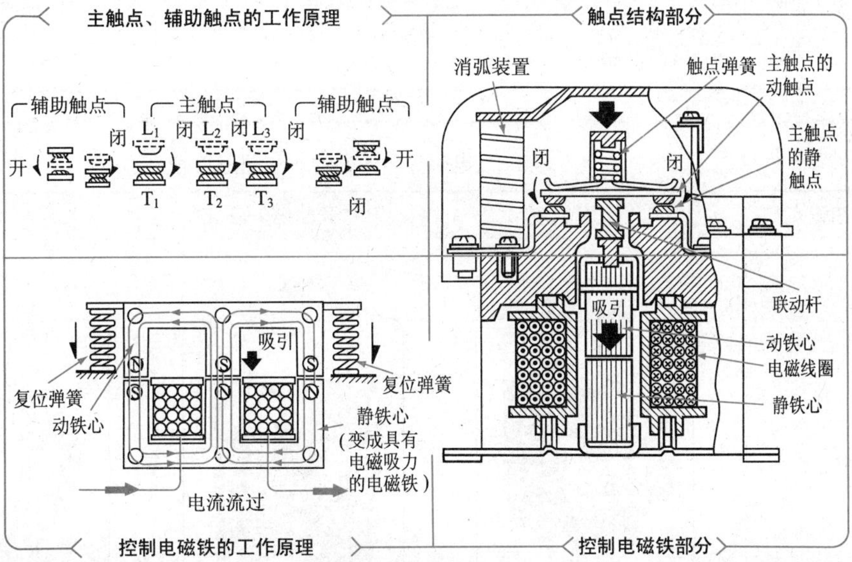
</td></tr>
<tr><td>说　明</td><td>当电磁接触器的电磁线圈中有电流流过时，在静铁心和动铁心之间有磁力线通过，形成磁电路，静铁心变成具有电磁吸力的电磁铁，动铁心被静铁心吸引。由于这个吸引力的作用，与动铁心机械联动的主触点及辅助触点受到向下的力，主触点闭合的同时，辅助触点中的常开触点闭合，常闭触点断开。当电磁接触器线圈通电励磁动作时，主触点闭合，辅助常开触点也闭合，辅助常闭触点断开</td></tr>
<tr><th>知识点2</th><th>电磁接触器的复位方式</th></tr>
<tr><td>图　示</td><td>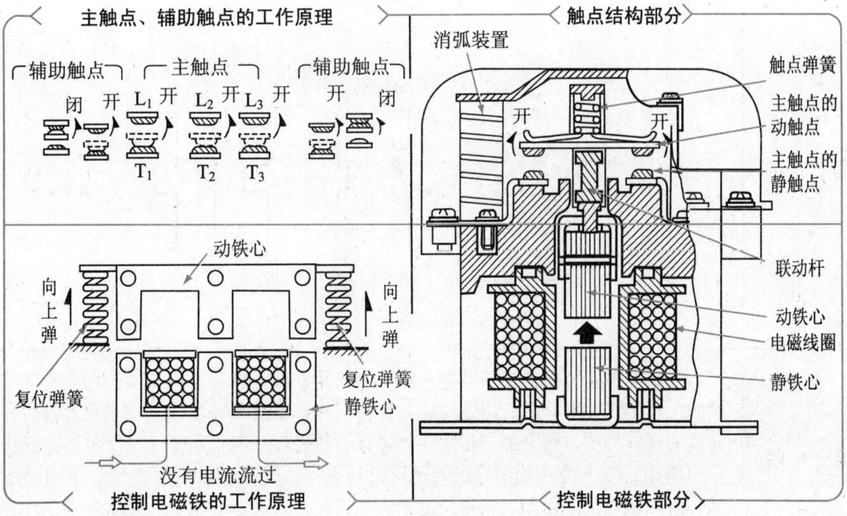
</td></tr>
</table>

续表3.7

说　明	当电磁接触器的电磁线圈中没有电流流过时，电磁吸力消失，静铁心不再是具有电磁吸力的电磁铁，动铁心无法被静铁心吸引，动铁心在复位弹簧力的作用下向上移动。当动铁心向上移动时，与动铁心机械联动的主触点及辅助触点的动触点也一起向上移动，主触点断开的同时，在辅助触点中，常开触点断开，常闭触点闭合。当电磁接触器线圈失电消磁复位时，主触点断开，辅助常开触点也断开，辅助常闭触点闭合

表3.8　电磁开闭器的动作和图形符号

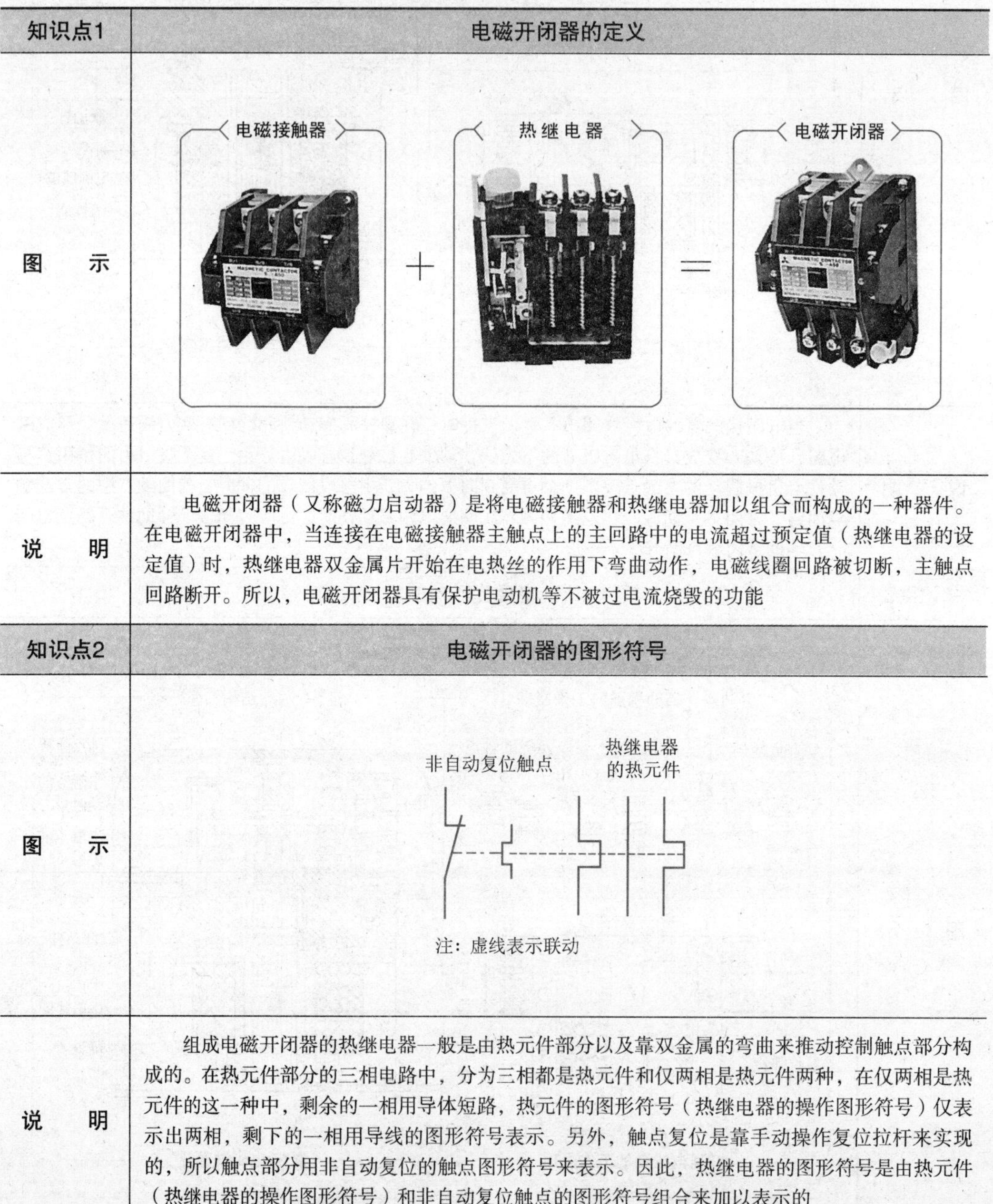

知识点1	电磁开闭器的定义
图　示	电磁接触器 ＋ 热继电器 ＝ 电磁开闭器
说　明	电磁开闭器（又称磁力启动器）是将电磁接触器和热继电器加以组合而构成的一种器件。在电磁开闭器中，当连接在电磁接触器主触点上的主回路中的电流超过预定值（热继电器的设定值）时，热继电器双金属片开始在电热丝的作用下弯曲动作，电磁线圈回路被切断，主触点回路断开。所以，电磁开闭器具有保护电动机等不被过电流烧毁的功能
知识点2	电磁开闭器的图形符号
图　示	非自动复位触点　热继电器的热元件　注：虚线表示联动
说　明	组成电磁开闭器的热继电器一般是由热元件部分以及靠双金属的弯曲来推动控制触点部分构成的。在热元件部分的三相电路中，分为三相都是热元件和仅两相是热元件两种，在仅两相是热元件的这一种中，剩余的一相用导体短路，热元件的图形符号（热继电器的操作图形符号）仅表示出两相，剩下的一相用导线的图形符号表示。另外，触点复位是靠手动操作复位拉杆来实现的，所以触点部分用非自动复位的触点图形符号来表示。因此，热继电器的图形符号是由热元件（热继电器的操作图形符号）和非自动复位触点的图形符号组合来加以表示的

续表3.8

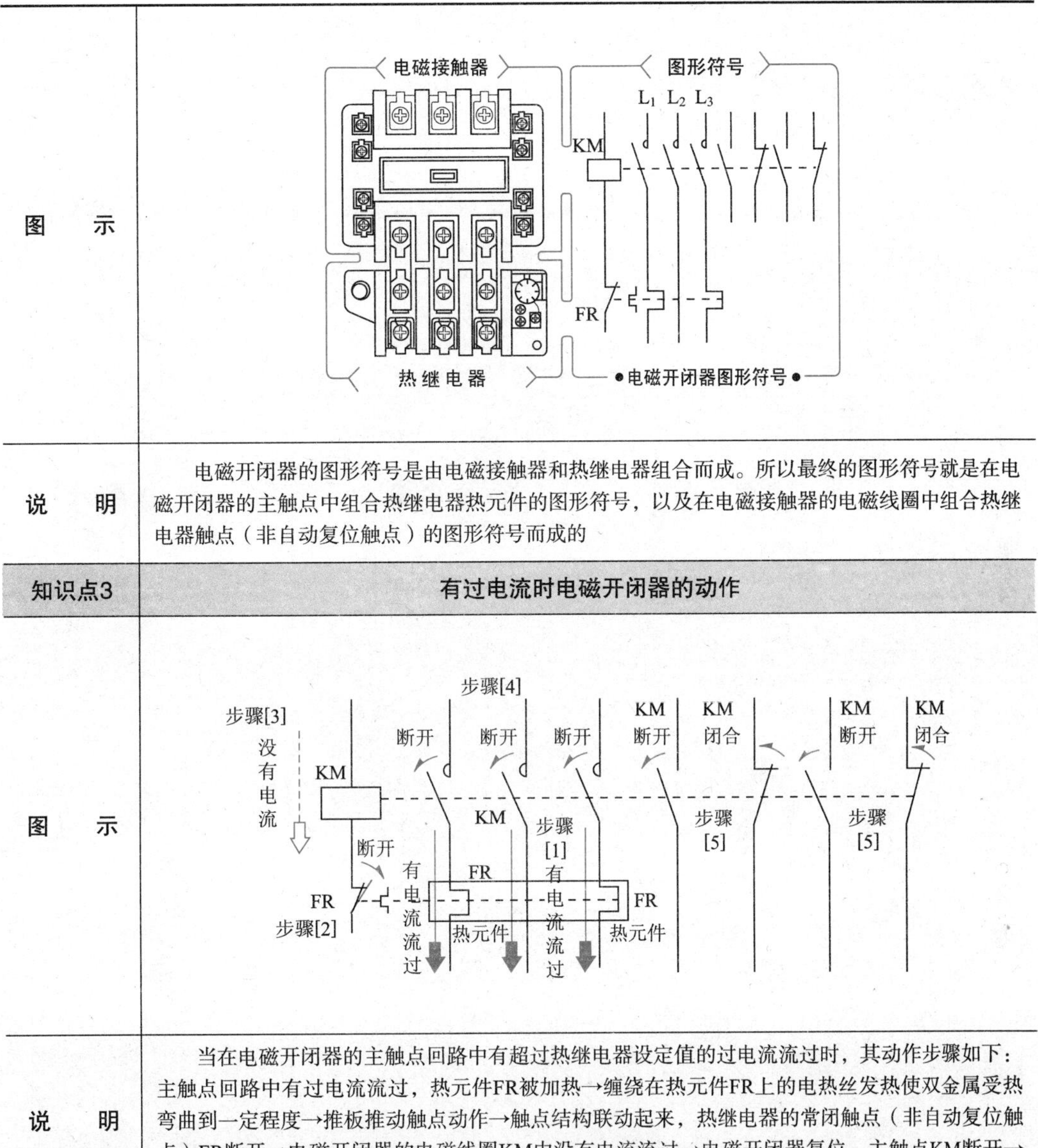

图　示	
说　明	电磁开闭器的图形符号是由电磁接触器和热继电器组合而成。所以最终的图形符号就是在电磁开闭器的主触点中组合热继电器热元件的图形符号，以及在电磁接触器的电磁线圈中组合热继电器触点（非自动复位触点）的图形符号而成的
知识点3	**有过电流时电磁开闭器的动作**
图　示	
说　明	当在电磁开闭器的主触点回路中有超过热继电器设定值的过电流流过时，其动作步骤如下：主触点回路中有过电流流过，热元件FR被加热→缠绕在热元件FR上的电热丝发热使双金属受热弯曲到一定程度→推板推动触点动作→触点结构联动起来，热继电器的常闭触点（非自动复位触点）FR断开→电磁开闭器的电磁线圈KM中没有电流流过→电磁开闭器复位，主触点KM断开→电磁开闭器复位，辅助常开触点断开，辅助常闭触点闭合

第4章

定时器的动作和图形符号

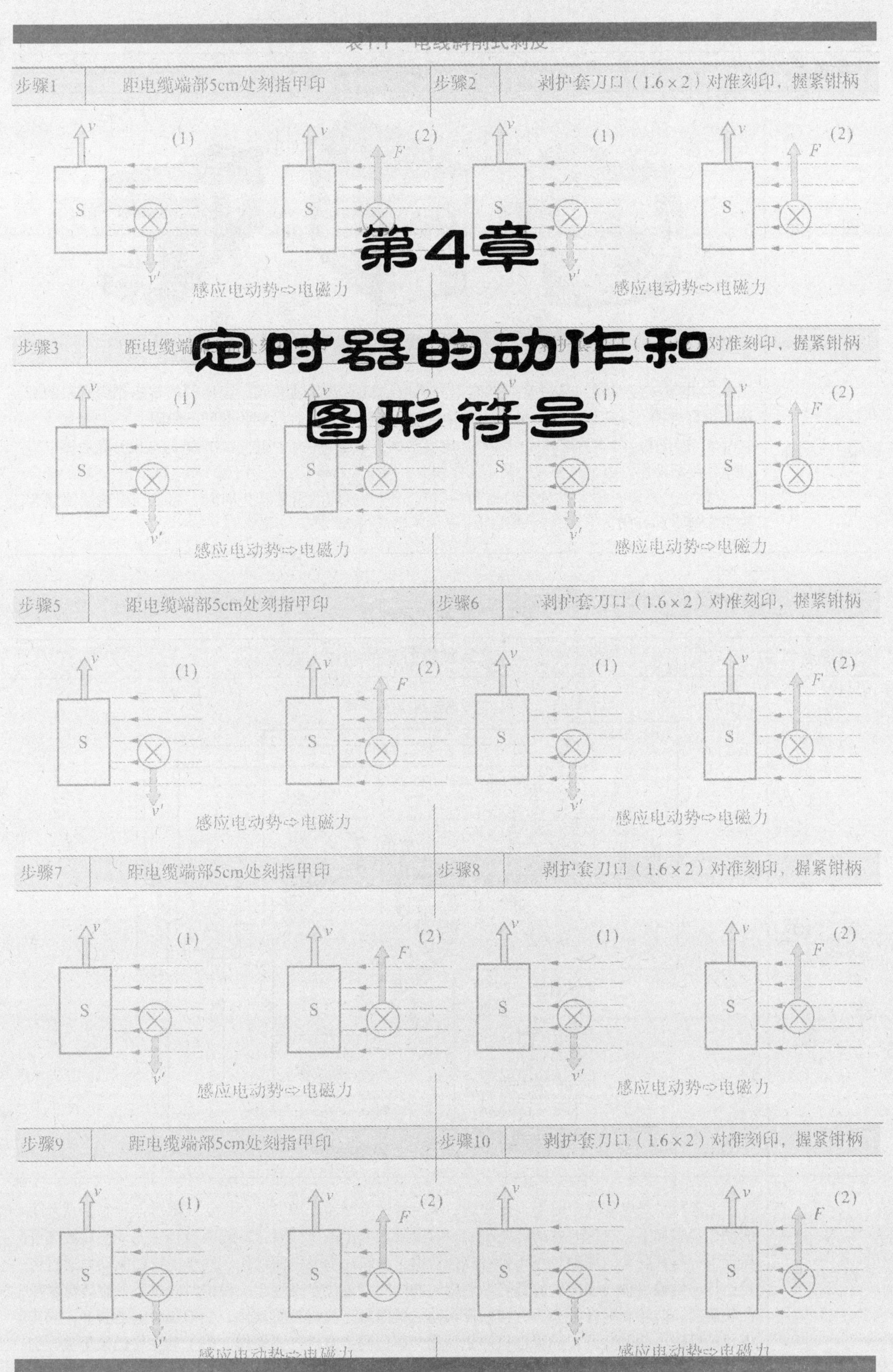

表4.1　定时器的种类

知识点	定时器的种类
图　示	（a）电动式定时器　（b）电子式定时器　（c）空气式定时器
说　明	① 电动式定时器。这种定时器是以同步电动机的电源频率成一定比例的转速作为时限的基准，由离合器、减速齿轮组合而成，其特点是动作稳定，适合设定长时间的时限 ② 电子式定时器。这种定时器利用电容器的充放电特性，当电容器两端的电压升高后使电磁继电器线圈动作。由于机械式的动作部件较少，所以寿命较长，适用于高频率且定时时间短的场合 ③ 空气式定时器。这种定时器利用空气、油等流体的阻尼产生时限，将此与电磁线圈组合来进行触点的开闭，适用于对动作时限要求不高的场合

表4.2　电动式定时器

知识点1	电动式定时器的动作方式
图　示	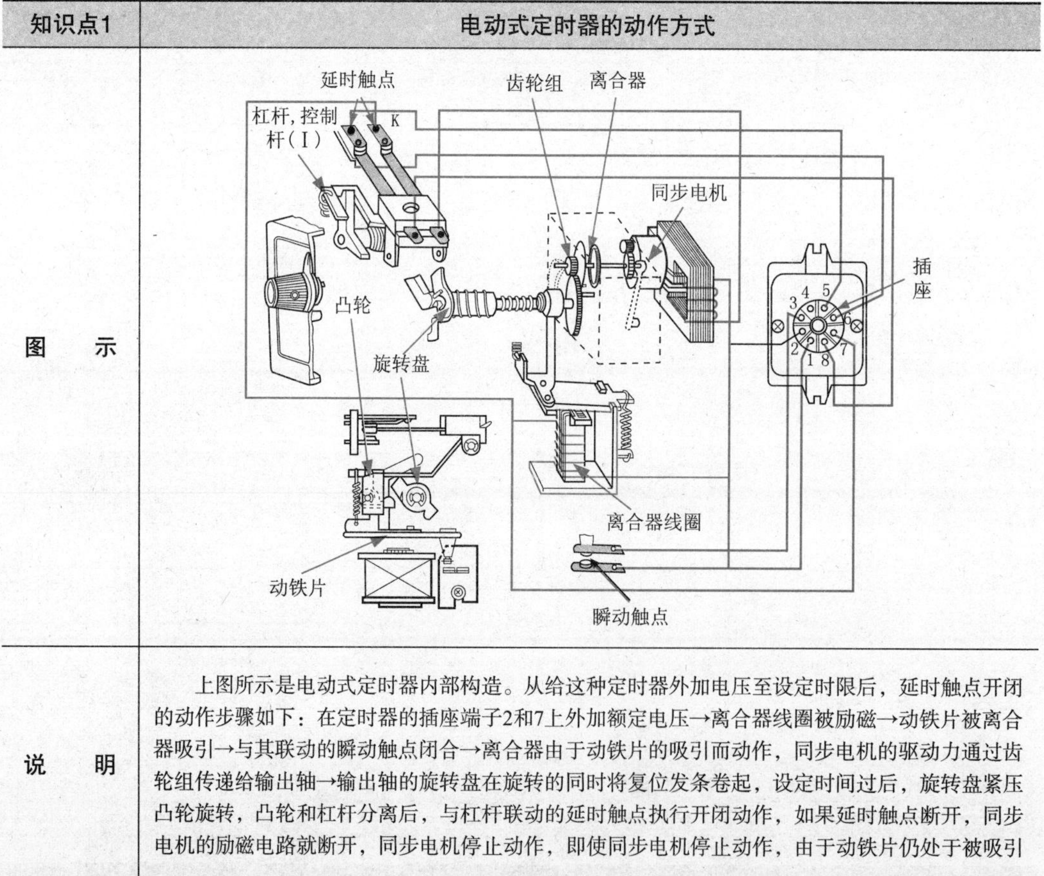
说　明	上图所示是电动式定时器内部构造。从给这种定时器外加电压至设定时限后，延时触点开闭的动作步骤如下：在定时器的插座端子2和7上外加额定电压→离合器线圈被励磁→动铁片被离合器吸引→与其联动的瞬动触点闭合→离合器由于动铁片的吸引而动作，同步电机的驱动力通过齿轮组传递给输出轴→输出轴的旋转盘在旋转的同时将复位发条卷起，设定时间过后，旋转盘紧压凸轮旋转，凸轮和杠杆分离后，与杠杆联动的延时触点执行开闭动作，如果延时触点断开，同步电机的励磁电路就断开，同步电机停止动作，即使同步电机停止动作，由于动铁片仍处于被吸引

续表4.2

说　明	的状态，延时触点也会保持刚刚转换后的状态。去掉在定时器的插座端子2和7上外加的额定电压，由于离合器线圈分离，旋转的各个部分又恢复到开始的状态，准备下一次动作
知识点2	电动式定时器的内部连接图
图　示	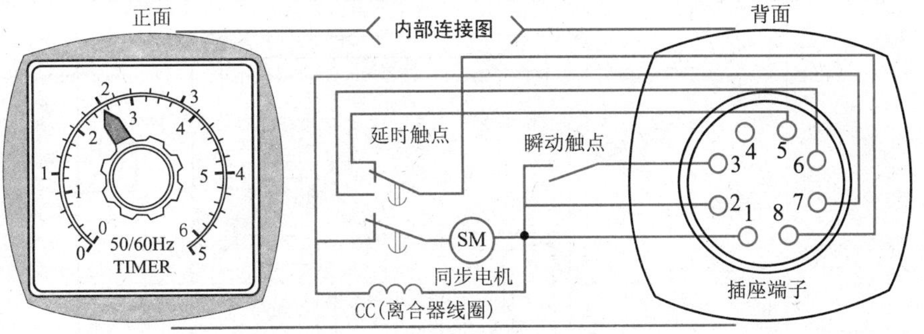 正面　内部连接图　背面 50/60Hz TIMER 延时触点　瞬动触点　SM　同步电机　CC（离合器线圈）　插座端子
说　明	在电动式定时器中，控制电源回路和延时触点回路在电气上是独立的 ① 电源的连接方法。定时器的控制电源接在背面的插座端子1号和7号上 ② 延时触点回路的连接方法。在背面的插座端子6号和8号上接负载，处于开路状态的延时闭合常开触点在经过设定时限后就会闭合，另外，在端子5号和8号上接负载，处于闭合状态的延时闭合常闭触点在经过设定时限后就会断开

表4.3　电子式定时器

知识点1	电子式定时器的动作方式
图　示	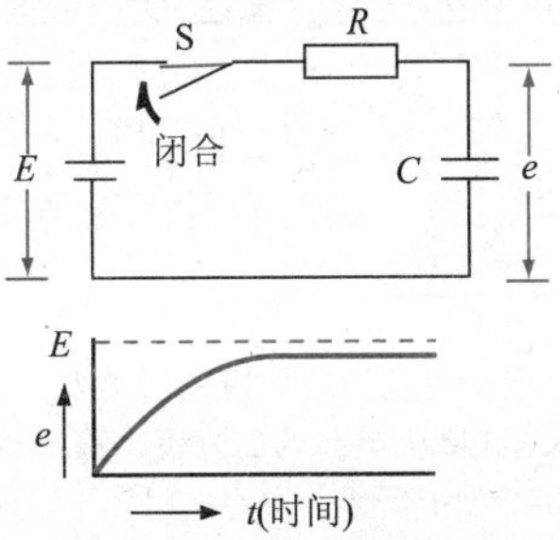 S　R　闭合　E　C　e E　e　t(时间) 充电$e=E(1-\varepsilon^{-\frac{1}{CR}t})$
说　明	在电容器C和电阻R构成的电路中，合上开关S，电容器通过电阻以电源E来充电时，电容器两端的充电电压e如上图所示
图　示	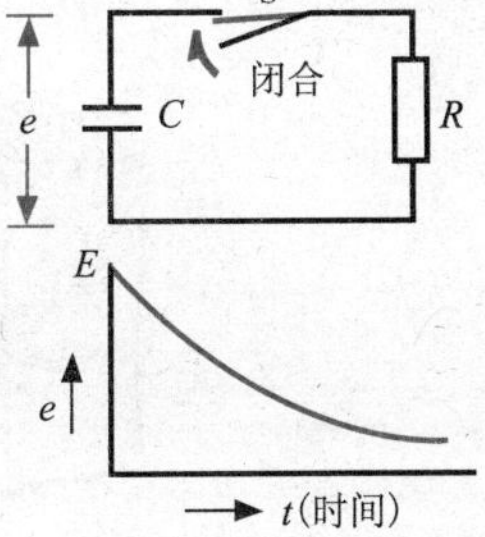 S　闭合　e　C　R E　e　t(时间) 放电$e=E\varepsilon^{-\frac{1}{CR}t}$

续表4.3

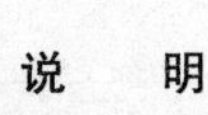

说 明

在电容器处于充电状态，合上开关S，通过电阻放电时的电容器两端的放电电压*e*如上图所示

如上所述，电容器通过电阻充电或放电时，在两端端子电压的变化过程中就产生了时间的延迟。所以，电子式定时器就是利用电容器*C*和电阻*R*构成的*CR*电路的充放电特性产生时间延迟，来完成电磁继电器触点的开闭的

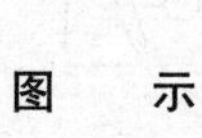

图 示

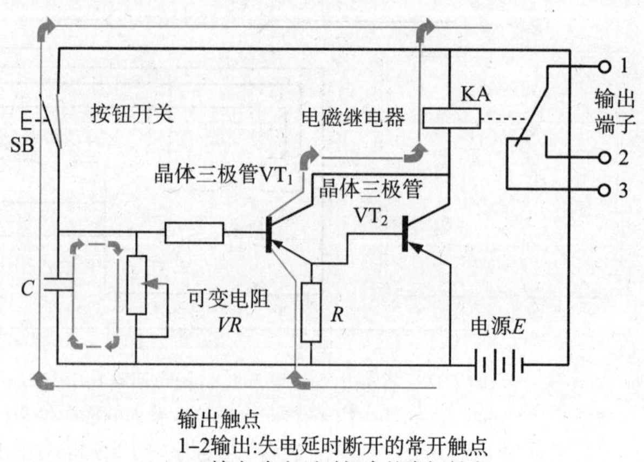

输出触点
1–2输出:失电延时断开的常开触点
1–3输出:失电延时闭合的常闭触点

说 明

上图所示是电子式定时器基本电路的一个例子。瞬时按下按钮开关SB，由于电路中几乎没有电阻，所以电容器*C*马上充电至电源电压*E*，这个电压加在晶体三极管VT_1的基极上，电磁继电器KA线圈得电吸合动作，其输出触点动作切换。这时即使松开按钮开关SB，由于电容器*C*还残留着电荷，电磁继电器KA线圈继续得电吸合动作

图 示

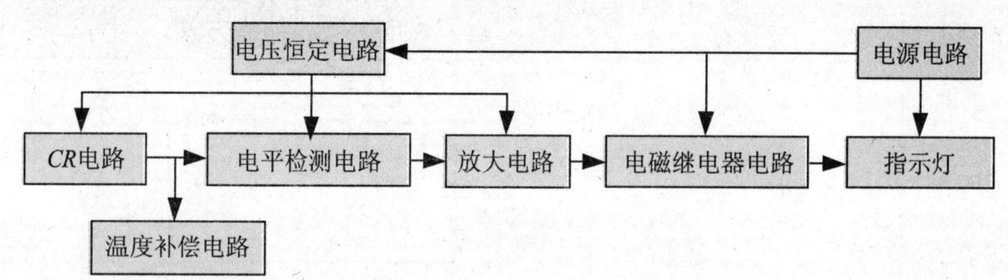

说 明

由于电容器*C*残留有电荷，所以通过可变电阻*VR*放电，当电容器两端电压低于某个电压值时，电磁继电器KA线圈失电释放而复位，输出触点回到原始状态。电磁继电器复位的时间就是定时器的延迟时间。如上所述，把在定时器复位时能产生时间延迟的定时器的输出触点叫做延时断开触点。实际的电子式定时器，是用半导体检测放大电容器两端的电压，使电磁继电器线圈得电吸合动作，其电路构成如上图所示

知识点2 电子式定时器时限的设定方法

图 示

续表4.3

说　明	电子式定时器的动作时间，是根据由可变电阻VR电阻值的变化导致电容器的放电或者充电时间的变化来确定的。如图所示，旋转位于电子式定时器前面的旋钮，将“设定指针”对准“刻度盘”上所要的时限就可以了

表4.4　空气式定时器

知识点1	空气式定时器的结构
图　示	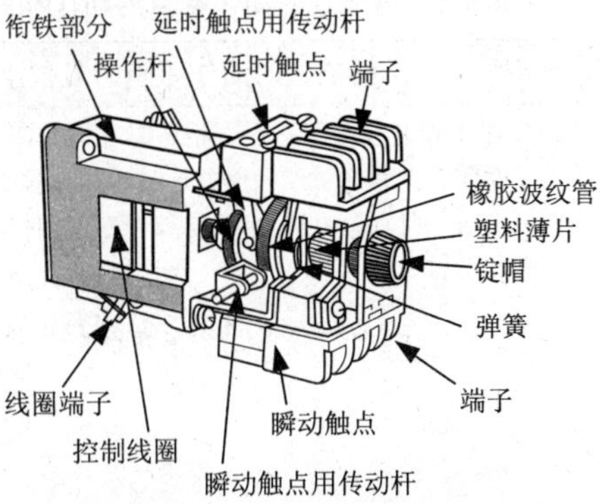 衔铁部分 延时触点用传动杆 操作杆 延时触点 端子 橡胶波纹管 塑料薄片 锭帽 弹簧 端子 线圈端子 瞬动触点 控制线圈 瞬动触点用传动杆
说　明	当在控制线圈上外加输入信号（电压）时，空气式定时器（气动定时器）依靠流进橡胶波纹管的空气来产生时间延迟，控制触点的开闭。空气式定时器由衔铁部分、延时结构部分、触点部分组成。衔铁部分由控制线圈和动铁心、静铁心等部分构成，为定时结构部分提供操作条件；延时结构部分是使空气流入以产生时限的部分，由可以改变容积而使空气流出流入的橡胶波纹管和控制空气流入量的针阀组成；触点部分由基于微动开关的瞬动触点和延时触点组成，延时结构部分和衔铁部分相互联动
知识点2	空气式定时器的延时动作方式
图　示	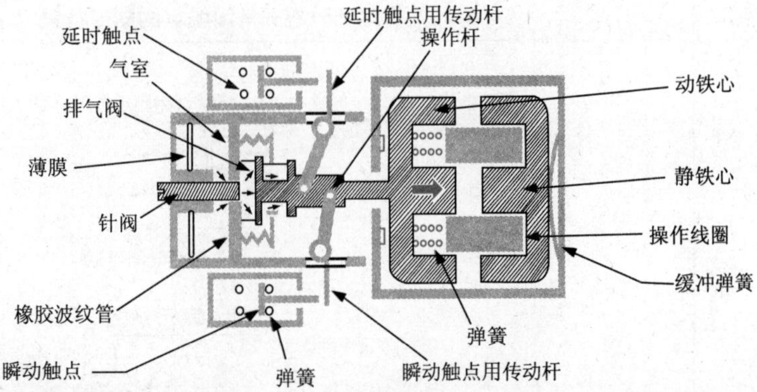 延时触点用传动杆 延时触点 操作杆 气室 动铁心 排气阀 薄膜 静铁心 针阀 操作线圈 缓冲弹簧 橡胶波纹管 弹簧 瞬动触点 弹簧 瞬动触点用传动杆
说　明	当定时器的控制线圈通电励磁后，延时动作开始，产生时间延迟，当控制线圈失电消磁后，定时器瞬时复位到初始状态，把这种动作方式叫做得电延时动作方式。在处于得电延时动作方式的空气式定时器中，控制线圈中没有电流流过时（未励磁）的内部结构如上图所示

续表4.4

说　明	①控制线圈中没有电流流过时（未励磁），动铁心被释放，橡胶波纹管被操作杆压缩，传动杆和开关都处于不动作的状态 ②控制线圈中有电流流过时（励磁），动铁心被吸引，操作杆缩回，直接连接在操作杆上的瞬动触点传动杆立刻开始动作，瞬动触点反向旋转，其常闭触点断开，常开触点闭合 ③操作杆缩回后，橡胶波纹管由于内置弹簧的弹力开始膨胀，空气通过薄膜、针阀慢慢地流进橡胶波纹管。流进足够的空气后，延时触点开始转态，其延时断开常闭触点断开，延时闭合常开触点闭合

表4.5　得电延时动作触点的动作和图形符号

知识点1	得电延时动作（瞬时复位）触点的定义
说　明	得电延时动作（瞬时复位）触点是指定时器动作时具有时间延迟，而复位时瞬时复位的触点，包括得电延时闭合的常开触点和得电延时断开的常闭触点。得电延时闭合的常开触点是指，定时器动作时具有时间延迟并且闭合的触点；得电延时断开的常闭触点是指，定时器动作时具有时间延迟并且断开的触点
知识点2	**得电延时闭合常开触点的图形符号**
图　示	横画：电磁继电器常开触点图形符号　KT　闭合　延迟功能图形符号 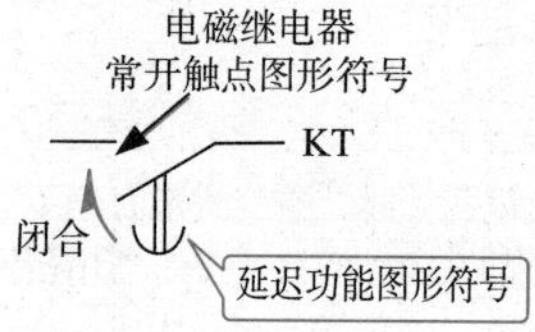 “闭合”时有时间延迟 竖画：延迟功能图形符号　闭合　KT　电磁继电器常开触点图形符号 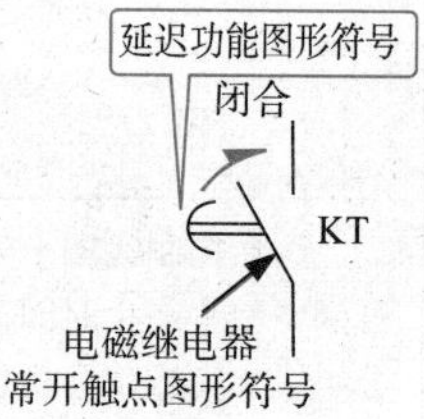 “闭合”时有时间延迟
说　明	得电延时动作触点的图形符号是在表示电磁继电器触点（继电器触点）的动触点的线段上加上表示动作时具有的时间延迟功能的图形符号（图形符号：⋑） 如上图所示，得电延时闭合常开触点的图形符号是在继电器触点的图形符号中表示动触点的线段的下侧（横画的场合）或左侧（竖画的场合）加上表示动作时具有的时间延迟功能的图形符号
知识点3	**得电延时断开常闭触点的图形符号**
图　示	横画：电磁继电器常闭触点图形符号　断开　KT　延迟功能图形符号 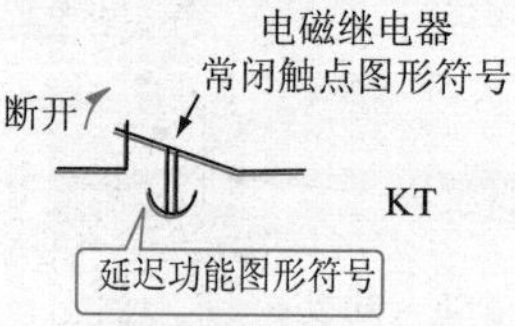 “断开”时有时间延迟 竖画：延迟功能图形符号　断开　KT　电磁继电器常闭触点图形符号 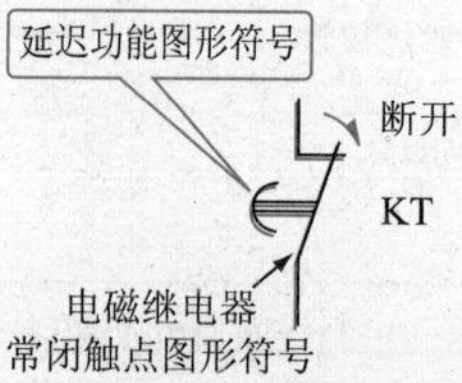 “断开”时有时间延迟

续表4.5

说　明	得电延时断开常闭触点的图形符号是在继电器触点的图形符号中表示动触点的线段的下侧或左侧加上表示动作时具有的时间延迟功能的图形符号
知识点4	有得电延时动作触点的定时器的图形符号
图　示	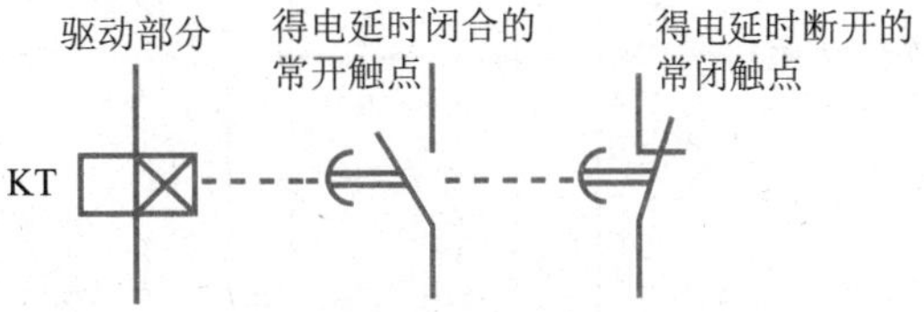
说　明	定时器的图形符号是由驱动部分以及延时触点的图形符号组合加以表示的。一般地，定时器的驱动部分的图形符号是借用动作装置图形符号。所以，上图所示为有得电延时动作触点的定时器的图形符号
知识点5	得电延时动作触点的动作方式
图　示	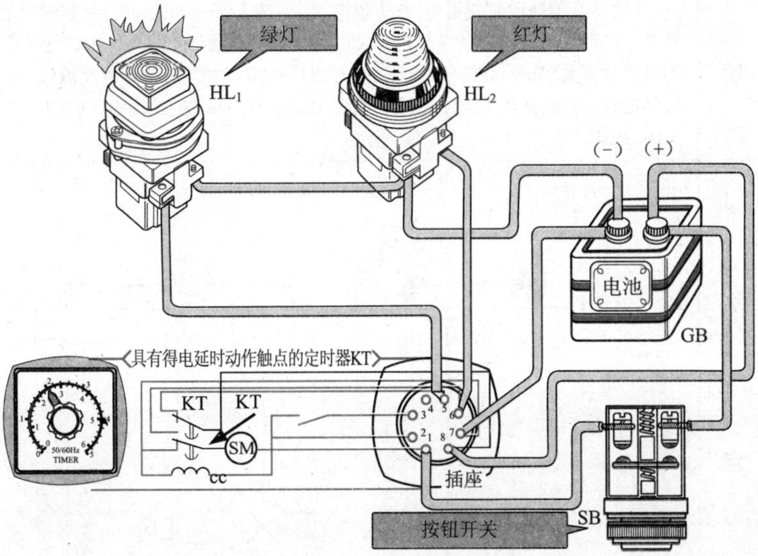
说　明	•实物连接图。如上图所示，在此电路中，在定时器的得电延时闭合的常开触点KT上接红灯HL_2，在得电延时断开的常闭触点KT上接绿灯HL_1，把定时器的设定时限定为2min，使指针指向刻度盘2min的地方

续表4.5

<table>
<tr><td>图　示</td><td>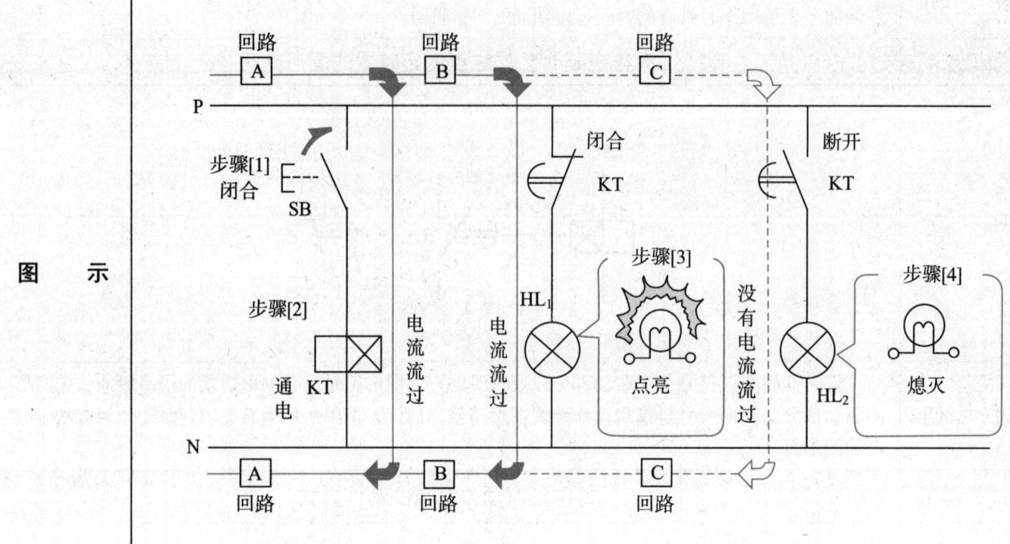
</td></tr>
<tr><td>说　明</td><td>•按下开关使定时器通电时的动作。即使按下按钮开关SB，将定时器通电（驱动部分有电流流过），得电延时闭合的常开触点KT、得电延时断开的常闭触点KT也不会立刻切换。按下回路A的按钮开关SB→其常开触点闭合→定时器的驱动部分KT有电流流过→定时器通电→回路B的得电延时断开的常闭触点KT闭合→绿灯HL_1点亮，回路C的得电延时闭合的常开触点KT断开→红灯HL_2熄灭</td></tr>
<tr><td>图　示</td><td>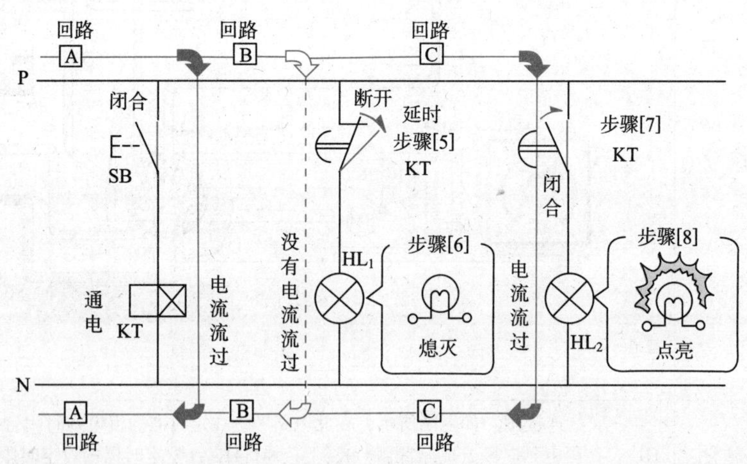
</td></tr>
<tr><td>说　明</td><td>•经过设定时限2min后的动作。从按下开关的瞬间开始，到经过了定时器设定时限2min后，KT得电延时闭合的常开触点、得电延时断开的常闭触点发生切换。经过了定时器设定时限2min后→回路B的得电延时断开的常闭触点KT断开→回路B中没有电流流过→绿灯HL_1熄灭，经过了定时器设定时限2min后→回路C的得电延时闭合的常开触点KT闭合→回路C中有电流流过→红灯HL_2点亮</td></tr>
</table>

续表4.5

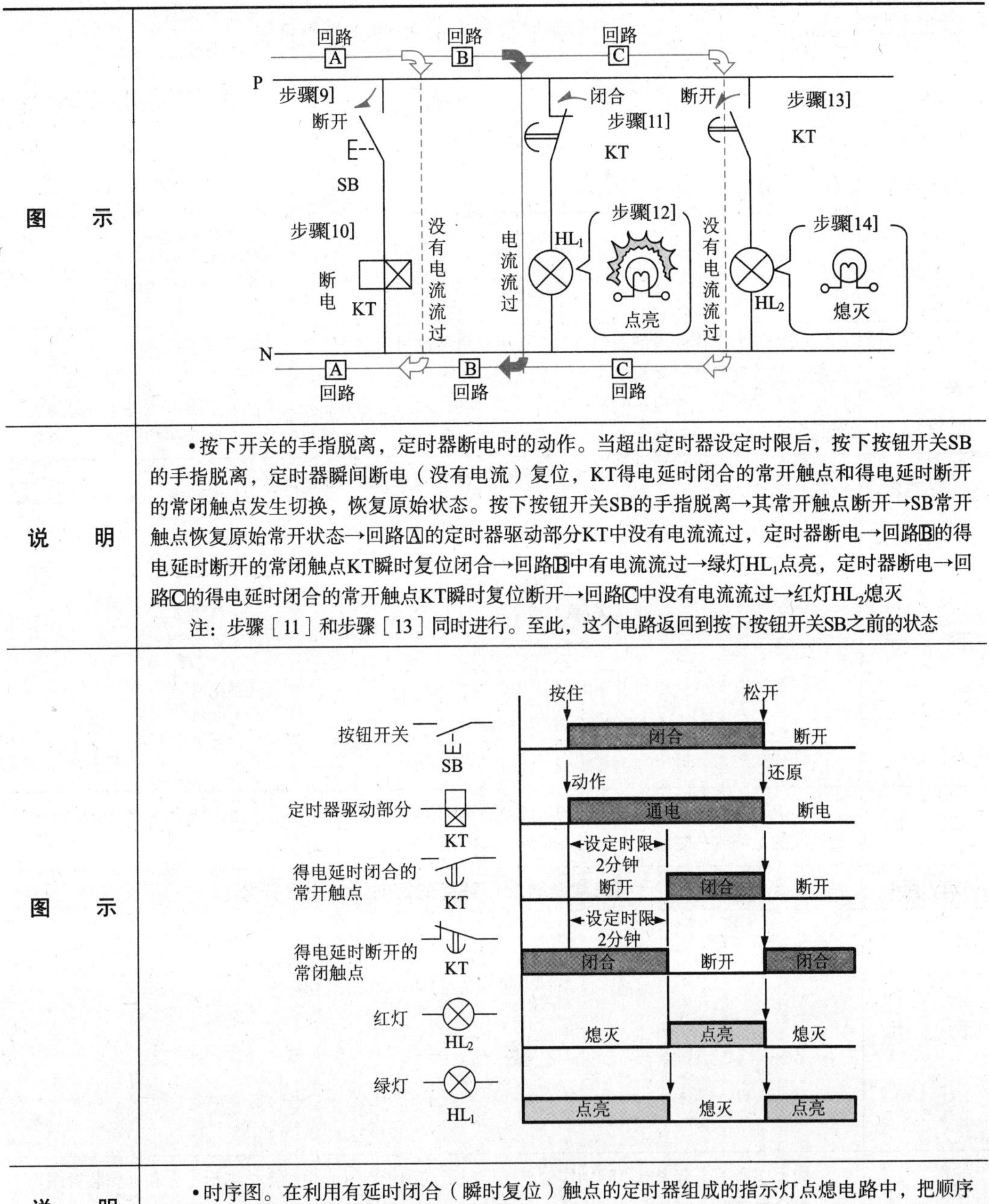

图　示	
说　明	•按下开关的手指脱离，定时器断电时的动作。当超出定时器设定时限后，按下按钮开关SB的手指脱离，定时器瞬间断电（没有电流）复位，KT得电延时闭合的常开触点和得电延时断开的常闭触点发生切换，恢复原始状态。按下按钮开关SB的手指脱离→其常开触点断开→SB常开触点恢复原始常开状态→回路Ⓐ的定时器驱动部分KT中没有电流流过，定时器断电→回路Ⓑ的得电延时断开的常闭触点KT瞬时复位闭合→回路Ⓑ中有电流流过→绿灯HL_1点亮，定时器断电→回路Ⓒ的得电延时闭合的常开触点KT瞬时复位断开→回路Ⓒ中没有电流流过→红灯HL_2熄灭 注：步骤［11］和步骤［13］同时进行。至此，这个电路返回到按下按钮开关SB之前的状态
图　示	
说　明	•时序图。在利用有延时闭合（瞬时复位）触点的定时器组成的指示灯点熄电路中，把顺序动作的时间经过用时序图来表示如上图所示

表4.6　失电延时动作触点的动作和图形符号

知识点1	失电延时动作触点的定义
说　明	失电延时动作触点是指，定时器动作时同时动作，而复位时具有时间延迟的触点，包括失电延时断开的常开触点和失电延时闭合的常闭触点。失电延时断开的常开触点是指，定时器复位时具有时间延迟的常开触点；失电延时闭合的常闭触点是指，定时器复位时具有时间延迟的常闭触点

续表4.6

知识点2	失电延时断开的常开触点的图形符号
图 示	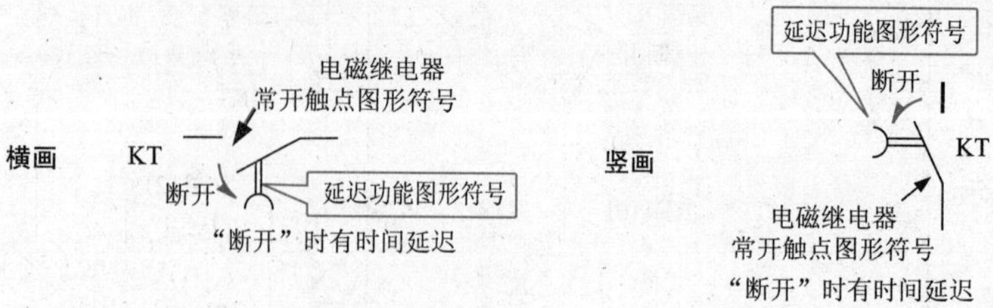 横画 KT 电磁继电器常开触点图形符号 断开 延迟功能图形符号 "断开"时有时间延迟　竖画 延迟功能图形符号 断开 KT 电磁继电器常开触点图形符号 "断开"时有时间延迟
说 明	失电延时动作触点的图形符号是在表示电磁继电器触点（继电器触点）的动触点的线段上加上表示动作时具有时间延迟功能的图形符号（图形符号：═(） 如上图所示，失电延时断开的常开触点的图形符号是在继电器触点的图形符号中表示动触点线段的上侧（横画的场合）或右侧（竖画的场合）加上表示复位时具有时间延迟功能的图形符号
知识点3	失电延时闭合的常闭触点的图形符号
图 示	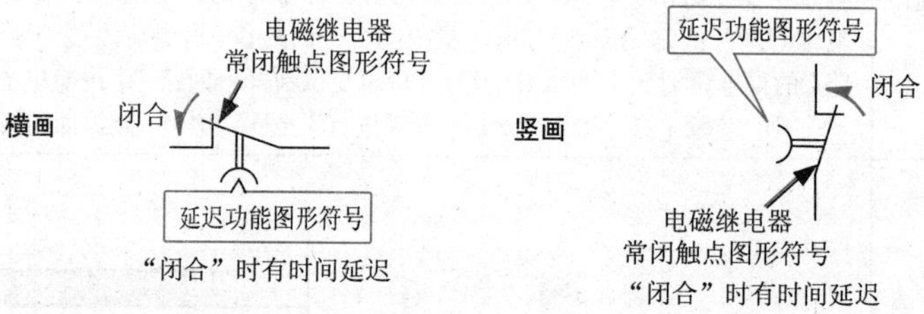 横画 电磁继电器常闭触点图形符号 闭合 延迟功能图形符号 "闭合"时有时间延迟　竖画 延迟功能图形符号 闭合 电磁继电器常闭触点图形符号 "闭合"时有时间延迟
说 明	如上图所示，失电延时闭合的常闭触点的图形符号是在继电器触点的图形符号中表示动触点的线段的上侧或右侧加上表示复位时具有时间延迟功能的图形符号
知识点4	有失电延时动作触点的定时器的图形符号
图 示	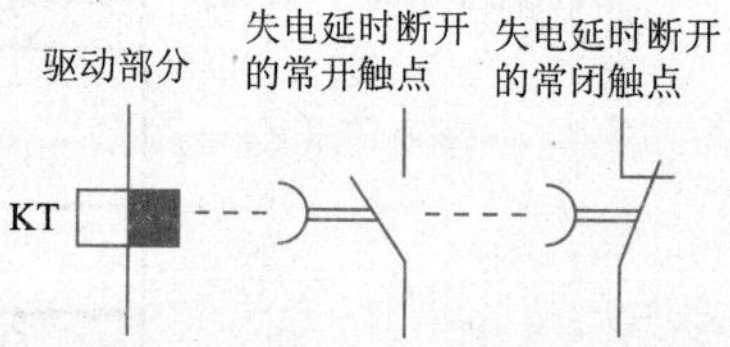 驱动部分 失电延时断开的常开触点 失电延时断开的常闭触点 KT
说 明	如上图所示，有失电延时动作触点的定时器的图形符号是由触点的图形符号和动作装置图形符号组合而成的

续表4.6

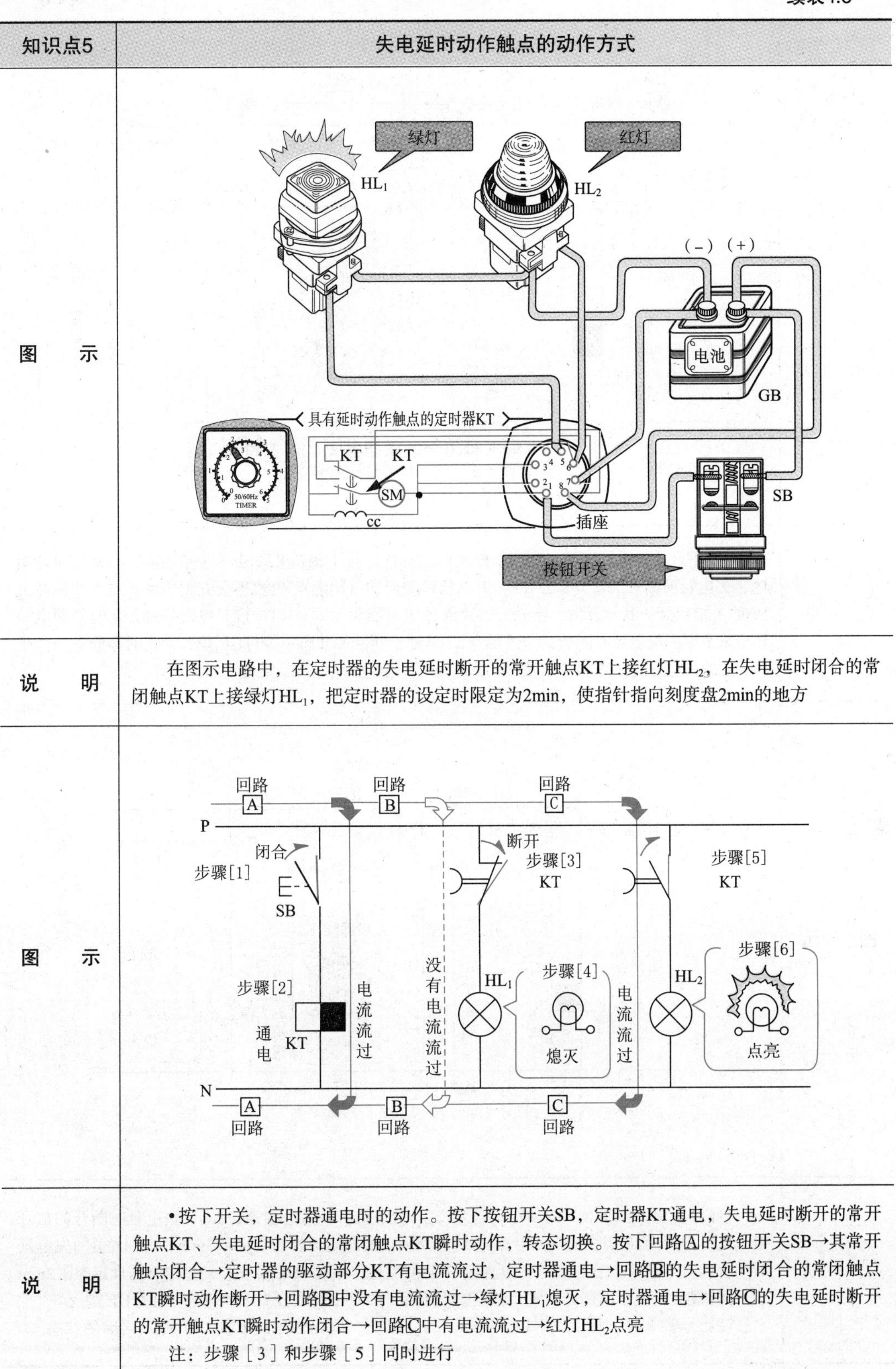

知识点5	失电延时动作触点的动作方式
图　示	
说　明	在图示电路中，在定时器的失电延时断开的常开触点KT上接红灯HL_2，在失电延时闭合的常闭触点KT上接绿灯HL_1，把定时器的设定时限定为2min，使指针指向刻度盘2min的地方
图　示	
说　明	•按下开关，定时器通电时的动作。按下按钮开关SB，定时器KT通电，失电延时断开的常开触点KT、失电延时闭合的常闭触点KT瞬时动作，转态切换。按下回路Ⓐ的按钮开关SB→其常开触点闭合→定时器的驱动部分KT有电流流过，定时器通电→回路Ⓑ的失电延时闭合的常闭触点KT瞬时动作断开→回路Ⓑ中没有电流流过→绿灯HL_1熄灭，定时器通电→回路Ⓒ的失电延时断开的常开触点KT瞬时动作闭合→回路Ⓒ中有电流流过→红灯HL_2点亮 注：步骤［3］和步骤［5］同时进行

续表4.6

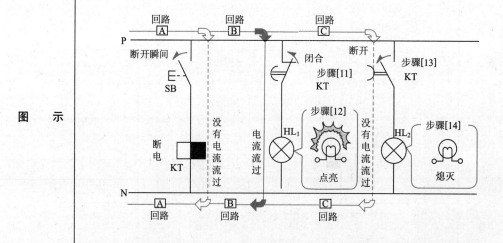

图　示	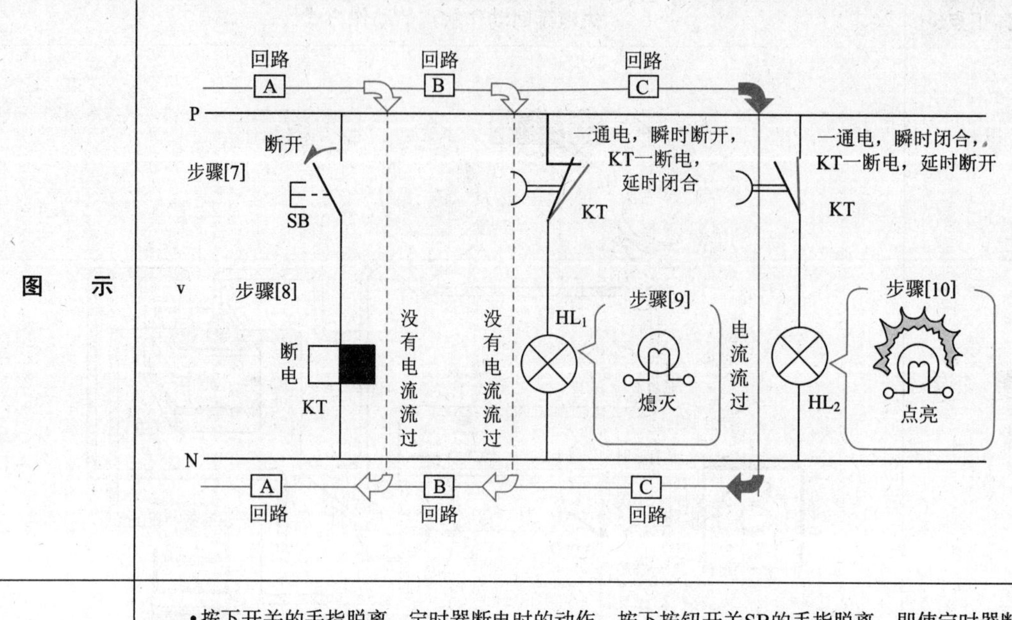
说　明	•按下开关的手指脱离，定时器断电时的动作。按下按钮开关SB的手指脱离，即使定时器断电，失电延时断开的常开触点KT、失电延时闭合的常闭触点KT也不会立刻切换。按下按钮开关SB的手指松开→其常开触点断开→回路A的定时器驱动部分KT中没有电流流过，定时器断电→由于回路B的失电延时闭合的常闭触点KT仍处于断开的状态→绿灯HL_1熄灭，定时器断电→由于回路C的失电延时断开的常开触点KT仍处于闭合状态→红灯HL_2点亮
图　示	回路 A　回路 B　回路 C P　断开瞬间　SB　闭合　步骤[11]　KT　断开　步骤[13]　KT 断电　KT　没有电流流过　电流流过　HL_1　步骤[12]　点亮　没有电流流过　HL_2　步骤[14]　熄灭 N　A 回路　B 回路　C 回路
说　明	•经过设定时限2min后的动作。松开按钮，经过定时器设定时限2min，失电延时断开的常开触点KT、失电延时闭合的常闭触点KT转态切换。经过定时器设定时限2min后→回路B的失电延时闭合的常闭触点KT复位闭合→回路B中有电流流过→绿灯HL_1点亮，经过定时器设定时限2min后→回路C的失电延时断开的常开触点KT复位断开→回路C中没有电流流过→红灯HL_2熄灭 注：步骤［11］和步骤［13］同时进行。至此，电路回到按下按钮开关SB之前的状态

续表4.6

<table>
<tr><td>图　示</td><td>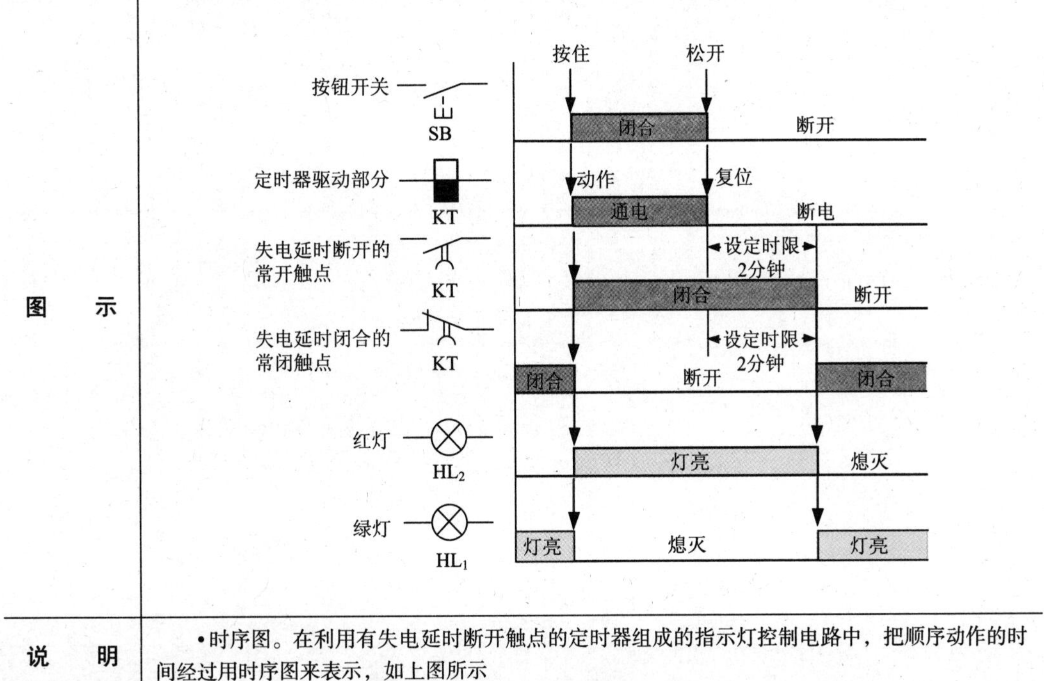
</td></tr>
<tr><td>说　明</td><td>•时序图。在利用有失电延时断开触点的定时器组成的指示灯控制电路中，把顺序动作的时间经过用时序图来表示，如上图所示</td></tr>
</table>

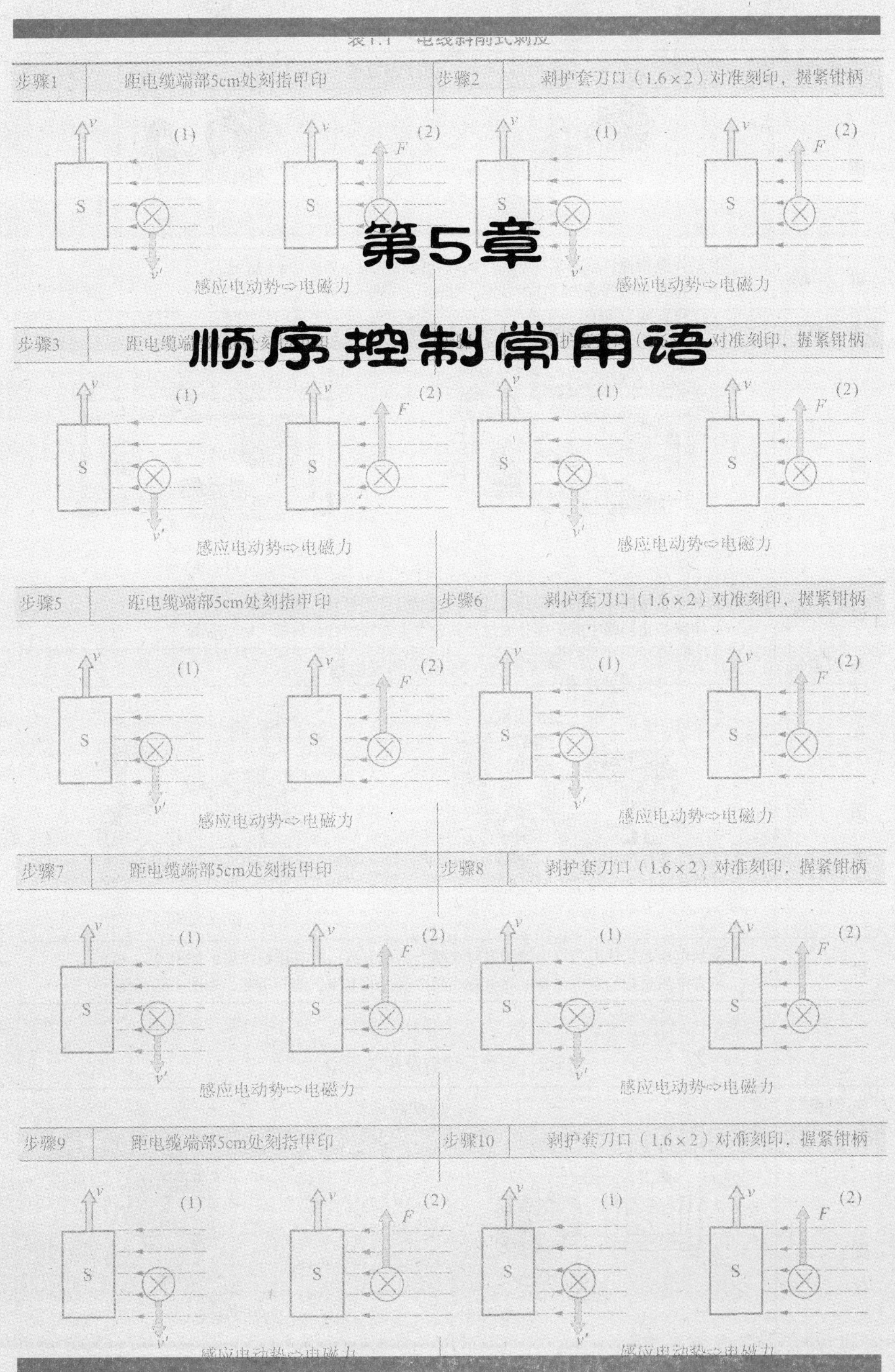

第5章

顺序控制常用语

表5.1　动作、复位及相关用语

知识点1	动作和复位
图　示	 按下 (a) 动　作 回到原位 (b) 复　位
说　明	① 动作是指通过施加某种外因以实现既定的作用，如图（a）所示 ② 复位是指回到动作以前的状态，如图（b）所示
知识点2	**开路和闭路**
图　示	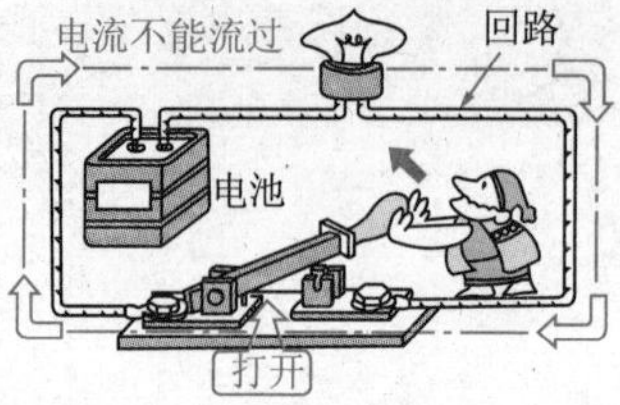 电流不能流过　回路　电池　打开 (a) 开　路 电流流过　回路　电池　闭合 (b) 闭　路
说　明	③ 开路是指回路中的一部分通过开关或继电器等打开，如图（a）所示 ④ 闭路是指回路中的一部分通过开关或继电器等闭合，如图（b）所示
知识点3	**加电压和去电压**
图　示	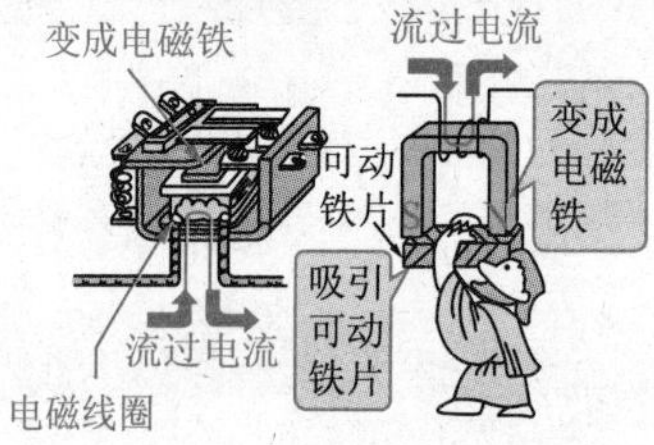 变成电磁铁　流过电流　可动铁片　变成电磁铁　吸引可动铁片　流过电流　电磁线圈 (a) 加电压 不流过电流　不能变成电磁铁　电磁线圈　不能变成电磁铁　可动铁片　可动铁片离开　不流过电流 (b) 去电压
说　明	⑤ 加电压是指使电磁继电器的电磁线圈上流过电流，对其进行励磁，如图（a）所示 ⑥ 去电压是指切断电磁继电器电磁线圈中流过的电流，使其消磁，如图（b）所示

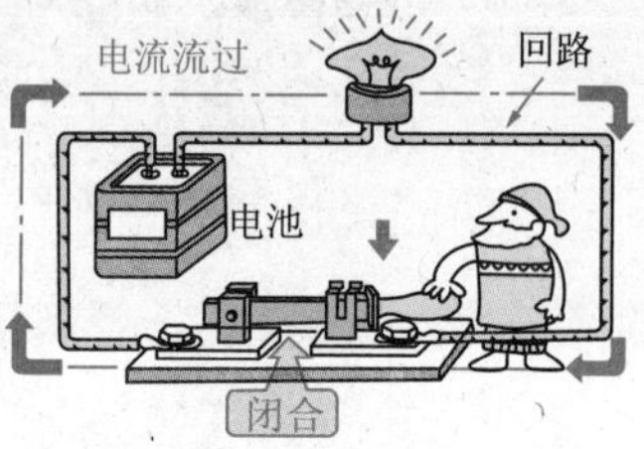

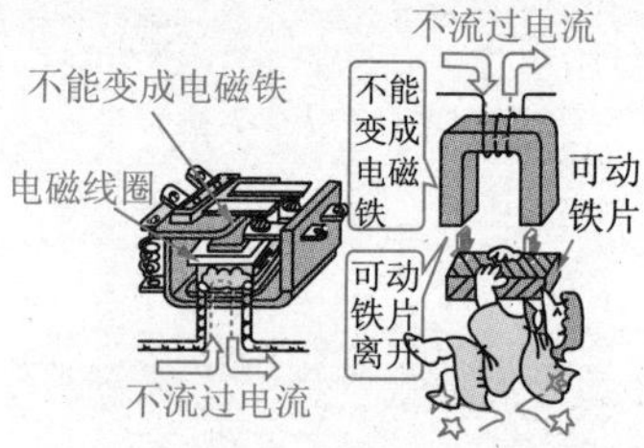

表5.2　启动、运转及相关用语

知识点1	启动和运转
图　示	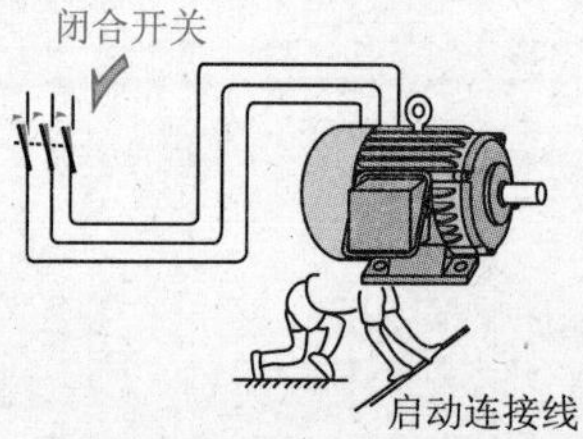 闭合开关　启动连接线 (a) 启　动 正在转动 (b) 运　转

续表5.2

说　明	① 启动是指设备从停止状态变为运转状态的过程，如图（a）所示 ② 运转是指设备执行既定作用的状态，如图（b）所示
知识点2	**制动和停止**
图　示	正在转动 (a) 制　动　　(b) 停　止
说　明	③ 制动是指将机器的运动能量转为电能或机械能，使机器减速或停止或抑制其状态的变化，如图（a）所示 ④ 停止是指设备从运转状态变为停止状态的过程，如图（b）所示
知识点3	**寸动和微速**
图　示	开关　闭合　打开　转动　停止　慢慢转动 (a) 寸　动　　(b) 微　速
说　明	⑤ 寸动是指为得到设备的微小运动，进行1次微小时间的操作或反复进行，如图（a）所示 ⑥ 微速是指让设备以极低的速度运转，如图（b）所示。

表5.3　接通、切断及相关用语

知识点1	**接通和切断**
图　示	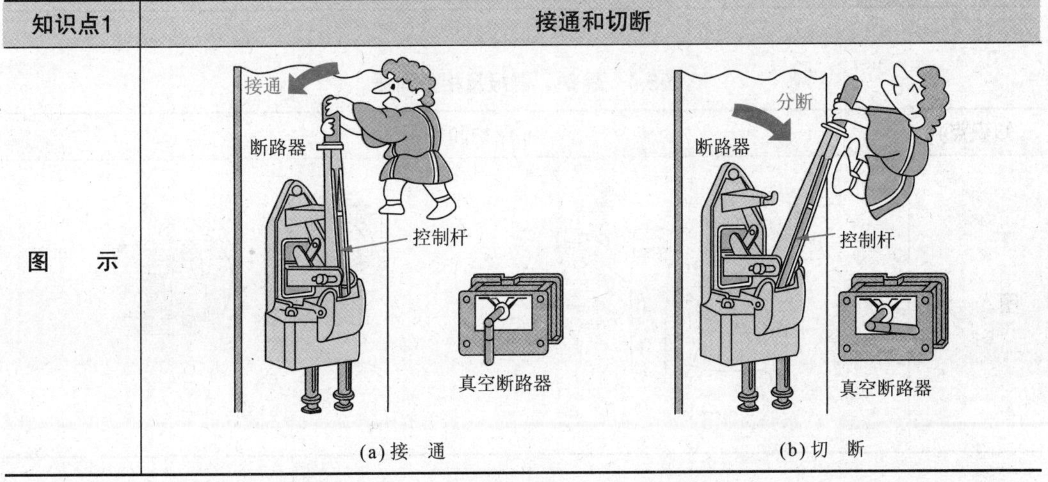 (a) 接　通　　(b) 切　断

续表5.3

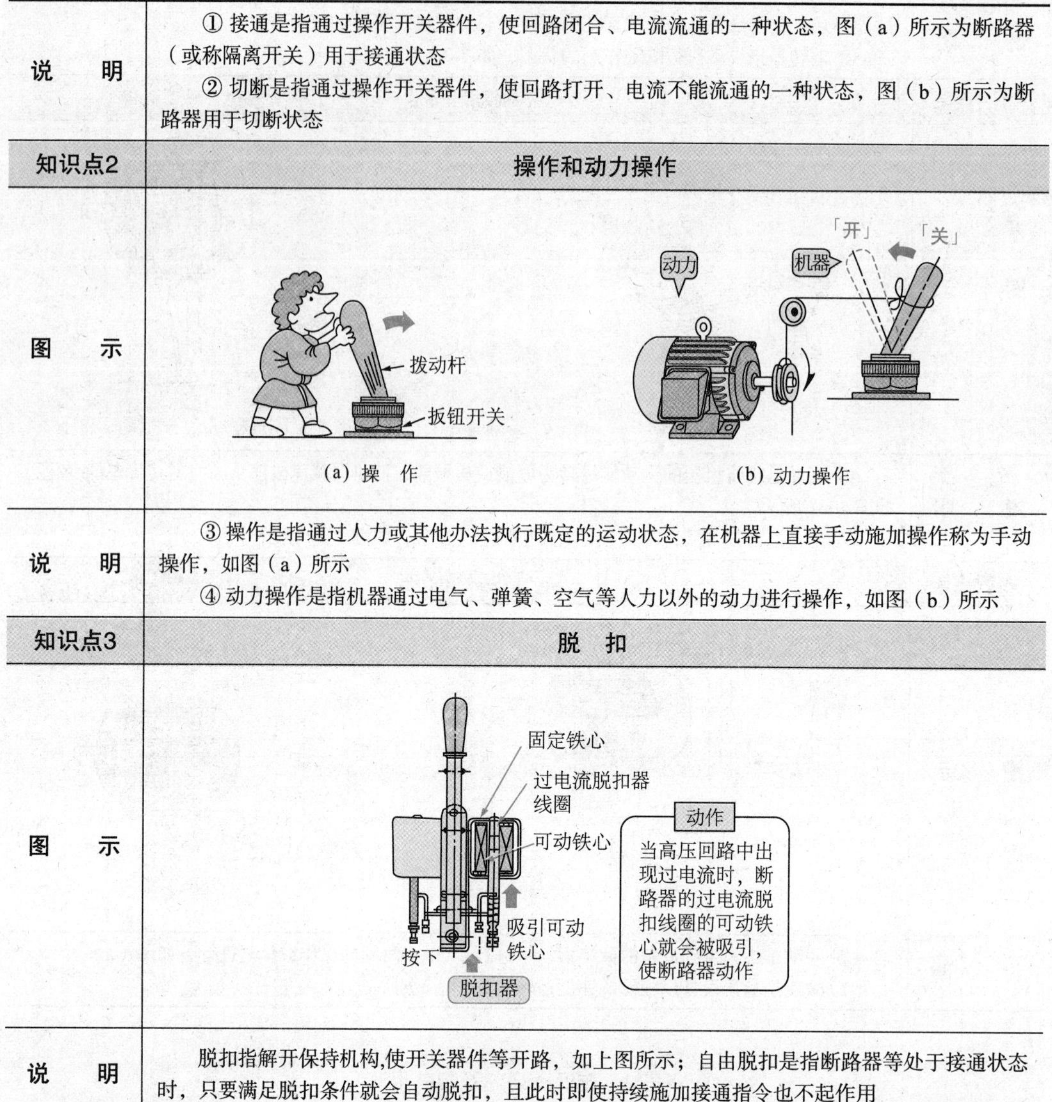

说　明	① 接通是指通过操作开关器件，使回路闭合、电流流通的一种状态，图（a）所示为断路器（或称隔离开关）用于接通状态 ② 切断是指通过操作开关器件，使回路打开、电流不能流通的一种状态，图（b）所示为断路器用于切断状态
知识点2	操作和动力操作
图　示	(a) 操　作　　(b) 动力操作
说　明	③ 操作是指通过人力或其他办法执行既定的运动状态，在机器上直接手动施加操作称为手动操作，如图（a）所示 ④ 动力操作是指机器通过电气、弹簧、空气等人力以外的动力进行操作，如图（b）所示
知识点3	脱　扣
图　示	
说　明	脱扣指解开保持机构,使开关器件等开路，如上图所示；自由脱扣是指断路器等处于接通状态时，只要满足脱扣条件就会自动脱扣，且此时即使持续施加接通指令也不起作用

表5.4　保护、警报及相关词语

知识点1	保护和警报
图　示	烟 (a) 保　护　　(b) 警　报

续表5.4

说　明	① 保护是指检测被控对象的异常状态，防止机器损伤、预测被害程度并阻止其扩散，如图（a）所示 ② 警报是指达到某种状态时为引起注意发出相关信号，如图（b）所示
知识点2	互锁和联动
图　示	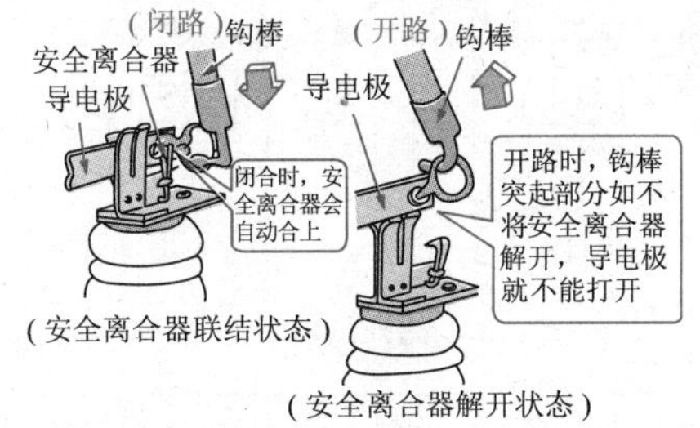 (a) 互　锁 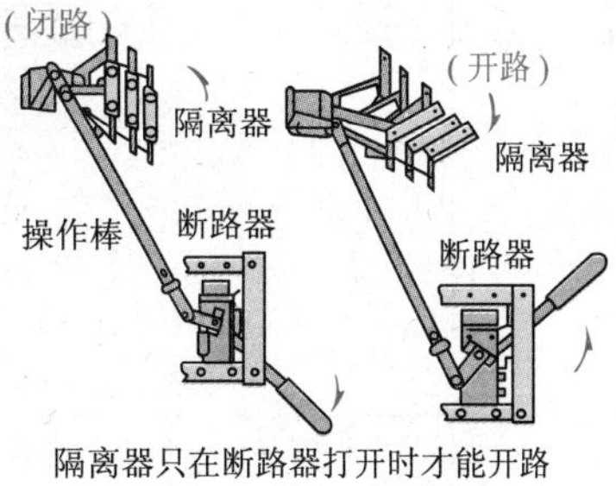　　(b) 联　动
说　明	① 互锁是指让多个动作相关联，在某种条件具备之前阻止动作发生，如图（c）所示 ② 联动是指让复数的动作相关联，当某条件具备时同时进行动作，如图（d）所示
知识点3	调整和变换
图　示	 (a) 调　整 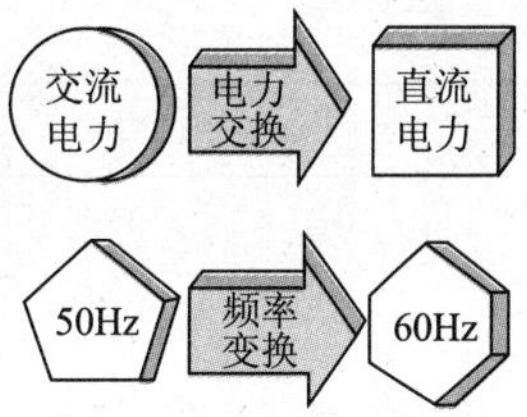　　(b) 变　换
说　明	① 调整是指保持量及状态的一定，或者使其按照一定标准进行变化，如图（e）所示 ② 变换是指改变信息或能量的形态，如图（f）所示。

表5.5　开关常用语

知识点	开　关
图　示	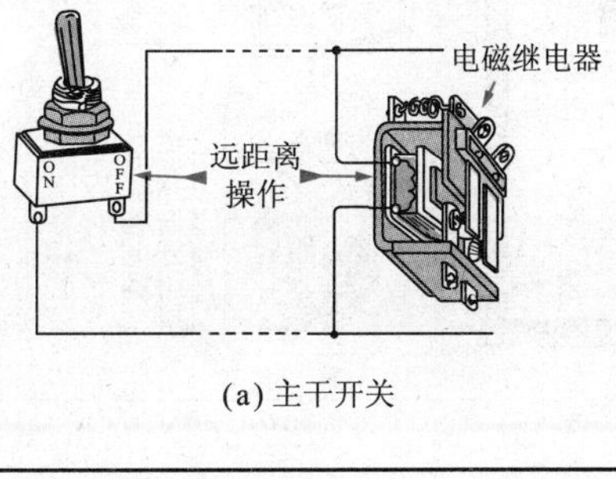 (a) 主干开关 　　(b) 紧急开关

续表5.5

<table>
<tr><td>图　示</td><td>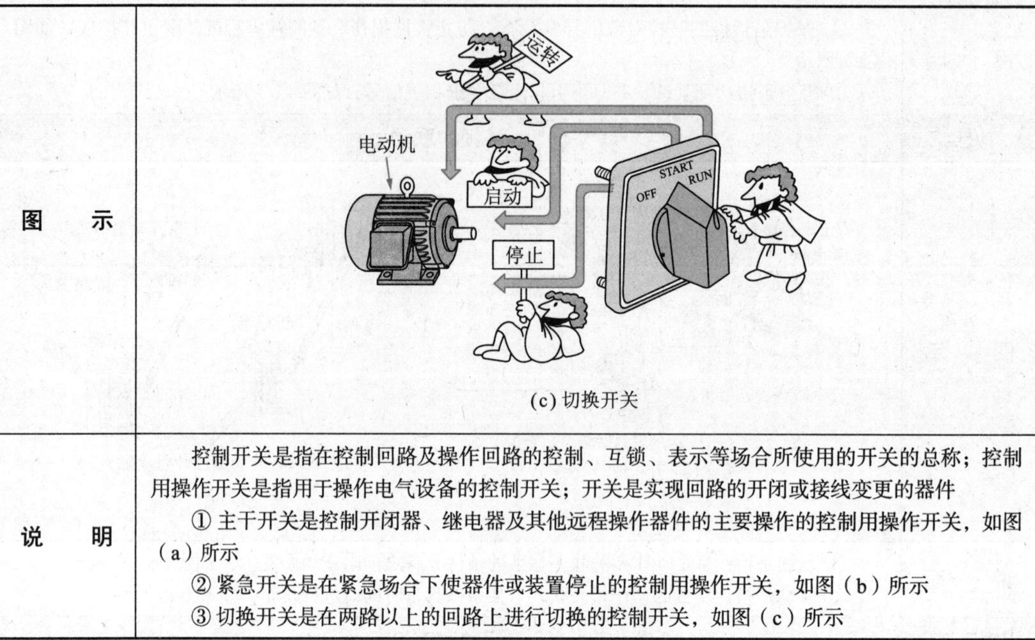

(c) 切换开关</td></tr>
<tr><td>说　明</td><td>控制开关是指在控制回路及操作回路的控制、互锁、表示等场合所使用的开关的总称；控制用操作开关是指用于操作电气设备的控制开关；开关是实现回路的开闭或接线变更的器件
① 主干开关是控制开闭器、继电器及其他远程操作器件的主要操作的控制用操作开关，如图（a）所示
② 紧急开关是在紧急场合下使器件或装置停止的控制用操作开关，如图（b）所示
③ 切换开关是在两路以上的回路上进行切换的控制开关，如图（c）所示</td></tr>
</table>

表5.6　检测开关常用语

<table>
<tr><th>知识点1</th><th>温度开关</th></tr>
<tr><td>图　示</td><td>继电器触点
（内置）
温度继电器
电源
测温体</td></tr>
<tr><td>说　明</td><td>温度开关是在温度达到预定值时动作的检测型开关</td></tr>
<tr><td>图　示</td><td>电气炉
测温体
加热器
温度继电器
加热器用电磁继电器开闭器</td></tr>
<tr><td>说　明</td><td>电气炉的温度控制如上图所示</td></tr>
</table>

续表5.6

知识点2	限位开关、检测开关、接近开关、光电开关
图　示	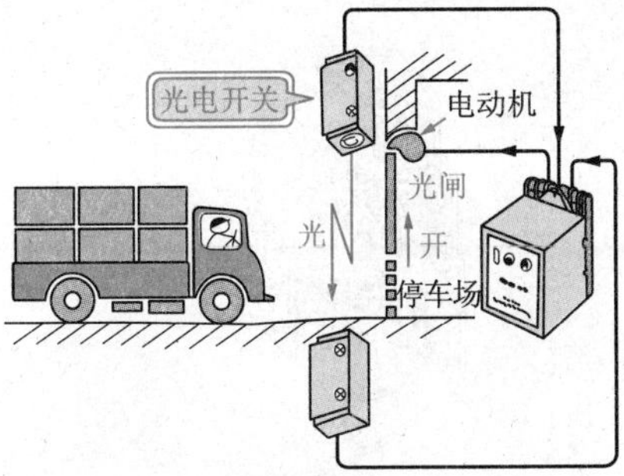 光电开关 电动机 光闸 光 开 停车场
说　明	① 限位开关是用于机器上的运动装置，在运动过程中达到确定的位置时动作的检测型开关 ② 检测开关是指达到预定的动作条件时动作的控制开关 ③ 接近开关是在物体接近但无接触时进行检测的开关 ④ 光电开关是以光为媒质对物体的有无或状态的变化无接触地进行检测的开关，光闸开闭控制如上图所示
知识点3	**流量开光、压力开关**
图　示	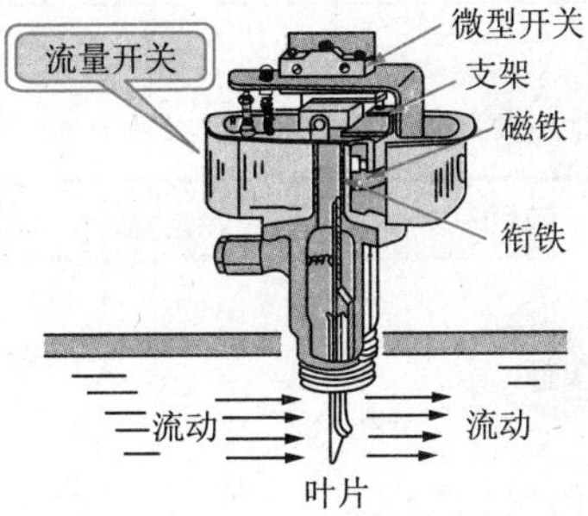 流量开关 微型开关 支架 磁铁 衔铁 流动 流动 叶片 （a）流量开关 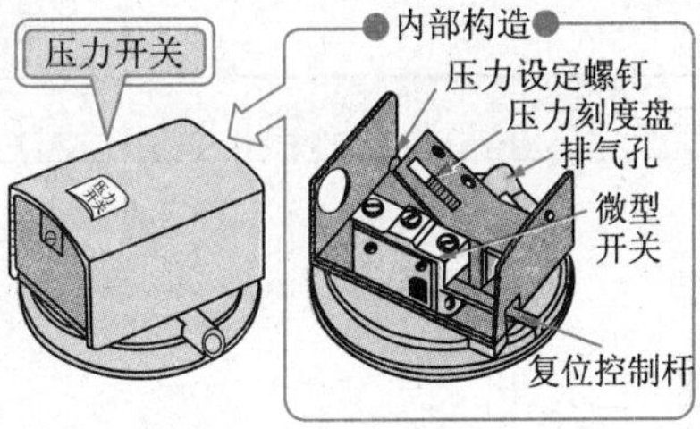 压力开关 内部构造 压力设定螺钉 压力刻度盘 排气孔 微型开关 复位控制杆 （b）压力开关
说　明	① 流量开关是指当气体或液体有流量流过，或者流量达到某预定值时动作的检测开关，如图（a）所示 ② 压力开关是指气体或液体的压力达到预定值时动作的检测开关，如图（b）所示
知识点4	**位置开关、浮子开关、速度开关**
图　示	 电源 位置开关 电极 检测位置 UVW 给水源
说　明	① 位置开关是对对象物的位置进行检测的开关，由位置开关构成的给水控制电路如上图所示 ② 浮子开关是通过液体表面设置的浮子，在液位达到预定位置时进行动作的检测开关 ③ 速度开关（速度继电器）是当电动机的速度达到预定值时动作的检测开关

表5.7 继电器常用语

知识点	继电器
图 示	 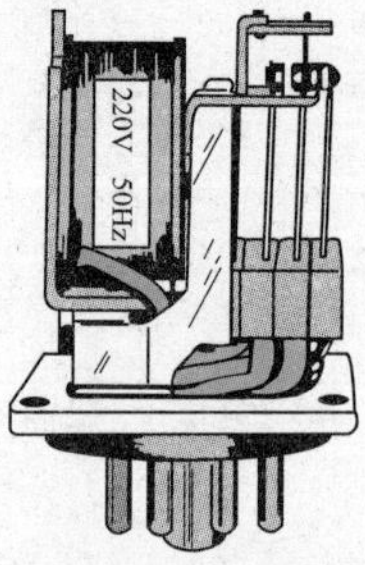
说 明	继电器指能对预先规定的电气或物理量进行响应，具有控制回路功能的器件，如上图所示 ① 控制继电器是指在控制回路及操作回路的控制、互锁、表示等场合中使用的继电器 ② 电磁继电器是通过电磁力使触点开闭的装置的总称 ③ 保护继电器是能够检测回路中的事故及其他异常状态并进行报告，同时分离回路中健全部分的继电器 ④ 辅助继电器是作为保护继电器或控制继电器等辅助设备使用，以增加触点容量、触点数目及限时等为目的的继电器

表5.8 操作设备常用语

知识点1	电动机
图 示	
说 明	电动机是将电能转变为机械能的旋转设备。直流电动机（DC Motor）是指将直流电力转变为机械能的电动机；感应电动机（Induction Motor）是指在定子及转子上有相互独立的电磁绕组，因电磁感应作用，其定子的旋转磁场致使转子旋转的电动机，如上图所示
知识点2	**断路器**
图 示	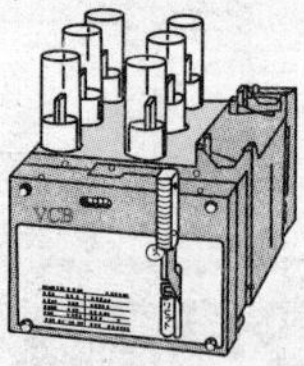
说 明	断路器是指除了对通常状态的电路外，对异常状态及短路状态的电路都能进行开闭的器件，如上图所示 ① 配线用断路器是指将开闭系统、脱扣机构等放在绝缘框架中组成一体的空气断路器 ② 真空断路器是指将电路的开闭在真空中进行的断路器

续表5.8

知识点3	电磁阀
图　　示	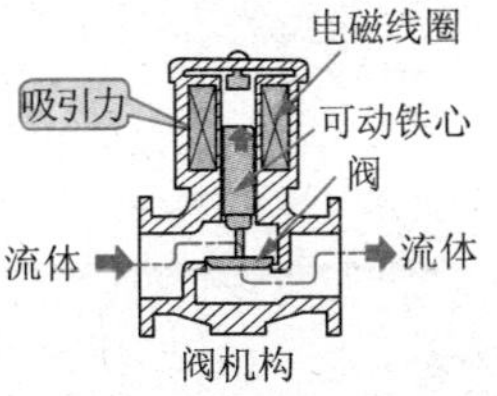
说　　明	电磁阀是将电磁铁与阀机构相组合，通过电磁铁的动作控制液体通路开闭的阀。当电磁阀的电磁线圈中通电励磁时，产生的吸引力直接作用在与可动铁心相连接的阀机构上，从而控制流路的开闭及流通方向的切换。电磁阀多用于油压及空气操作的顺序控制中，如上图所示
知识点4	**电磁离合器**
图　　示	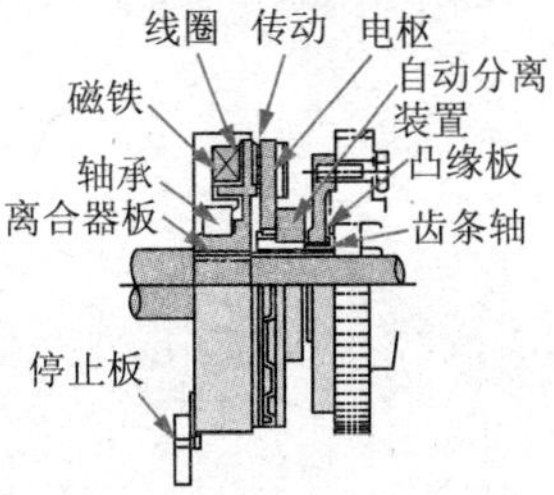
说　　明	电磁离合器是用电磁力进行操作的连接、分离装置。它利用输入信号中的电磁力使驱动轴与从动轴的转矩传送比例发生变化。当电磁离合器的电磁线圈上外加电源时，形成电磁吸力，离合器板及电枢的闭磁路磁通会吸引电枢转子，因此，通过电枢转子与板的垫片间的摩擦力传送转矩，如上图所示

第6章

顺序控制图形符号

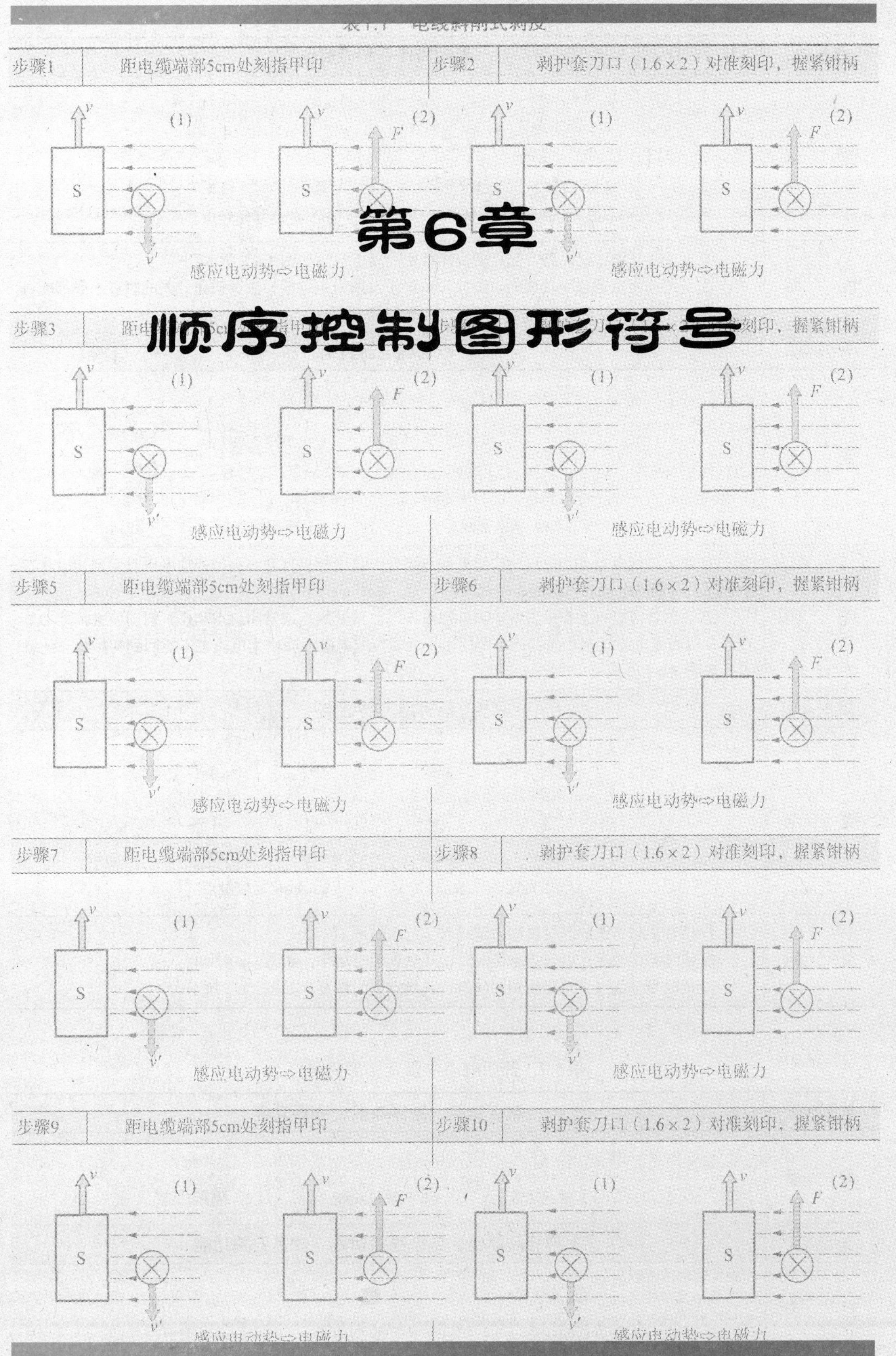

表6.1　主要开闭触点图形符号

知识点1	手动操作开闭器触点
图　示	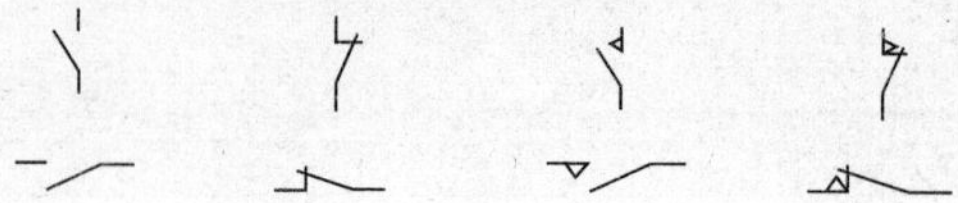 常开触点　常闭触点　常开触点　常闭触点 （a）电力用触点　（b）自动复位触点
说　明	① 无论是开路还是闭路，触点的操作都用手动进行，如图（a）所示 ② 开路或闭路通过手动操作，手放开后由于发条力主导的作用，按钮开关的触点一般都能自动复位，所以不用对自动复位特别表示，如图（b）所示
知识点2	电磁继电器触点
图　示	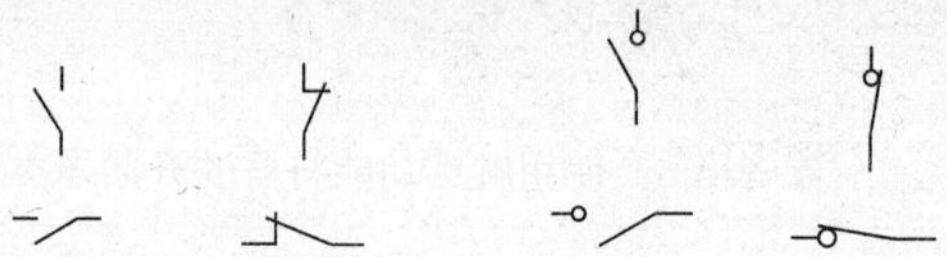 常开触点　常闭触点　常开触点　常闭触点 （a）继电器触点　（b）残留功能触点
说　明	① 当电磁继电器外加电压时，常开触点闭合，常闭触点打开；去掉外加电压时回到初始状态的触点。一般的电磁继电器触点都属于这一类，如图（a）所示 ② 残留功能触点是指电磁继电器外加电压时，常开触点或常闭触点动作，但即使去掉外加电压后，机械或电磁状态仍然保持，即使用于动复位或电磁线圈中无电流也不能回到初始状态的触点，如图（b）所示
知识点3	延时继电器触点
图　示	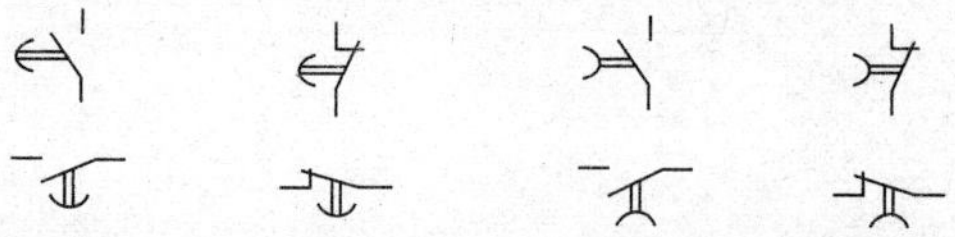 常开触点　常闭触点　常开触点　常闭触点 （a）延时动作触点　（b）延时复位触点
说　明	① 具有延时功能的继电器称为定时器 ② 延时动作触点：电磁线圈得电后，其触点延时动作，如图（a）所示 ③ 延时复位触点：电磁线圈断电时，其触点延时恢复，如图（b）所示

表6.2　开闭触点中限定图形符号

知识点1	触点功能、断路功能、隔离功能
图　示	 （a）触点功能　（b）断路功能　（c）隔离功能
知识点2	负荷开闭功能、自动脱扣功能、位置开关功能
图　示	（a）负荷开闭功能　（b）自动脱扣功能　（c）位置开关功能

续表6.2

知识点3	延迟动作功能、自动复位功能、非自动复位（残留）功能
图　示	 （a）延迟动作功能　（b）自动复位功能　（c）非自动复位（残留）功能
知识点4	具有开闭触点器件的图形符号
图　示	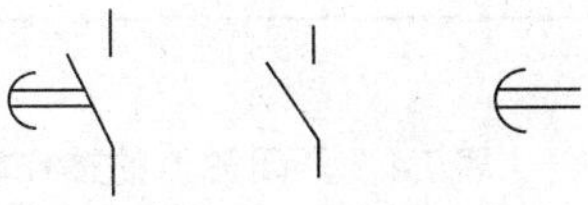
说　明	具有开闭触点器件的电气用图形符号一般是在触点符号上组合触点功能符号或操作机构符号进行表示，如上图所示

表6.3　使用触点功能符号的开闭器类图形符号

知识点1	隔离器和负荷开闭器
图　示	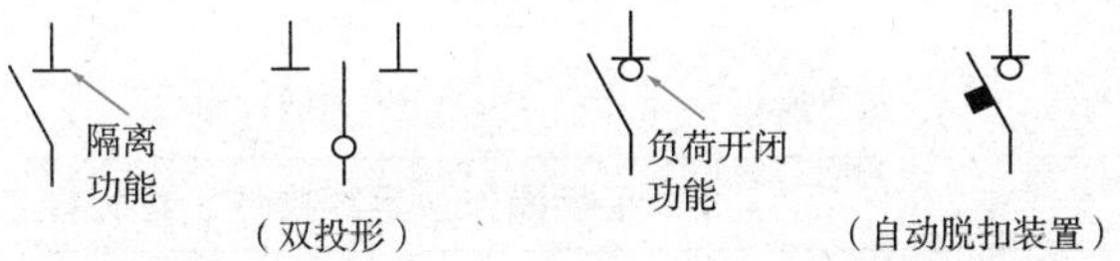 隔离功能　（双投形）　负荷开闭功能　（自动脱扣装置） （a）隔离器　（b）负荷开闭器
知识点2	限位开关和旋转开关
图　示	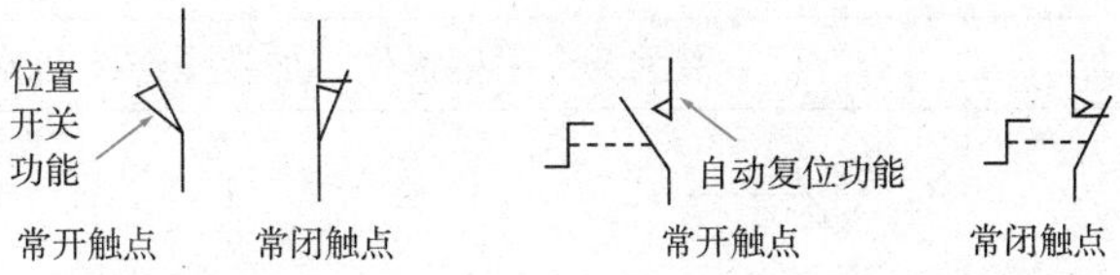 位置开关功能　常开触点　常闭触点　自动复位功能　常开触点　常闭触点 （a）限位开关　（b）旋转开关
知识点3	配线断路器和交流断路器
图　示	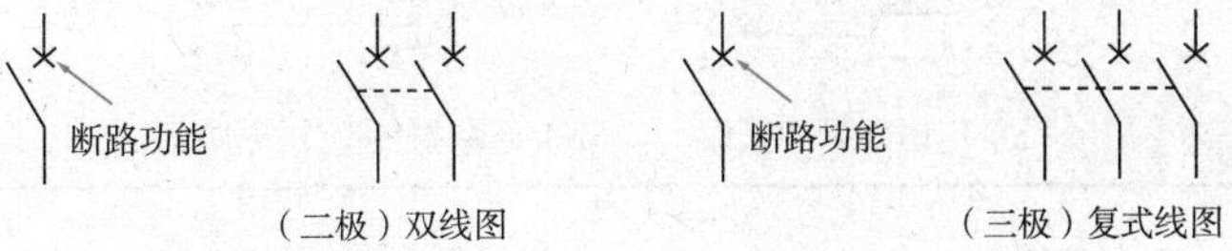 断路功能　（二极）双线图　断路功能　（三极）复式线图 （a）配线断路器　（a）交流断路器
知识点4	电磁接触器和热继电器
图　示	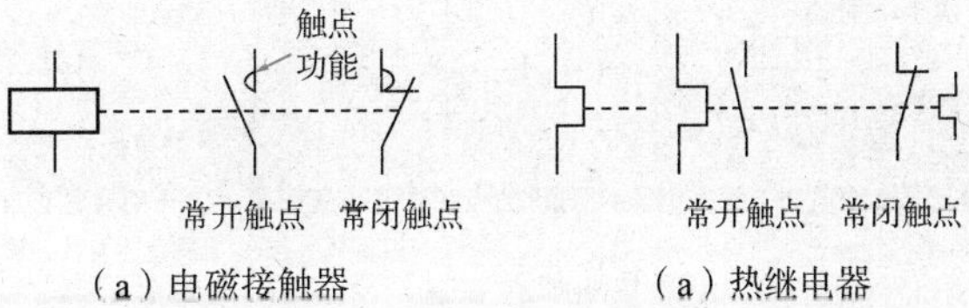 触点功能　常开触点　常闭触点　常开触点　常闭触点 （a）电磁接触器　（a）热继电器

续表6.3

知识点5	定时器
图 示	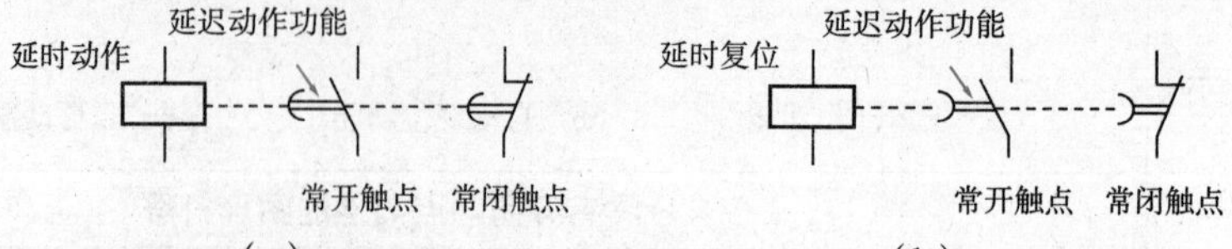 延迟动作功能 延时动作 常开触点 常闭触点 (a)　延迟动作功能 延时复位 常开触点 常闭触点 (b)

表6.4 开闭触点的操作机构符号

知识点1	手动操作（一般）、上位操作、旋转操作
图 示	 (a) 手动操作（一般）　(b) 上位操作　(c) 旋转操作
知识点2	按下操作、曲柄操作、紧急操作
图 示	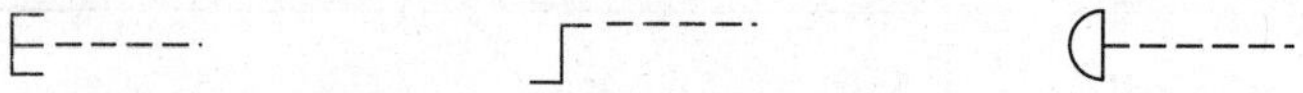 (a) 按下操作　(b) 曲柄操作　(c) 紧急操作
知识点3	手柄操作、足踏操作、杠杆操作
图 示	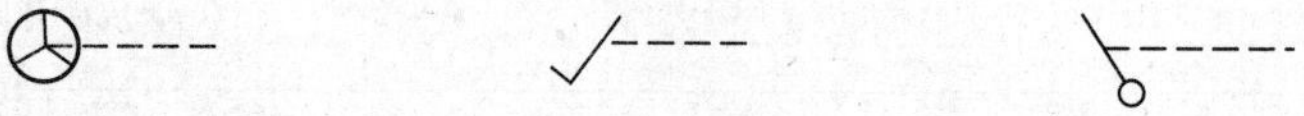 (a) 手柄操作　(b) 足踏操作　(c) 杠杆操作
知识点4	装配离合手柄操作、加锁操作、凸轮操作
图 示	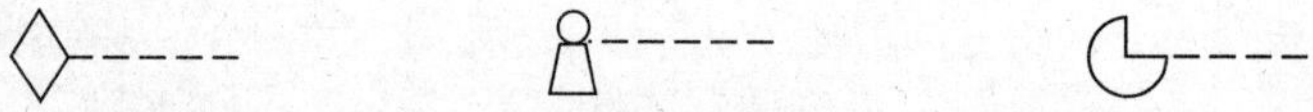 (a) 装配离合手柄操作　(b) 加锁操作　(c) 凸轮操作
知识点5	电磁效果的操作、压缩空气操作或水压操作、电动机操作
图 示	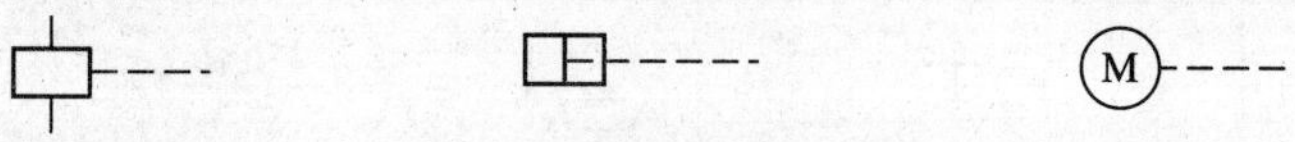 M (a) 电磁效果的操作　(b) 压缩空气操作或水压操作　(c) 电动机操作

表6.5 使用操作机构符号的开闭器类图形符号

知识点1	按钮开关、拉钮开关
图 示	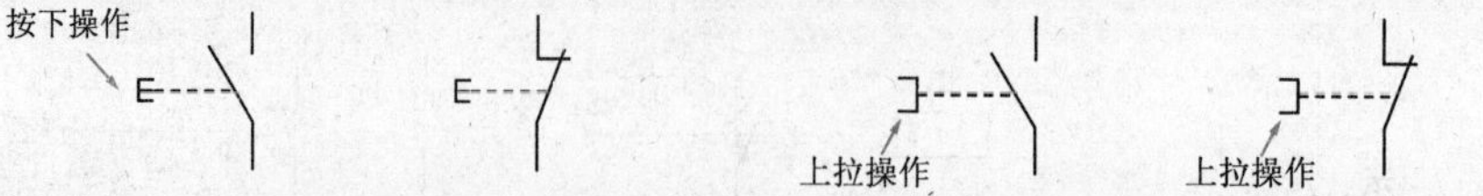 按下操作 动合触点（常开触点） 动断触点（常闭触点） (a) 按钮开关　上拉操作 上拉操作 动合触点（常开触点） 动断触点（常闭触点） (b) 拉钮开关

续表6.5

知识点2	刀开关和手动操作断路器
图　示	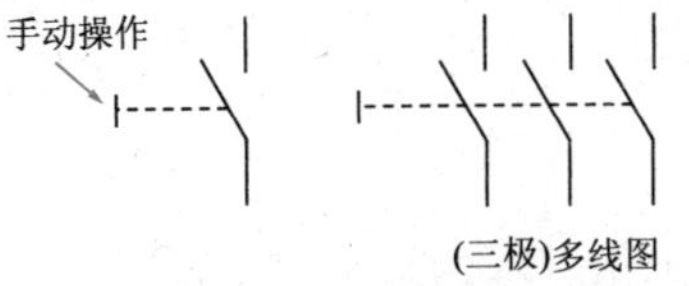 手动操作　(三极)多线图　(a) 刀开关 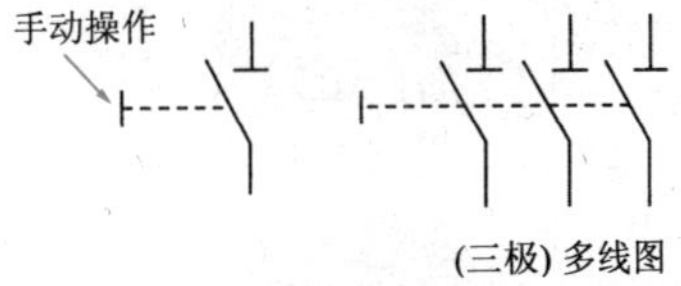　手动操作　(三极) 多线图　(b) 手动操作断路器
知识点3	电动机操作断路器型负荷开闭器和电动机操作断路器
图　示	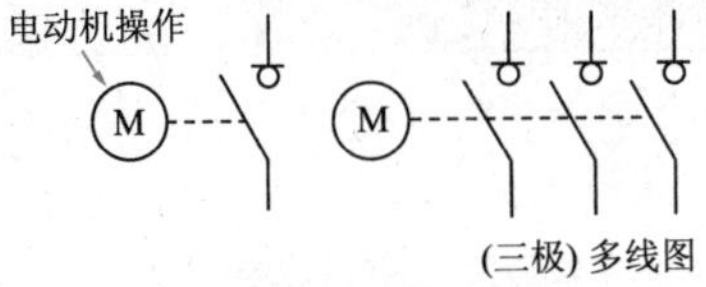 电动机操作　M　M　(三极) 多线图　(a) 电动机操作断路器型负荷开闭器 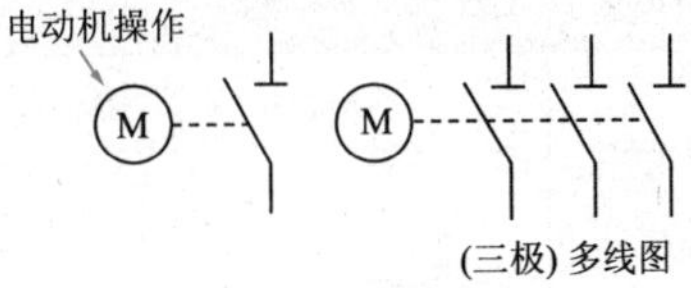　电动机操作　M　M　(三极) 多线图　(b) 电动机操作断路器
知识点4	切换开关
图　示	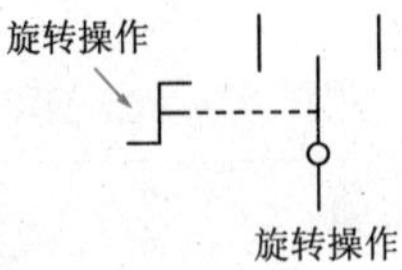 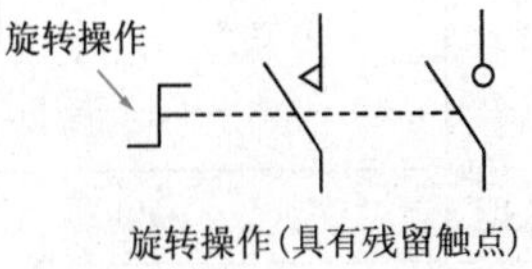 旋转操作　旋转操作　(a)　旋转操作　旋转操作(具有残留触点)　(b)
知识点5	电磁继电器符号
图　示	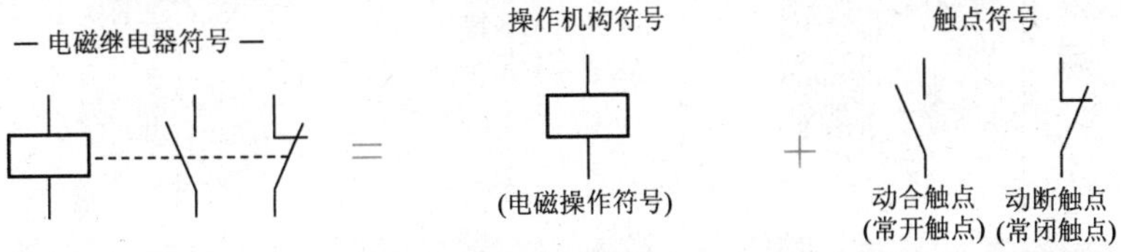 — 电磁继电器符号 —　=　操作机构符号　(电磁操作符号)　+　触点符号　动合触点(常开触点)　动断触点(常闭触点)

表6.6　电气设备的图形符号对照

知识点1	断路器
图　示	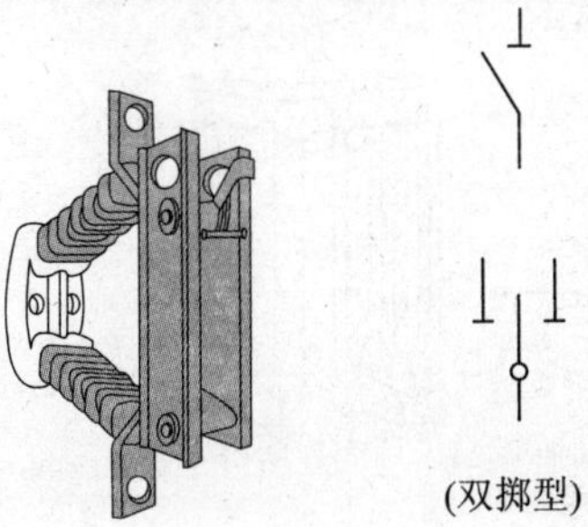 (双掷型)　(a) 断路器 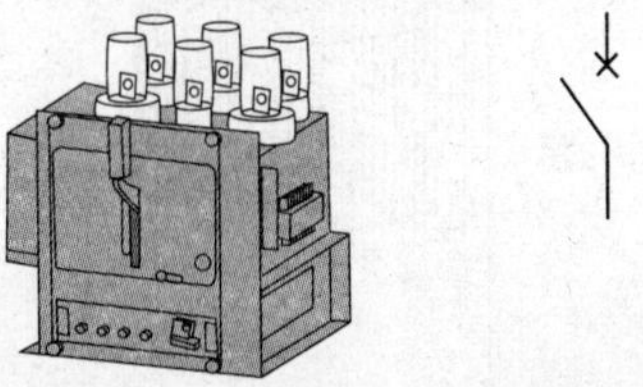　(b) 交流断路器

续表6.6

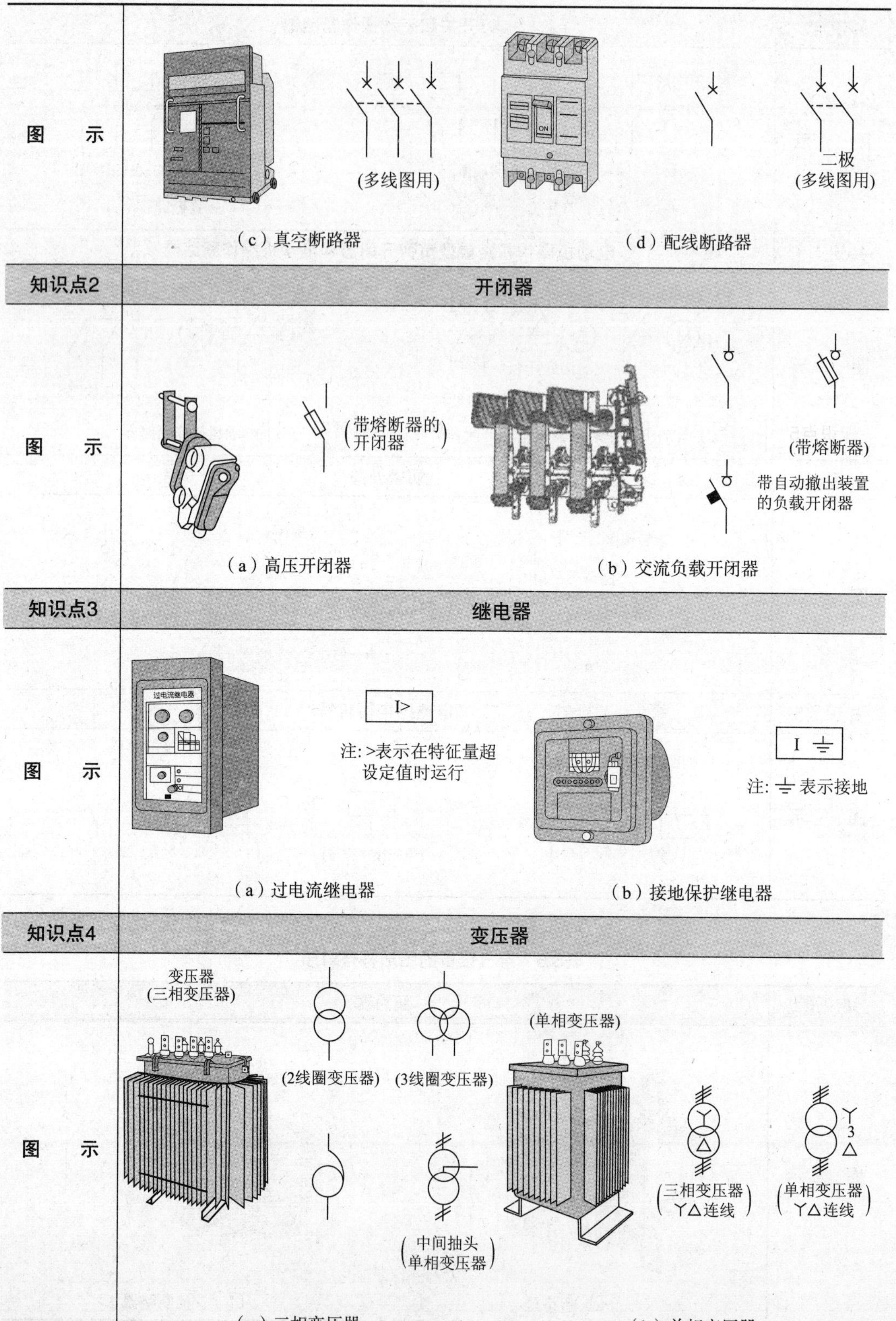
(多线图用)
二极
(多线图用)
（c）真空断路器
（d）配线断路器
知识点2
开闭器
(带熔断器的开闭器)
(带熔断器)
带自动撤出装置的负载开闭器
（a）高压开闭器
（b）交流负载开闭器
知识点3
继电器
过电流继电器
I>
注: >表示在特征量超设定值时运行
I ⏚
注: ⏚ 表示接地
（a）过电流继电器
（b）接地保护继电器
知识点4
变压器
变压器
(三相变压器)
(2线圈变压器)
(3线圈变压器)
(单相变压器)
(中间抽头单相变压器)
(三相变压器 YΔ连线)
(单相变压器 YΔ连线)
（a）三相变压器
（b）单相变压器
图　示

续表6.6

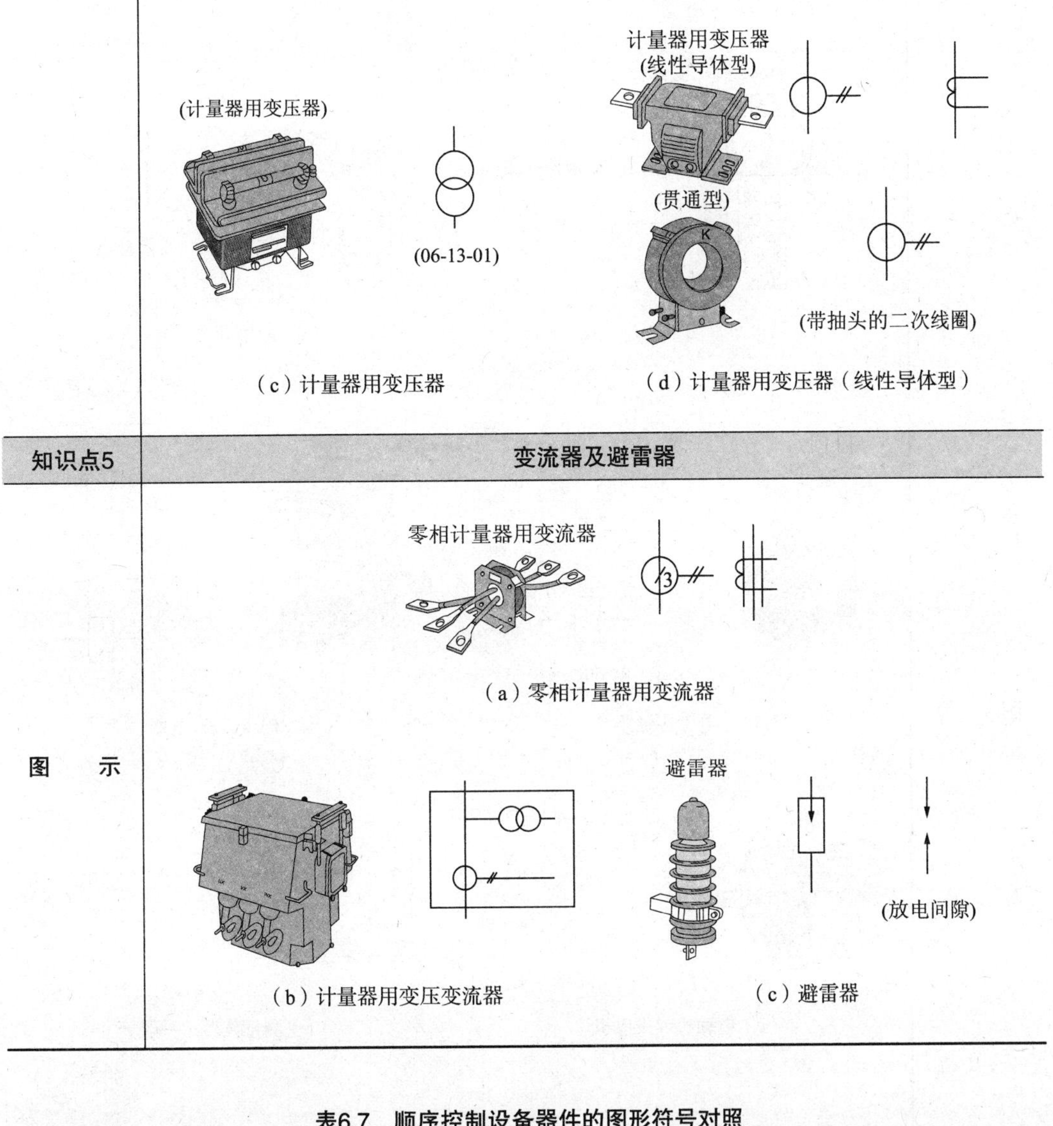

（c）计量器用变压器　（d）计量器用变压器（线性导体型）

（a）零相计量器用变流器

（b）计量器用变压变流器　（c）避雷器

表6.7　顺序控制设备器件的图形符号对照

知识点1	顺序控制设备器件的图形符号
图　示	E--- E--- 常开触点 常闭触点 电池 （a）按钮开关　（b）电池

续表6.7

图 示

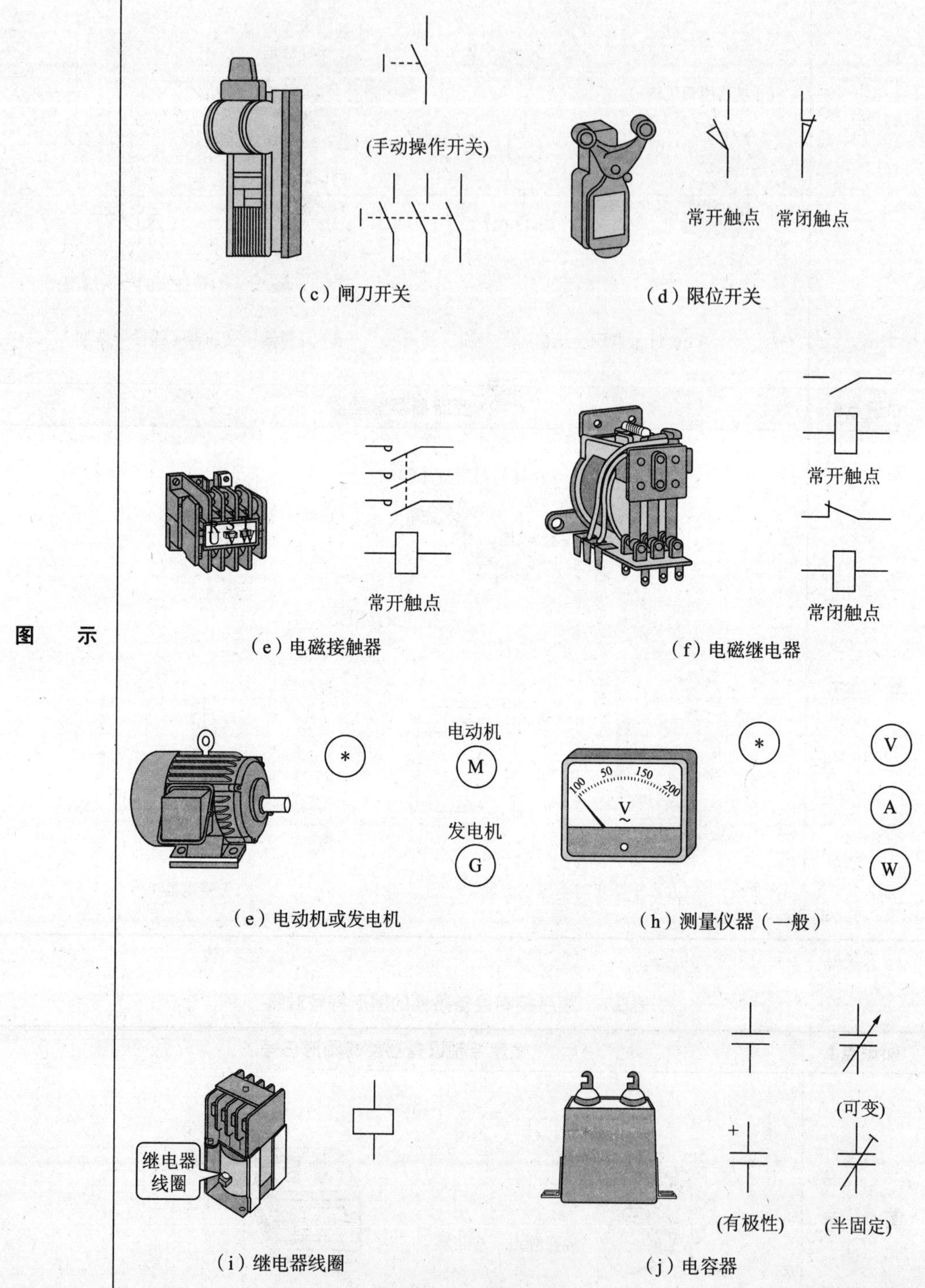

（c）闸刀开关

（d）限位开关

（e）电磁接触器

（f）电磁继电器

（e）电动机或发电机

（h）测量仪器（一般）

（i）继电器线圈

（j）电容器

续表6.7

图 示

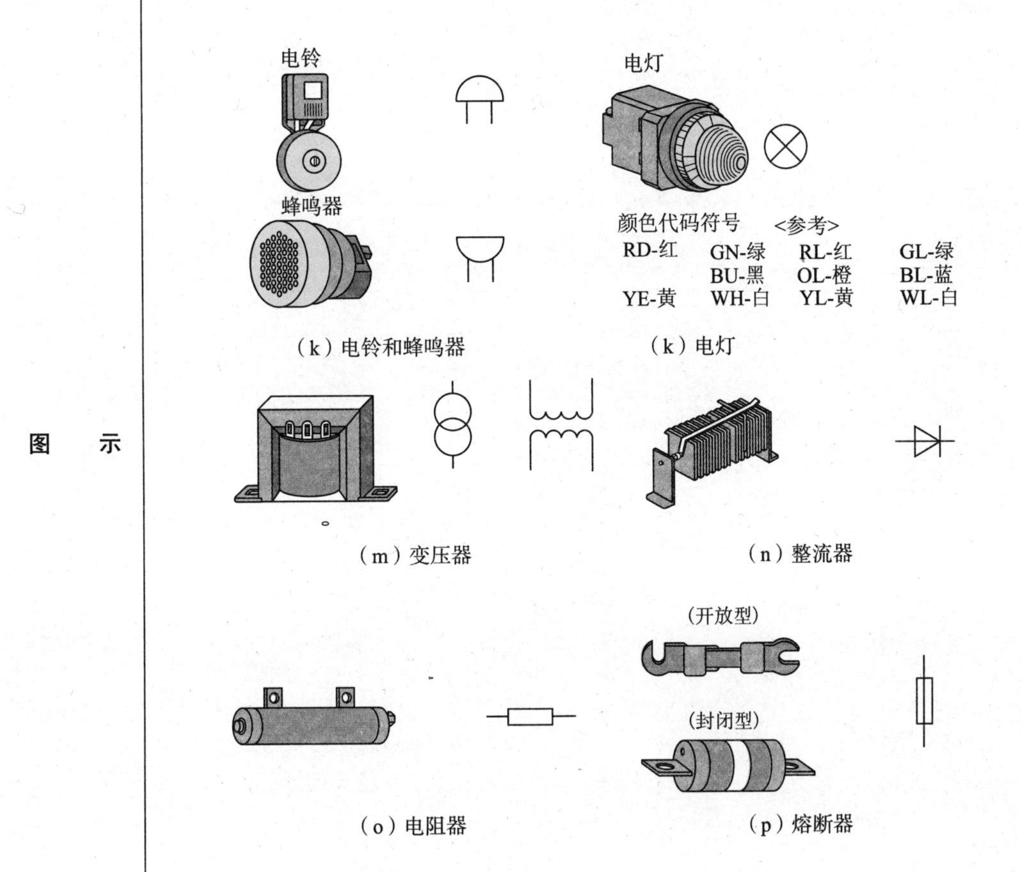

（k）电铃和蜂鸣器　（k）电灯

（m）变压器　（n）整流器

（o）电阻器　（p）熔断器

第7章 顺序图画法

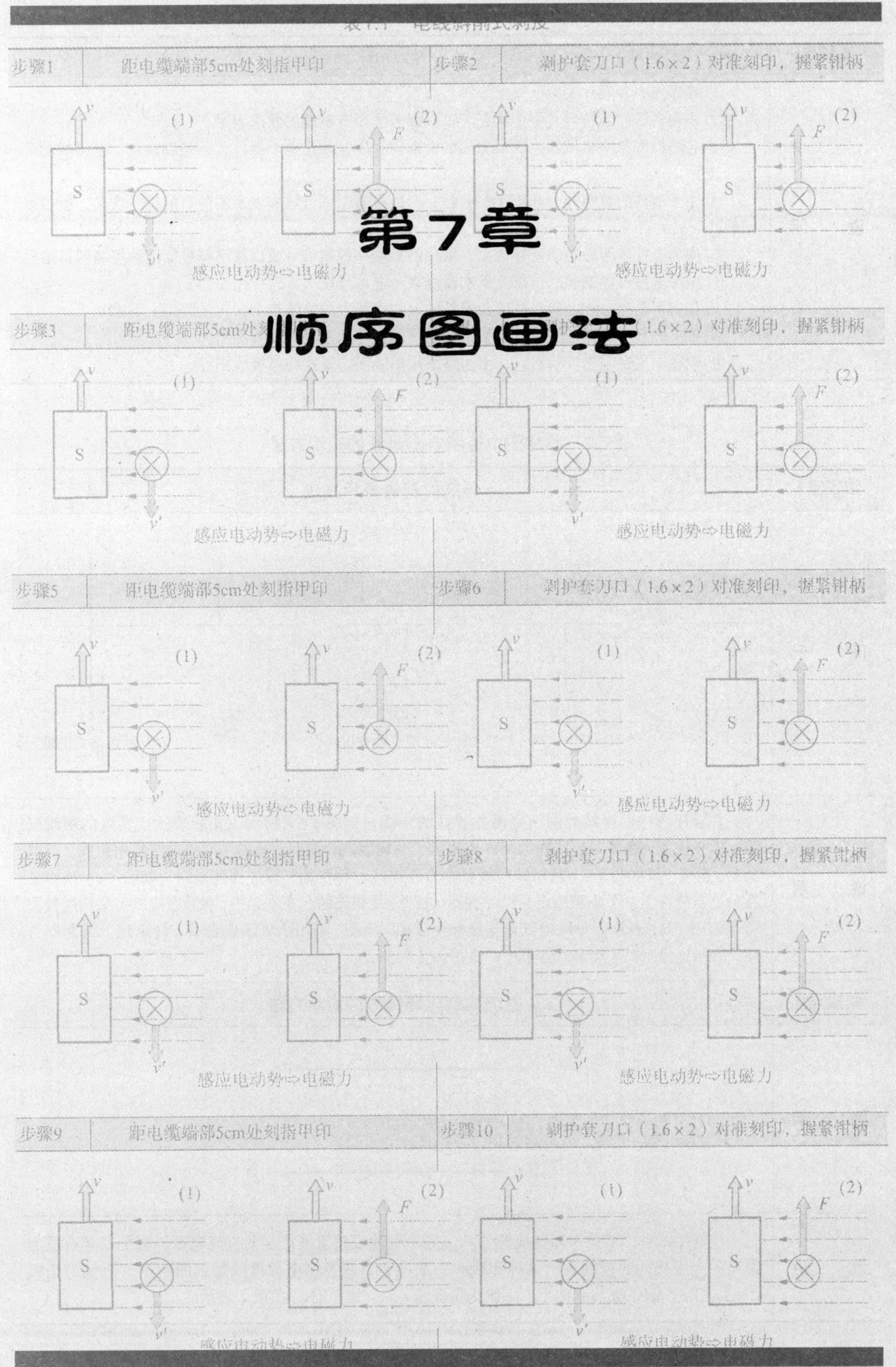

表7.1 顺序图

知识点	顺序图
说　明	①顺序图中各器件采用电气图形符号表示 ②表现各器件的符号在停止状态下，以断开了所有电源的状态表示 ③各器件都忽略机械性关联，采用的图形符号不是绘出整个器件，而是以触点、电磁线圈等部分表示 ④由于器件的各部分分开记录在各处，所以在各个部分添加表示器件名的符号含义，就可以明确其所属关系 ⑤作为器件名而添加的符号含义，采用的是顺序控制符号或以数字符号标记的控制器具编号 ⑥电源电路不详细表示，以上下的横线表示电源母线 ⑦在上下电源母线之间，连接各器件的接线以笔直的竖线表示，尽量避免上下重复 ⑧各接线与实际器件的配置无关，按动作的顺序从左至右并列画出 ⑨顺序图主要用于控制回路，主回路采用单线图、复式线路接线图等

表7.2 顺序图中控制电源母线的表示方法

知识点1	导线的符号表示方法
图　示	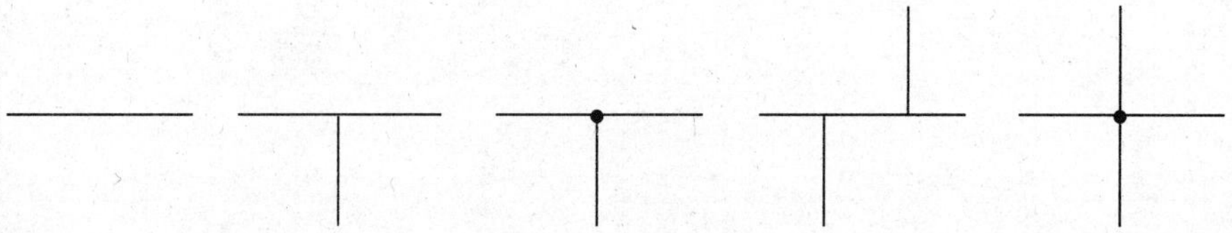 (a)　(b)　(c)(表示连接点的情况)　(d)　(e)(表示连接点的情况)
说　明	在顺序图中，连接控制回路内各器件的导线，如图（a）所示以实线表示。实线的粗细任意，但在控制回路中最好采用细线。通常为了明确区别，控制对象的主回路最好使用粗线。导线的T形连接一般如图（b）所示，竖线要垂直于横线。特别地，标注连接点时，如图（c）所示，在分支点处标上一个小黑圆点（•），表示该部分是相连的。在本书中，T形连接以不采用连接点符号的图（b）表示。导线的双重连接如图（d）所示，不用小黑圆点表示。特别地，为制图方便，表示连接时以采用节点符号（•）的图（e）表示
知识点2	直流控制电源母线的表示方法
图　示	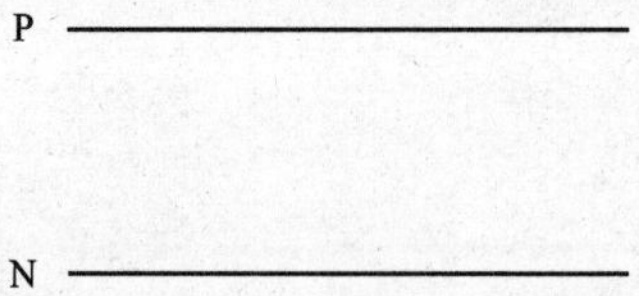 P N
说　明	在顺序图中，不是采用电源符号——表示电池或整流器产生的直流电源，而是以具有适当距离的上下排列的横线表示电源导线。一般地，直流控制电源母线如上图所示，上侧为正极（+），用字母P（正极）表示，下侧为负极（-），用字母N（负极）表示

续表7.2

<table>
<tr><td>图　　示</td><td>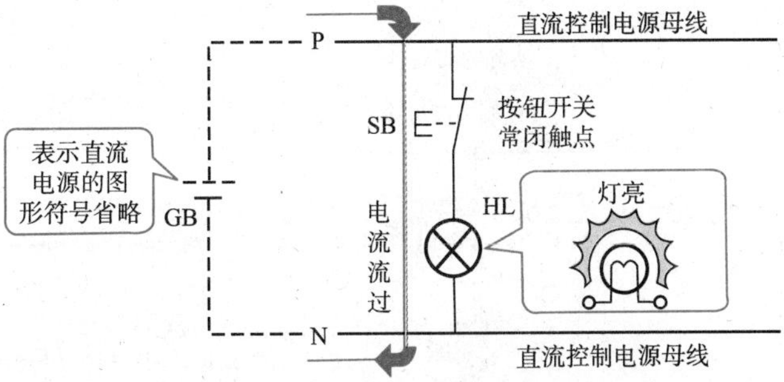
</td></tr>
<tr><td>说　　明</td><td>在上下型的直流控制电源母线之间，以竖线表示连接各种控制器件的连线。如上图所示，在上侧的正极母线与下侧的负极母线之间，用连线连接具有常闭触点的按钮开关SB与电灯HL时，忽略了直流电源的正（P）极与负（N）极，通过一条连线接通，所以在电灯中有电流流过，灯HL亮</td></tr>
<tr><td>知识点3</td><td>交流控制电源母线的表示方法</td></tr>
<tr><td>图　　示</td><td>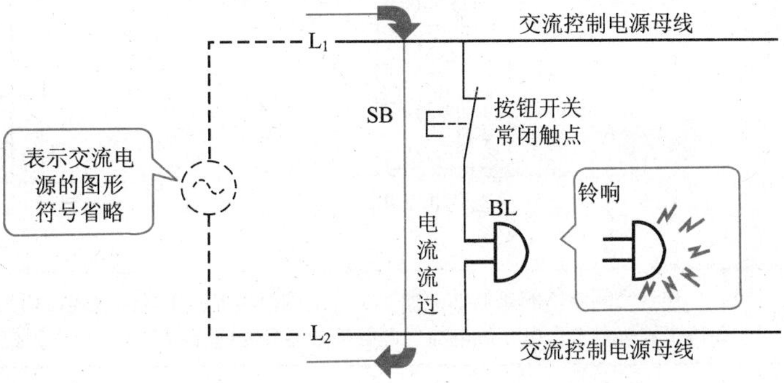
</td></tr>
<tr><td>说　　明</td><td>在顺序图中，表示交流电源与表示直流电源一样，以具有适当距离的上下排列的横线表示电源母线（正极为R，负极为S）。一般地，在电源母线旁添加表示交流电源的相的L_1、L_2以及L_3。在上下型的交流控制电源母线之间，以竖线表示连接各种控制器件的连线。如上图所示，在上侧的L_1相总线与下侧的L_2相总线之间，用连线连接具有常闭触点的按钮开关SB与铃BL时，忽略了交流电源的L_1相与L_2相的线间电压，通过一条连线连接，所以在铃中有电流流过，铃BL响</td></tr>
<tr><td>知识点4</td><td>连线内器件的布局方法</td></tr>
<tr><td>图　　示</td><td>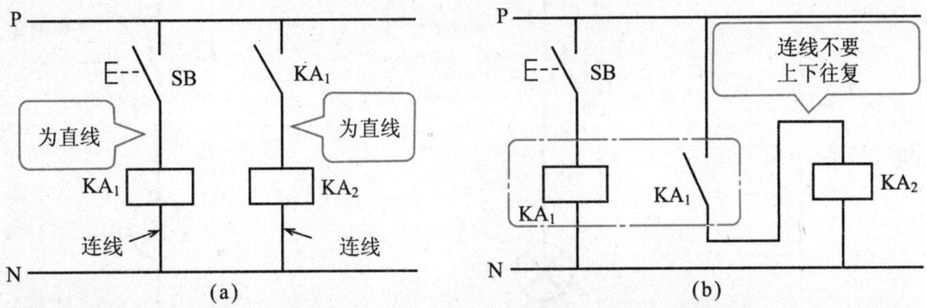
</td></tr>
<tr><td>说　　明</td><td>顺序图中的连线如图（a）所示，在控制电源母线之间使用直线，避免上下重复。考虑到控制器件的机械性关联，没必要像图（b）那样，强行在同一层写上电磁继电器的线圈“KA_1▭”与常开触点“KA_1”</td></tr>
</table>

续表7.2

图　示	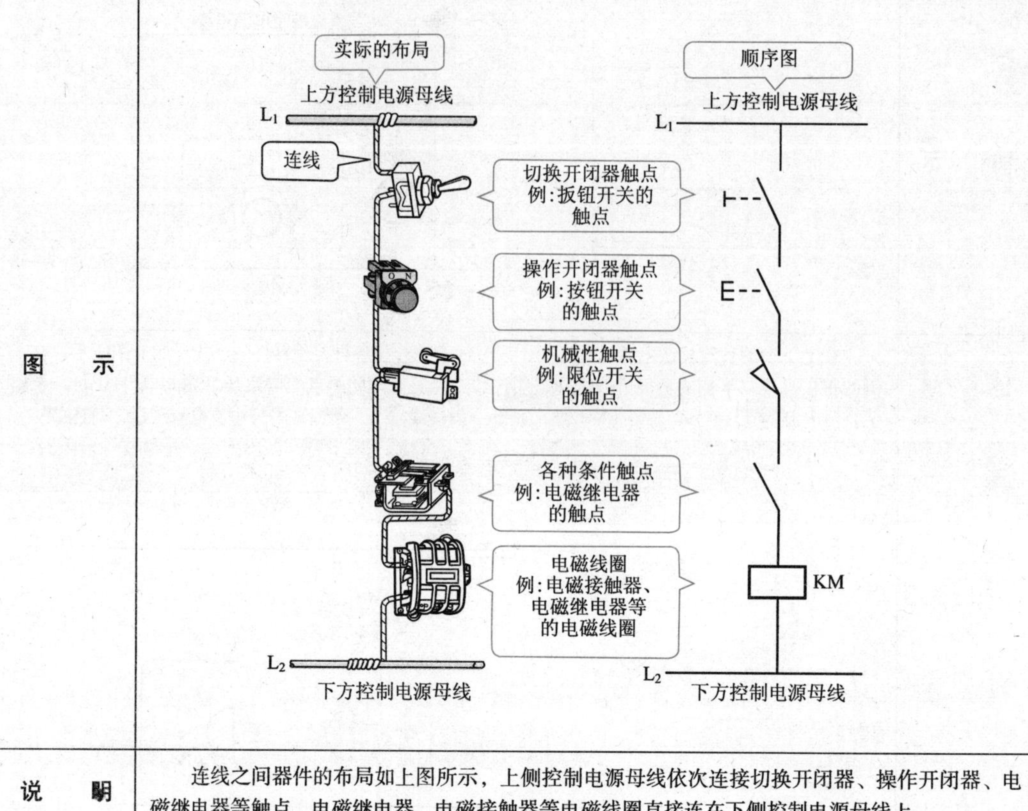
说　明	连线之间器件的布局如上图所示，上侧控制电源母线依次连接切换开闭器、操作开闭器、电磁继电器等触点，电磁继电器、电磁接触器等电磁线圈直接连在下侧控制电源母线上

表7.3　顺序图中开闭触点符号的表示方法

知识点1	顺序图中按钮开关的图形符号
图　示	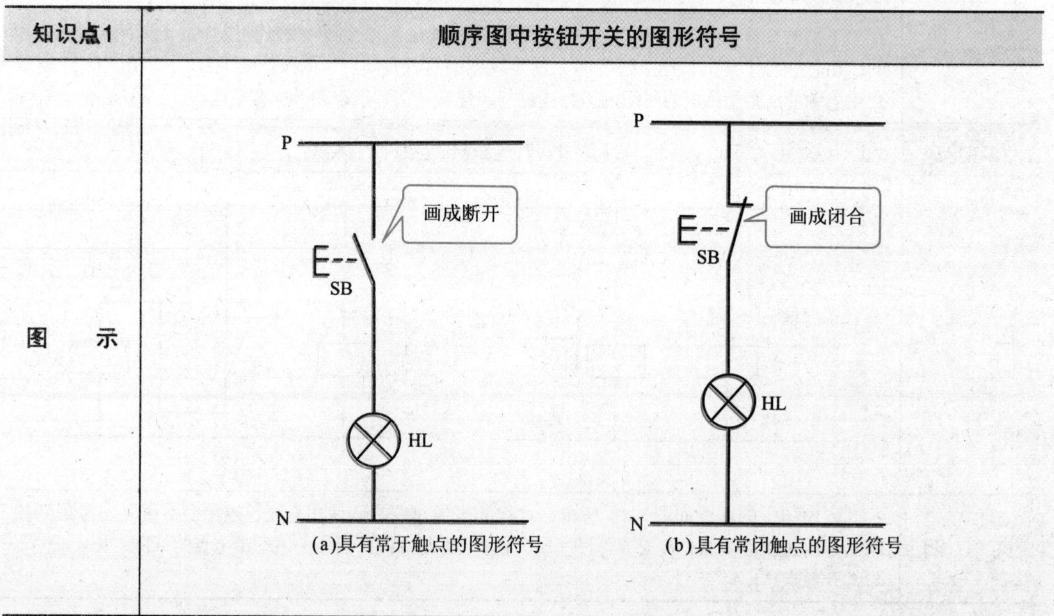 (a)具有常开触点的图形符号　(b)具有常闭触点的图形符号

续表7.3

说　明	像按钮开关那样，在顺序图中表示由手动操作触点部分时，其符号以没有手按压按钮的状态表示。所以，按钮开关的符号表示成触点断开［具有常开触点，图（a）］或触点闭合［具有常闭触点，图（b）］
知识点2	**顺序图中电磁继电器的图形符号**
图　示	(a) 实物连接图　　(b) 顺序图
说　明	电磁继电器、电磁接触器等器件，触点部分通过电气驱动，在顺序图中，其符号以电磁线圈中没有电流流过的状态表示。所以，如上图所示，即使图中显示电磁继电器的电磁线圈上接有电源，电磁继电器的触点符号也可以表示成断开（常开触点）或闭合（常闭触点）

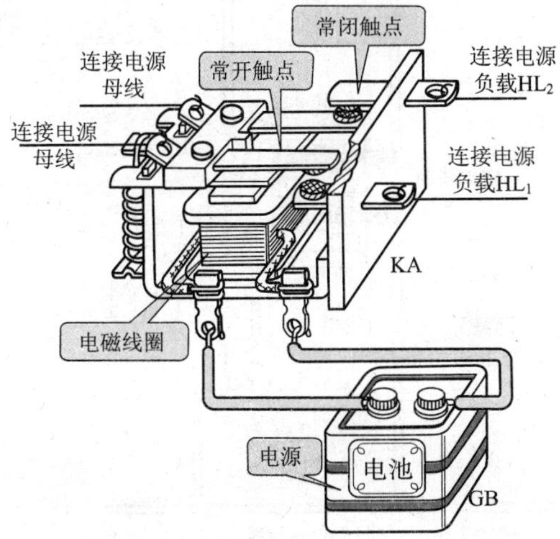

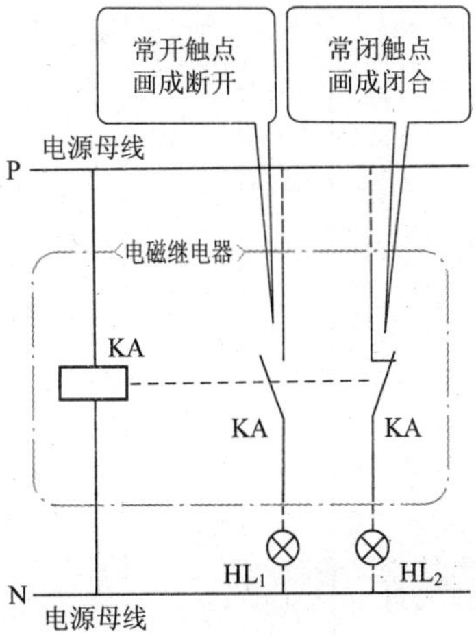

表7.4　顺序图的画法

知识点1	**画顺序图的步骤**
图　示	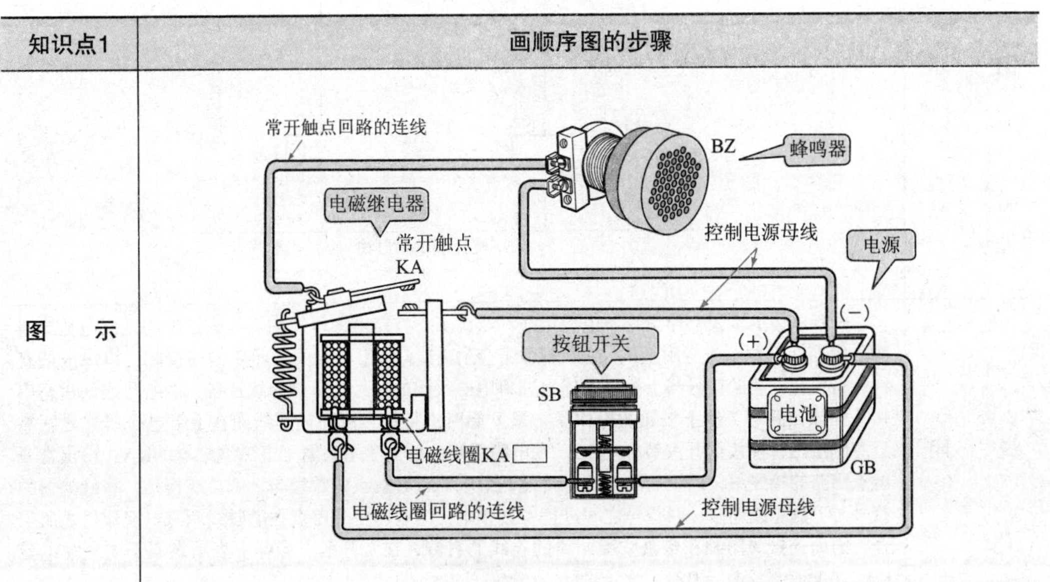

续表7.4

<table>
<tr><td>说　明</td><td>上页图表示了一个蜂鸣器鸣响电路的实物连接图，在按下按钮开关SB时，电磁继电器KA工作，蜂鸣器BZ响</td></tr>
<tr><td>图　示</td><td>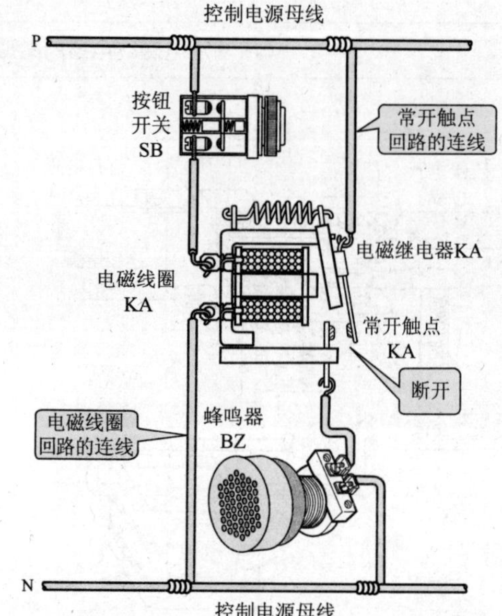
</td></tr>
<tr><td>说　明</td><td>将实物连接图转换成包括上下控制电源母线的顺序图方式的电路图，如上图所示</td></tr>
<tr><td>图　示</td><td>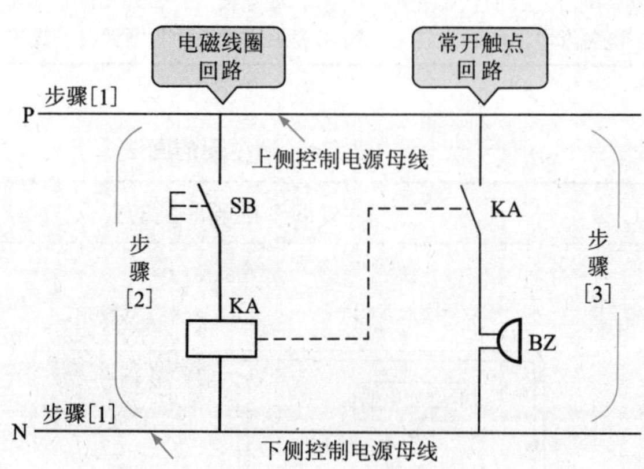
</td></tr>
<tr><td>说　明</td><td>画顺序图的步骤：绘出控制电源母线，绘出上下控制电源母线的横线，该电路是以电池为电源，因而在上侧总线旁附上P，在下侧总线旁附上N；绘出电磁线圈回路的连接图，以纵向的直线，将按钮开关的符号与上侧母线连接，将电磁线圈的符号与下侧总线连接，两符号之间进行串接，在该回路中，按下按钮的操作是在最开始时进行的，因而该连线图在上下电源母线之间靠近左侧绘出，在按钮开关旁标上SB，在电磁线圈旁标上表示隶属于电磁继电器的KA；绘出常开触点回路的接线图，以纵向的直线，将电磁继电器常开触点的符号与上侧总线连接，将蜂鸣器的符号与下侧总线连接，两符号之间进行串接，电磁继电器常开触点在电磁线圈有电流流过之后闭合，因而该接线图画在电磁线圈回路的连线的右侧，在常开触点旁标上表示隶属于电磁继电器KA，在蜂鸣器旁标上BZ</td></tr>
</table>

续表7.4

知识点2	基于地段编号的线号表示方法
图　示	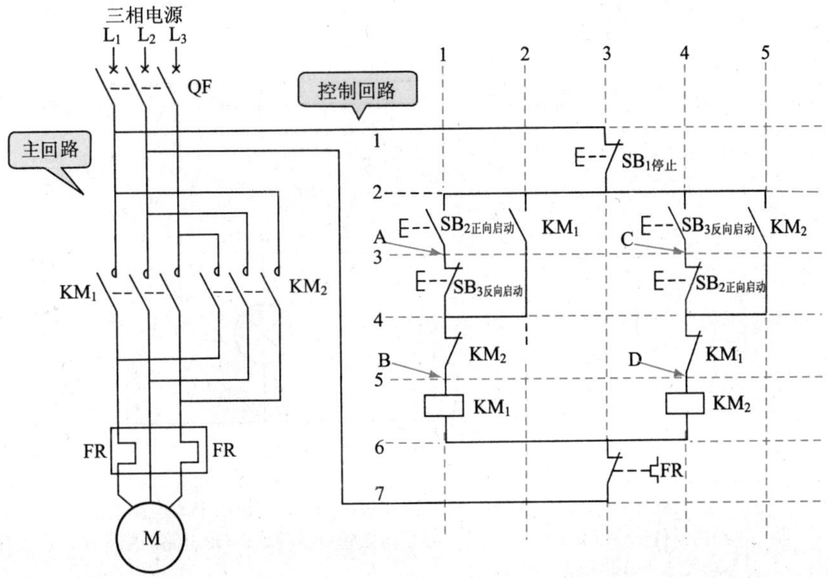
说　明	① 在采用顺序图进行顺序控制回路的配线作业，或者进行维修检查、改换电路等时，控制回路越复杂，相互之间的关联越是交错复杂，即使相当熟练的人也容易犯错误。因此，在绘制顺序图时，在图中预先标上线号，在配线作业时，根据顺序图中的线号，在与其对应的电线的两端用标识表示线号，很方便 ② 上图是在表示电动机正反转控制电路的顺序图中，附加了基于地段编号的线号。该方法是将顺序图恰当地绘成方形，分别在横轴与纵轴标上1，2，3，…行数多时可为01，02，03，…组合这些交叉点的编号就能表示其位置 ③ 例如，上图中的A点为13，B点为15，C点为43，D点为45，数字的编排方法为先纵轴数字后横轴数字
知识点3	**如何将顺序图转换成电路图**
说　明	对顺序控制回路进行配线时，最好是按照顺序图配线，如果再与电路图相互配合使用，肯定会避免错误配件。因此，有必要将顺序图转换成电路图，其基本原则如下： ① 电路图的器件与实际的配置一致排列 ② 电线的连接一定要经由端子进行 ③ 外部零件要采用接线板连接 ④ 一个端子上不要连接3条以上的电线 ⑤ 顺序图的连接点无论移动到其线上的哪个位置都一样 ⑥ 无论利用公共线还是使用搭接线，都要力求使配线条数最少 ⑦ 一个端子或者一条线上需要有多个连接点时，要在各器件的端子内集中

续表7.4

知识点4	用端子来连接电线
图　示	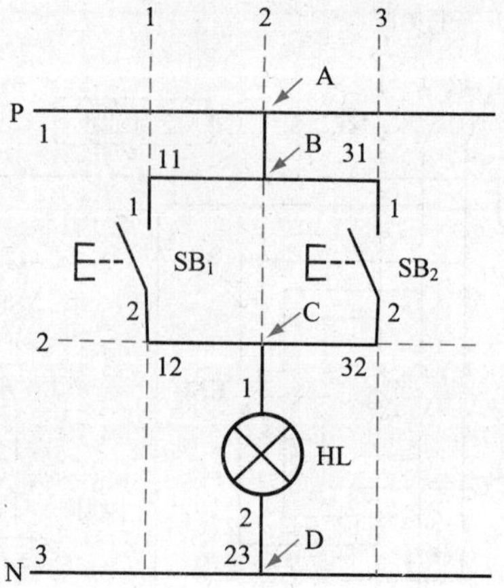
说　明	对顺序控制回路进行配线时，应在顺序图中表示出线上的连接点，而实际的配线作业一定要经由器件的端子进行。上图表示的是由按钮开关控制的OR电路的顺序图，在顺序图中，A点、B点、C点、D点为线上的连接点
图　示	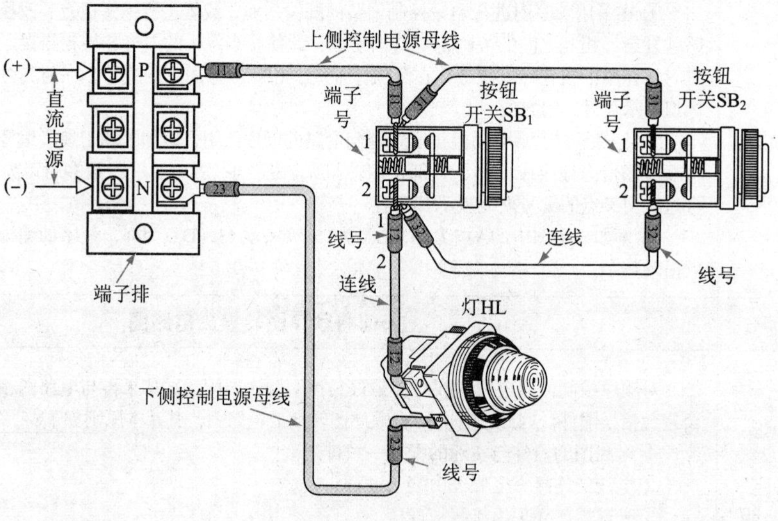
说　明	根据顺序图，将按钮开关以及电灯等器件与实际的位置吻合排列进行配线，如上图所示。从直流电源的端子台P直接到按钮开关SB_1，将控制电源母线的线号配置为11，从SB_1的端子1到SB_2的端子1，线号配置为31，作为上侧控制电源母线。此时，顺序图的A点与B点自然成为SB_1的端子1。再者，将SB_1的端子2与SB_2的端子2的线号配置为32，从SB_1的端子2到指示灯的端子1的线号配置为12。此时，顺序图的C点相当于SB_1的端子2。并且，从指示灯HL的端子2直接到电源的端子台N的线号配置为23，作为下侧控制电源母线。请注意，顺序图与实际的配线不完全相同

续表7.4

知识点5	连接点可以在线上移动
图 示	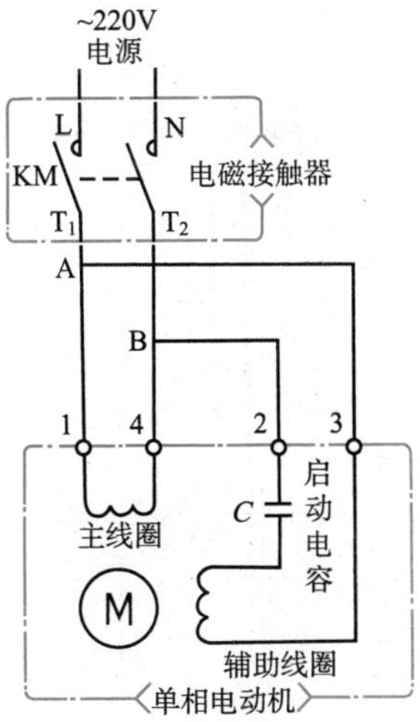 ~220V 电源 L N KM 电磁接触器 T_1 T_2 A B 1 4 2 3 主线圈 C 启动电容 M 辅助线圈 单相电动机
说 明	顺序控制回路进行配线时，将顺序图中的连接点在其线上移动时，不仅配线作业容易进行，有时还能节约配线条数。上图所示是单相电动机的连接图
图 示	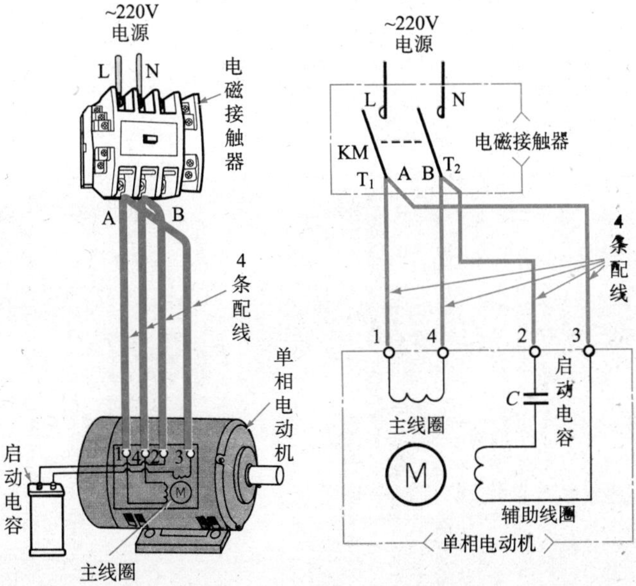 ~220V 电源 L N 电磁接触器 A B 4条配线 单相电动机 启动电容 1 4 2 3 主线圈 ~220V 电源 L N KM 电磁接触器 T_1 A B T_2 4条配线 1 4 2 3 C 启动电容 主线圈 M 辅助线圈 单相电动机
说 明	按照连接图进行配线时如上图所示

续表7.4

<table>
<tr><td>图 示</td><td>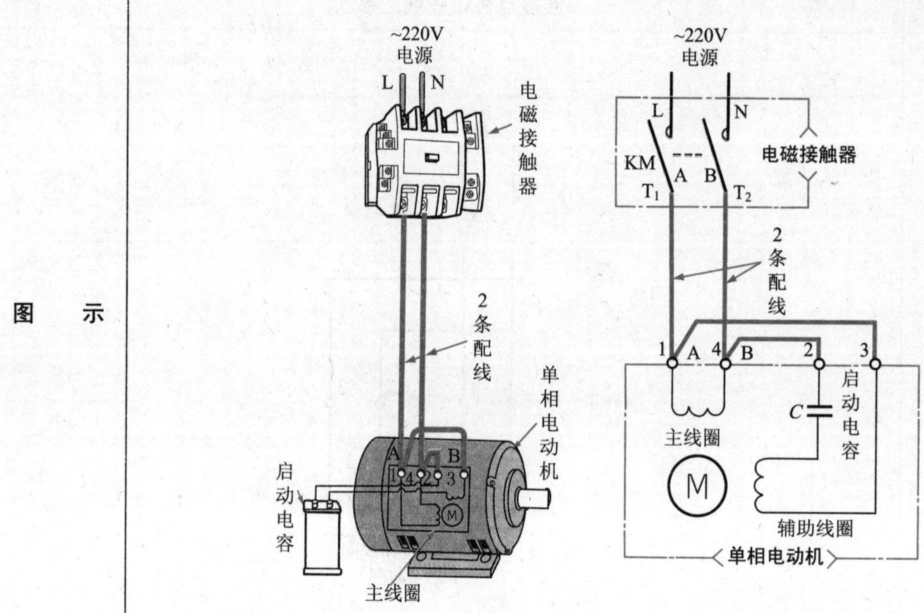
</td></tr>
<tr><td>说 明</td><td>从电磁接触器的端子T_1与T_2引出连接点A与B时，与电动机之间的配线需要4条。如上图所示，从同一线上的电动机的端子1与4引出A与B时，与电动机之间的配线变为2条。此时，电磁接触器与电动机分离，配线由4条变为2条，大大节约了导线</td></tr>
</table>

第8章 电路的实际布线图及顺序图

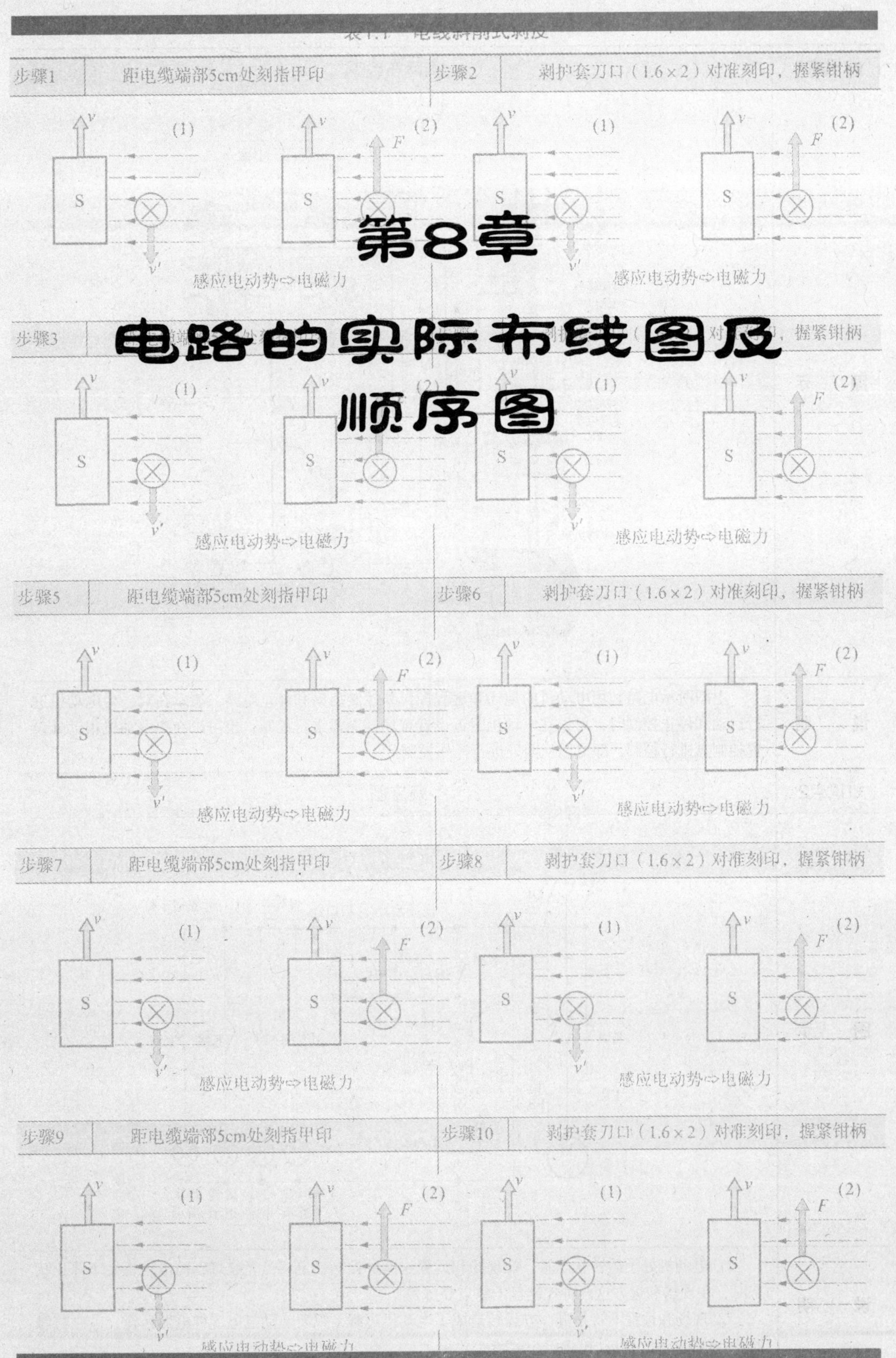

表8.1 可现场和远程操作的电动机启动与停止控制电路

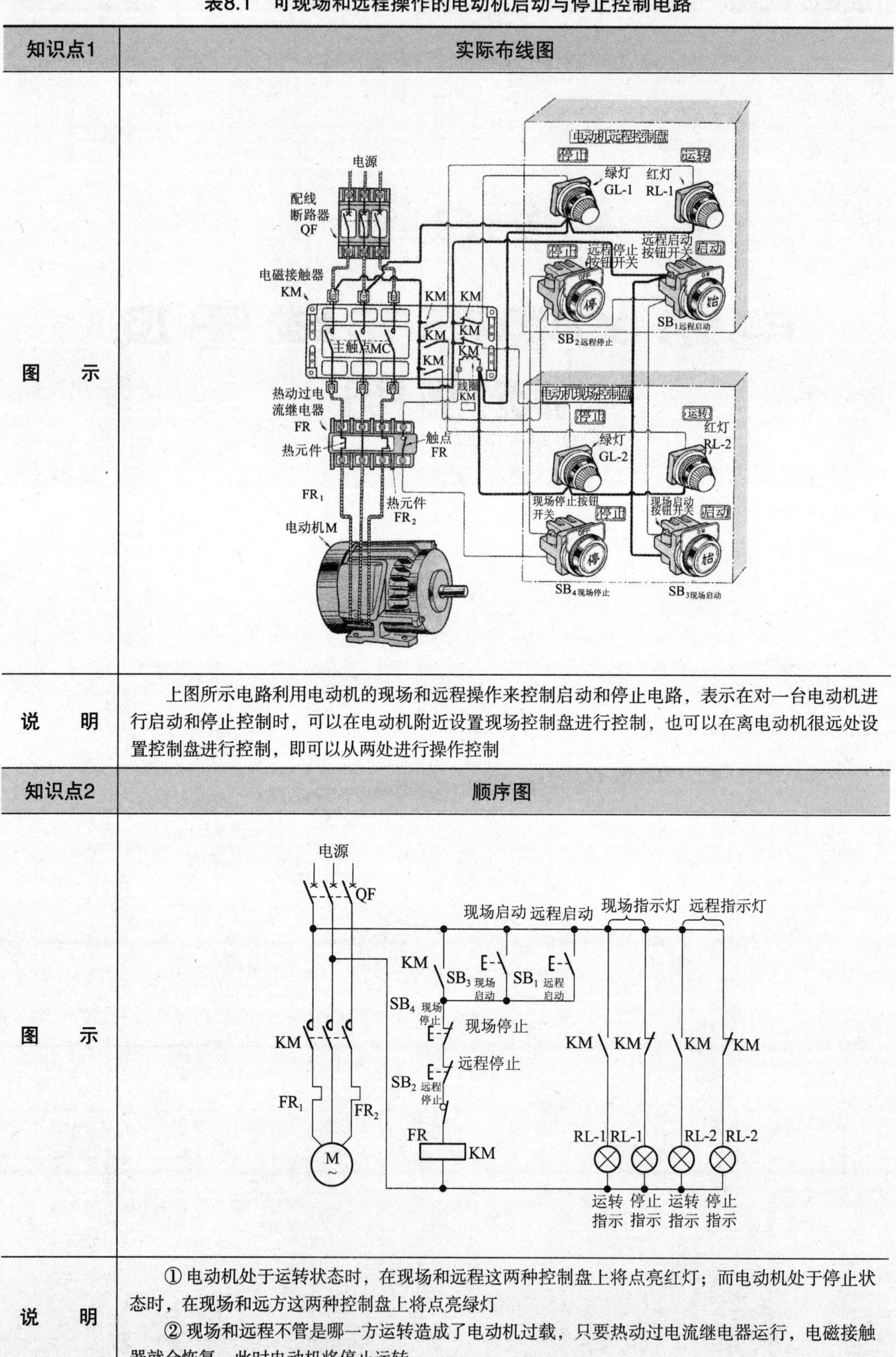

知识点1	实际布线图
图　示	（图）
说　明	上图所示电路利用电动机的现场和远程操作来控制启动和停止电路，表示在对一台电动机进行启动和停止控制时，可以在电动机附近设置现场控制盘进行控制，也可以在离电动机很远处设置控制盘进行控制，即可以从两处进行操作控制
知识点2	**顺序图**
图　示	（图）
说　明	① 电动机处于运转状态时，在现场和远程这两种控制盘上将点亮红灯；而电动机处于停止状态时，在现场和远方这两种控制盘上将点亮绿灯 ② 现场和远程不管是哪一方运转造成了电动机过载，只要热动过电流继电器运行，电磁接触器就会恢复，此时电动机将停止运转

表8.2　电容启动电动机正反转控制电路

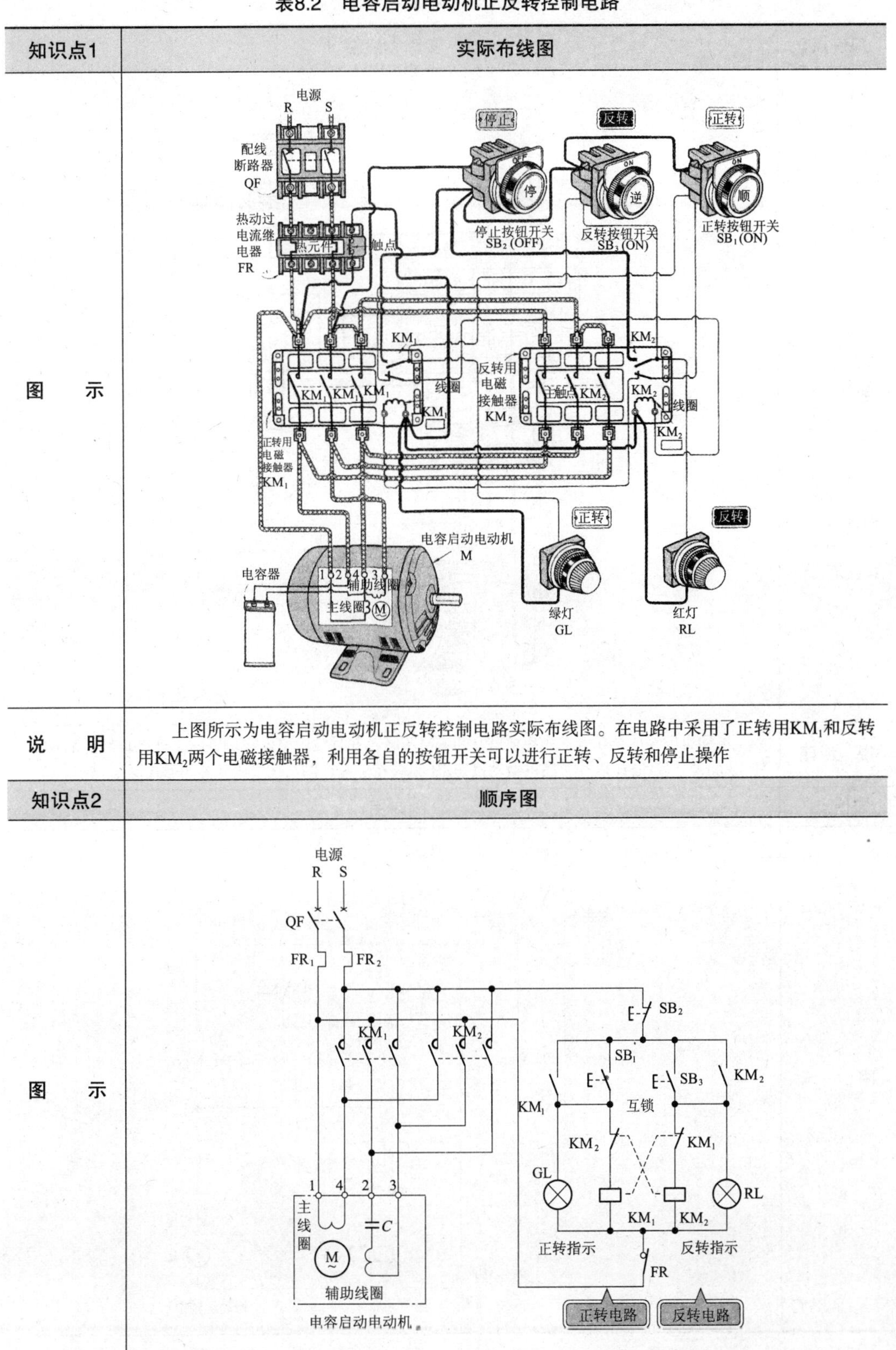

知识点1	实际布线图
图　示	
说　明	上图所示为电容启动电动机正反转控制电路实际布线图。在电路中采用了正转用KM_1和反转用KM_2两个电磁接触器，利用各自的按钮开关可以进行正转、反转和停止操作
知识点2	**顺序图**
图　示	

表8.3 电动机微动运转控制电路

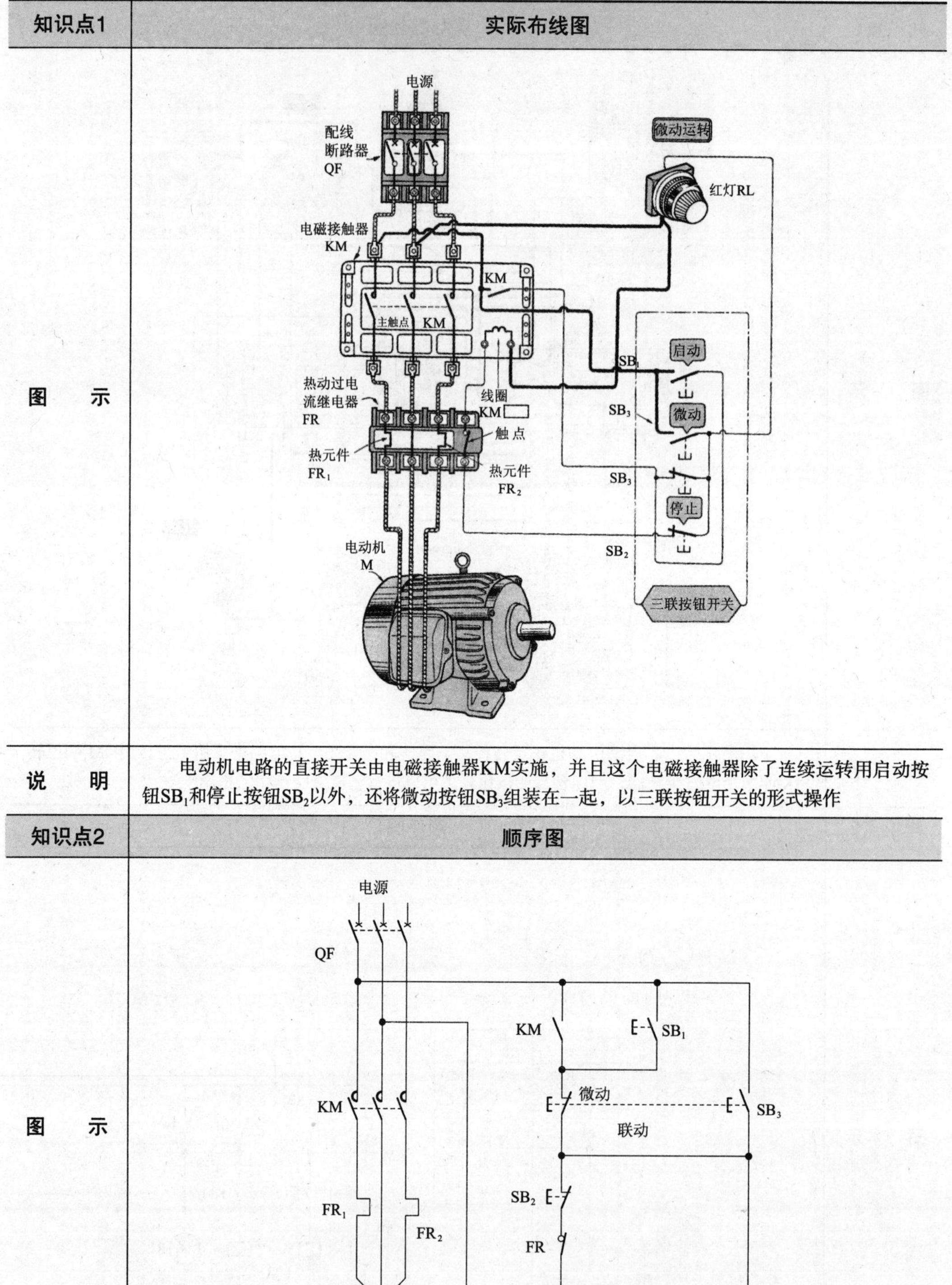

知识点1	实际布线图
图 示	
说 明	电动机电路的直接开关由电磁接触器KM实施，并且这个电磁接触器除了连续运转用启动按钮SB_1和停止按钮SB_2以外，还将微动按钮SB_3组装在一起，以三联按钮开关的形式操作
知识点2	顺序图
图 示	

表8.4　采用温度开关的报警电路

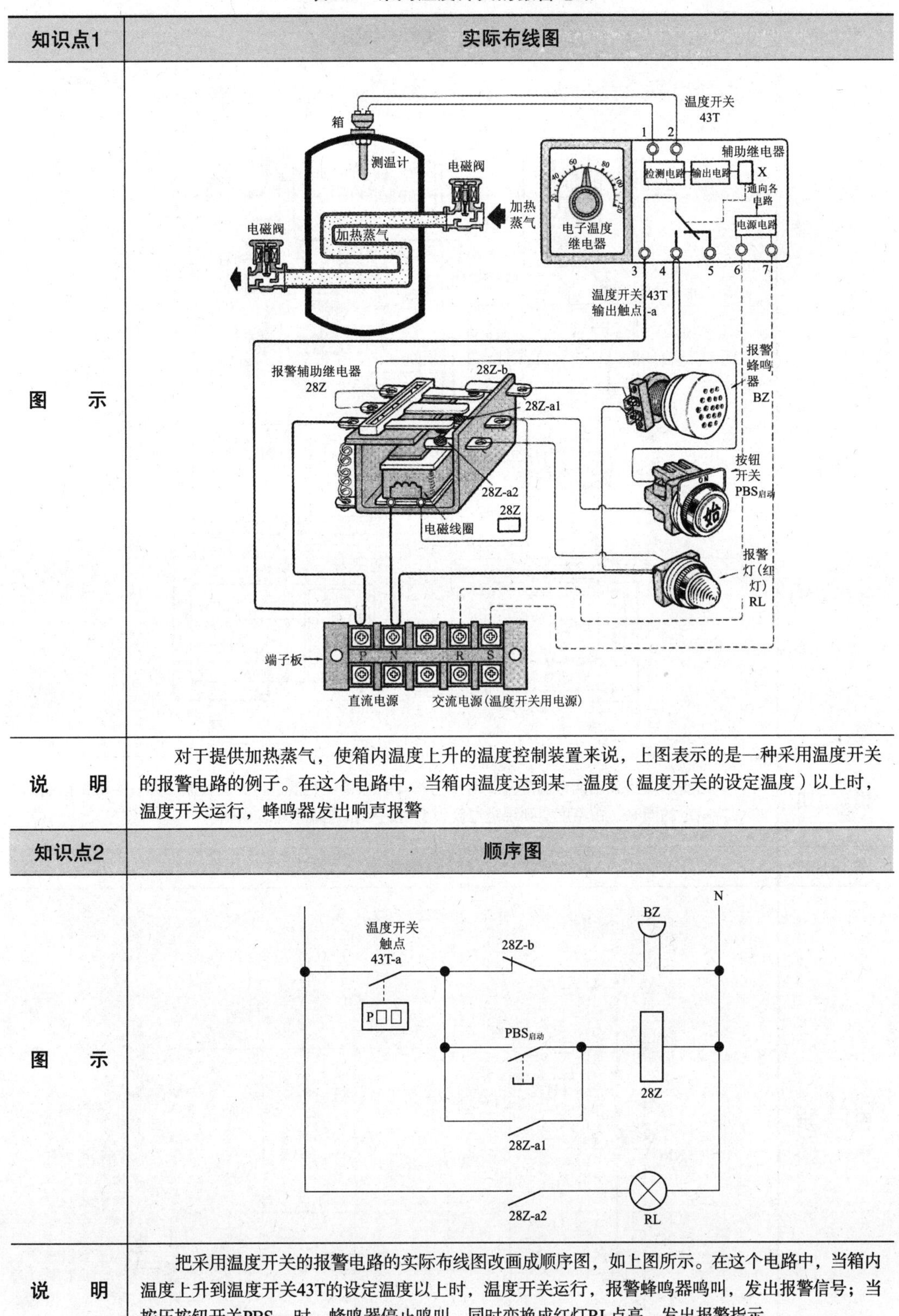

知识点1	实际布线图
图　示	
说　明	对于提供加热蒸气，使箱内温度上升的温度控制装置来说，上图表示的是一种采用温度开关的报警电路的例子。在这个电路中，当箱内温度达到某一温度（温度开关的设定温度）以上时，温度开关运行，蜂鸣器发出响声报警
知识点2	**顺序图**
图　示	
说　明	把采用温度开关的报警电路的实际布线图改画成顺序图，如上图所示。在这个电路中，当箱内温度上升到温度开关43T的设定温度以上时，温度开关运行，报警蜂鸣器鸣叫，发出报警信号；当按压按钮开关PBS启动时，蜂鸣器停止鸣叫，同时变换成红灯RL点亮，发出报警指示

表8.5　三相加热器的温度控制电路

知识点1	实际布线图
图　示	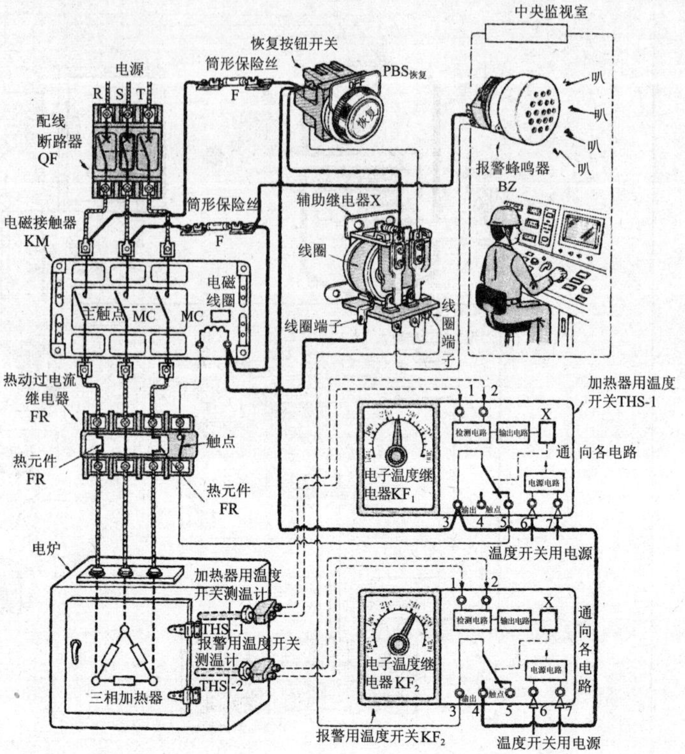

说　明	上图所示电路采用两个温度开关对作为热源的三相加热器进行开关控制，并且在电炉内的温度保持一定的同时，在温度变到规定温度以上时，令报警蜂鸣器发出鸣响

知识点2	顺序图
图　示	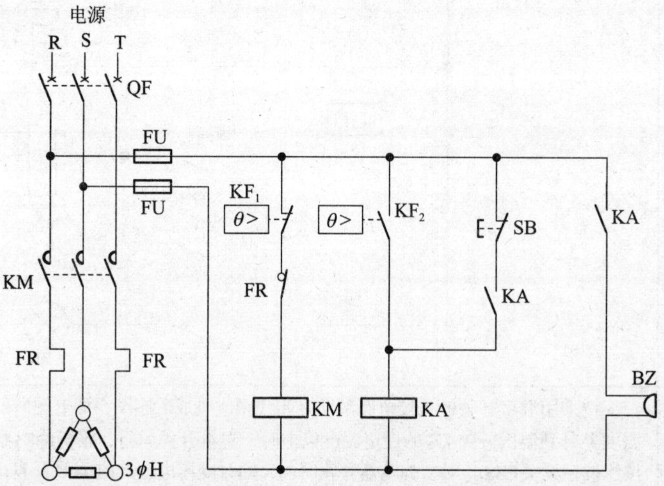

表8.6　压缩机压力控制电路（手动和自动控制）

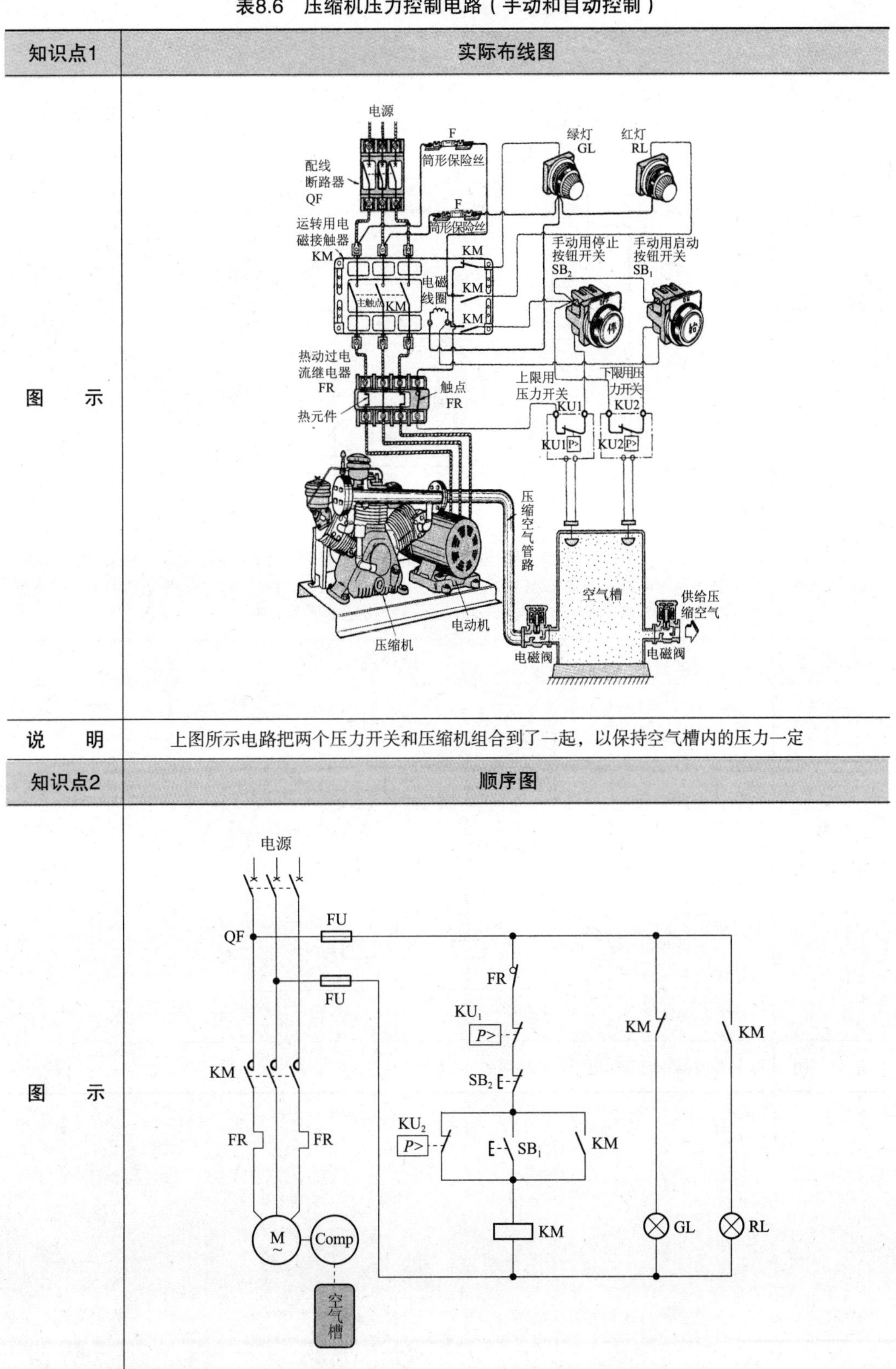

知识点1	实际布线图
图　　示	
说　　明	上图所示电路把两个压力开关和压缩机组合到了一起，以保持空气槽内的压力一定
知识点2	顺序图
图　　示	

表8.7　蜂鸣器定时鸣叫电路

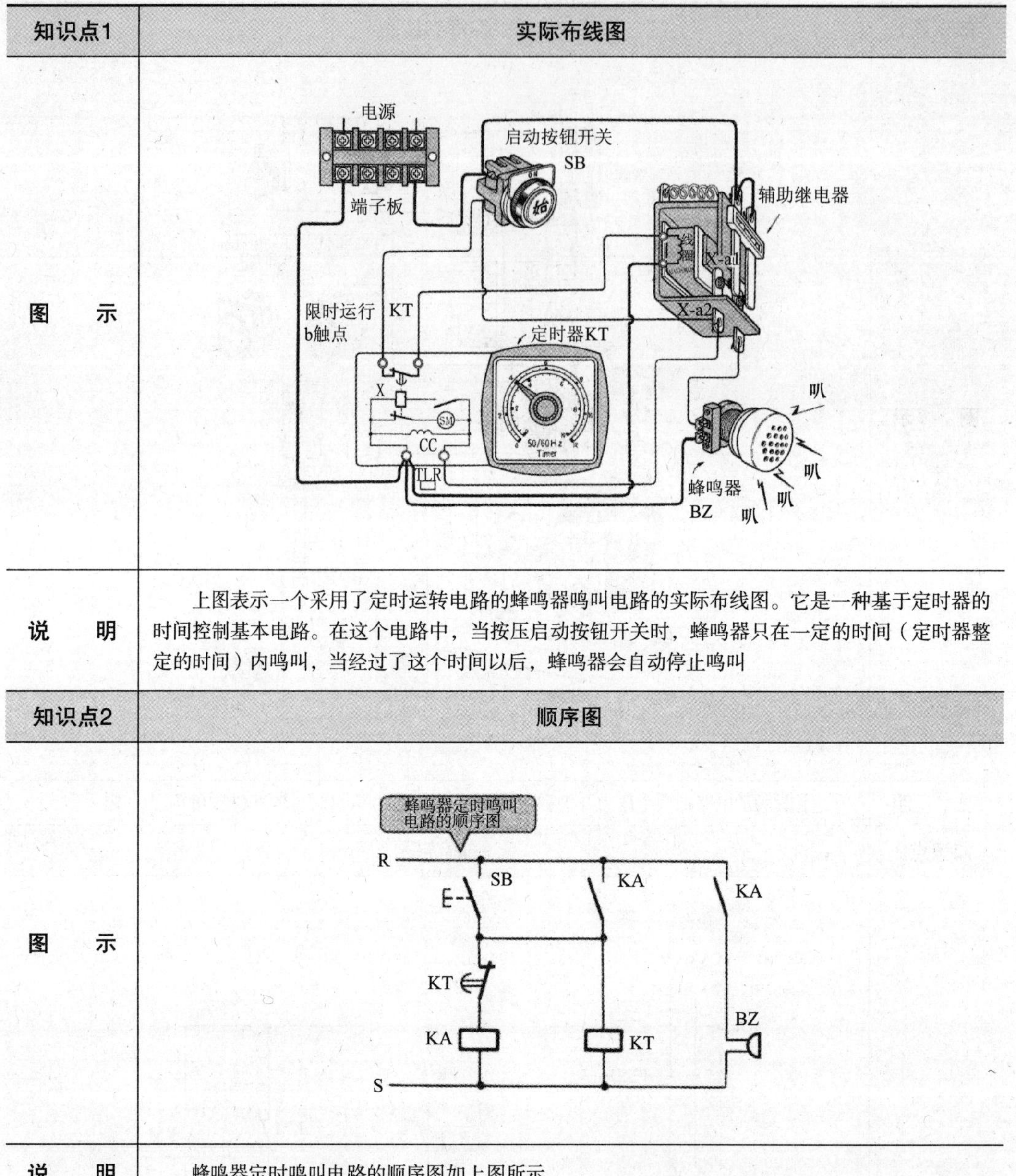

知识点1	实际布线图
图　　示	
说　　明	上图表示一个采用了定时运转电路的蜂鸣器鸣叫电路的实际布线图。它是一种基于定时器的时间控制基本电路。在这个电路中，当按压启动按钮开关时，蜂鸣器只在一定的时间（定时器整定的时间）内鸣叫，当经过了这个时间以后，蜂鸣器会自动停止鸣叫
知识点2	**顺序图**
图　　示	
说　　明	蜂鸣器定时鸣叫电路的顺序图如上图所示

表8.8　电动送风机延迟运行运转电路

知识点1	实际布线图
图　示	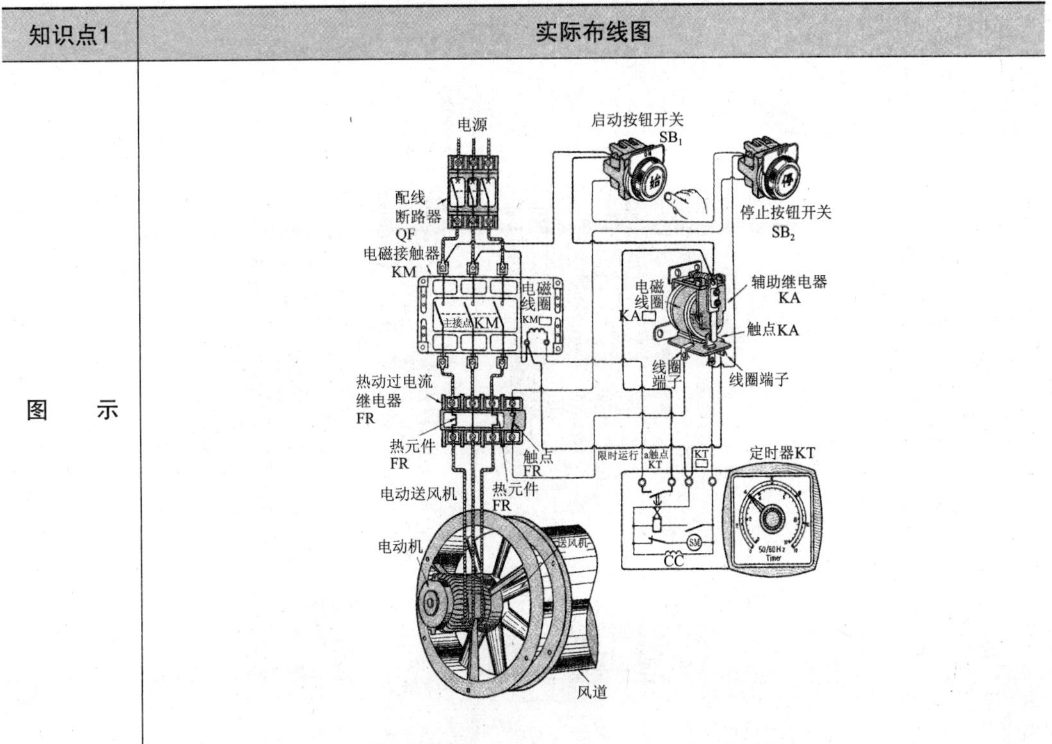
说　明	上图示出了采用延迟运行电路的电动送风机延迟运行运转电路实际布线图，它是一种基于定时器的时间控制基本电路。在这个电路中，按压启动按钮开关施加输入信号，经过一定时间（定时器的整定时间）后，被启动的电动送风机会自动地开始运转
知识点2	顺序图
图　示	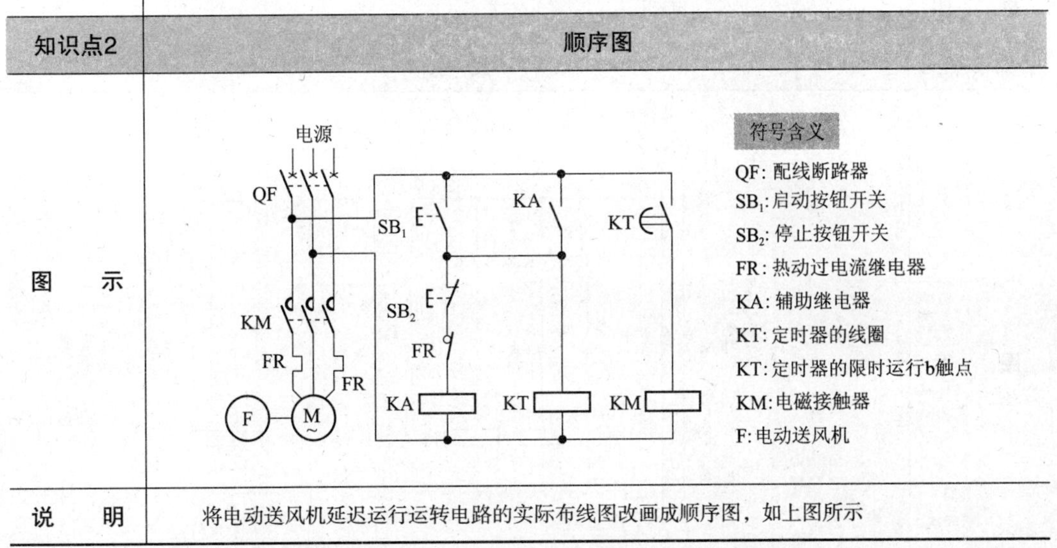
说　明	将电动送风机延迟运行运转电路的实际布线图改画成顺序图，如上图所示

表8.9 采用无浮子液位继电器的供水控制电路

知识点1	实际布线图
图 示	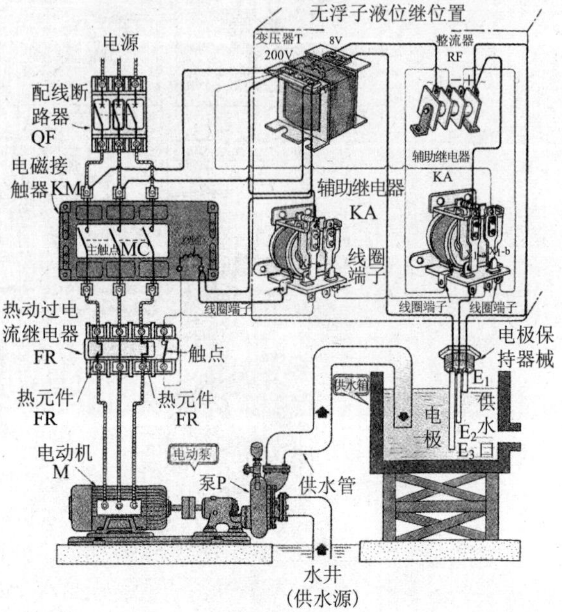
说 明	上图所示电路利用电动泵从供水源向供水箱抽水，并且利用无浮子液位继电器对水箱中的液位进行检测，从而实现供水控制设备的自动化控制
知识点2	顺序图
图 示	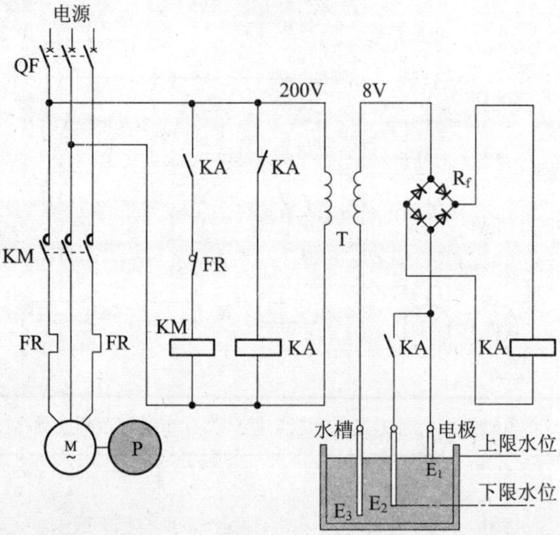
说 明	上图是由采用无浮子液位继电器的供水控制电路实际布线图改画成的顺序图。因为若把交流200V电压直接加到无浮子液位继电器的电极之间是危险的，所以利用变压器把电压降低到8V

表8.10　带有缺水报警的供水控制电路

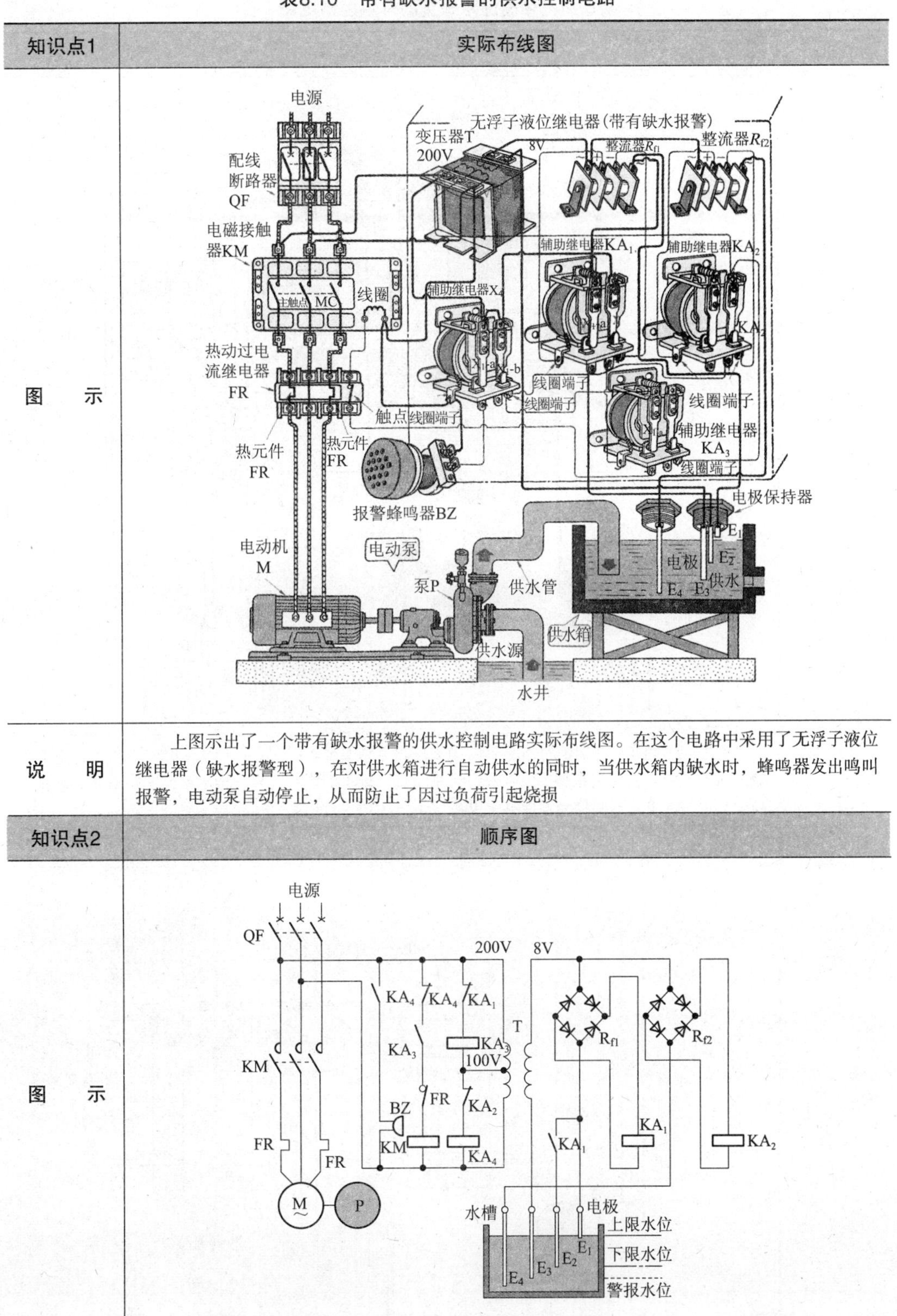

知识点1	实际布线图
图　示	
说　明	上图示出了一个带有缺水报警的供水控制电路实际布线图。在这个电路中采用了无浮子液位继电器（缺水报警型），在对供水箱进行自动供水的同时，当供水箱内缺水时，蜂鸣器发出鸣叫报警，电动泵自动停止，从而防止了因过负荷引起烧损
知识点2	**顺序图**
图　示	
说　明	上图表示的是带有缺水报警的供水控制电路的顺序图

表8.11 带有涨水报警的排水控制电路

知识点1	实际布线图
图　示	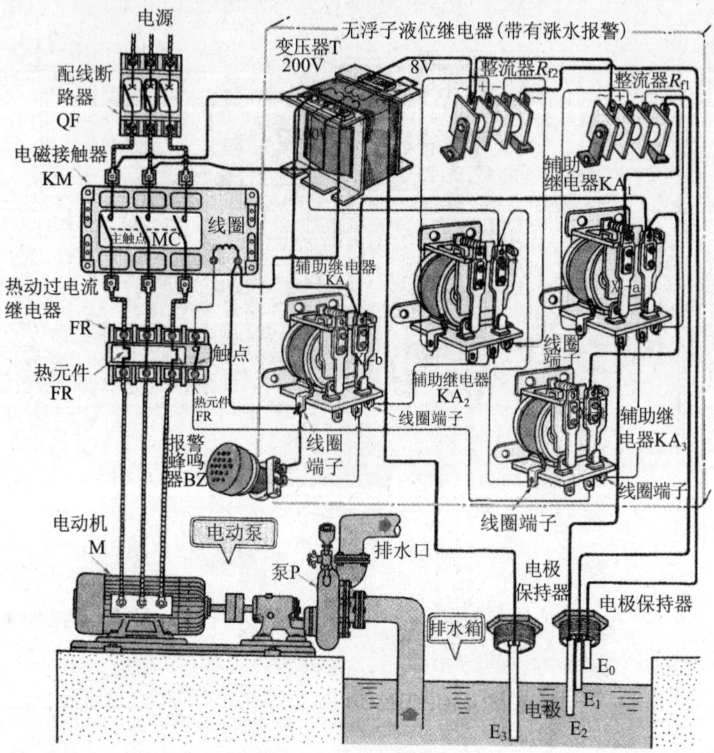
说　明	上图表示的是一个带有涨水报警的排水控制电路实际布线图。在这个电路中，利用无浮子液位继电器（异常涨水警报型），在进行排水箱自动排水的同时，万一排水箱发生异常涨水，在液位变高的情况下，蜂鸣器会发出鸣叫报警
知识点2	**顺序图**
图　示	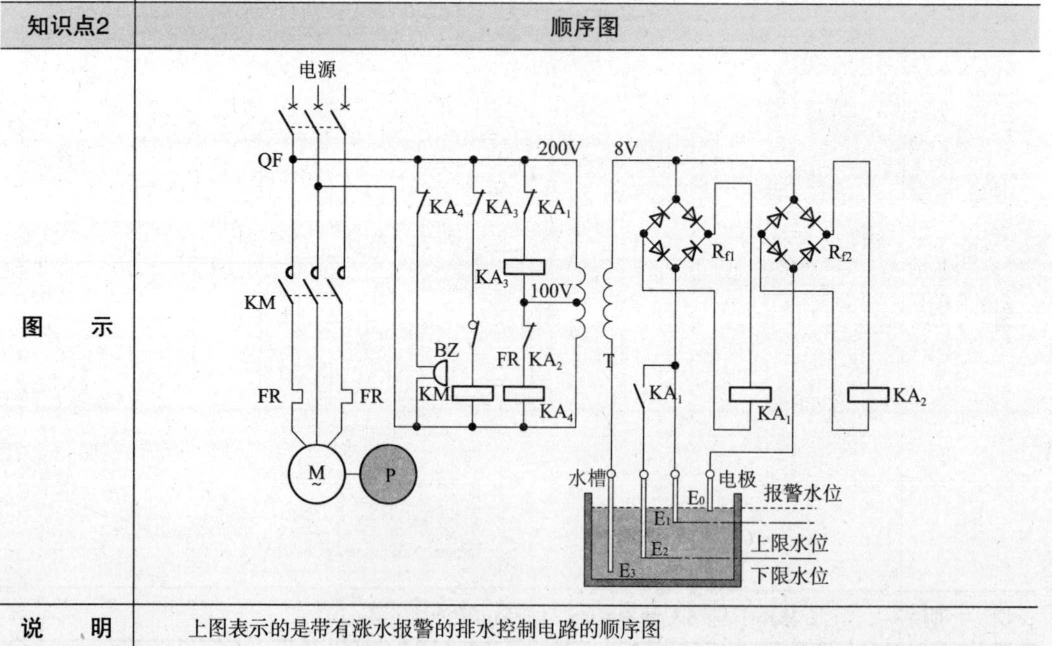
说　明	上图表示的是带有涨水报警的排水控制电路的顺序图

表8.12　传送带暂时停止控制电路

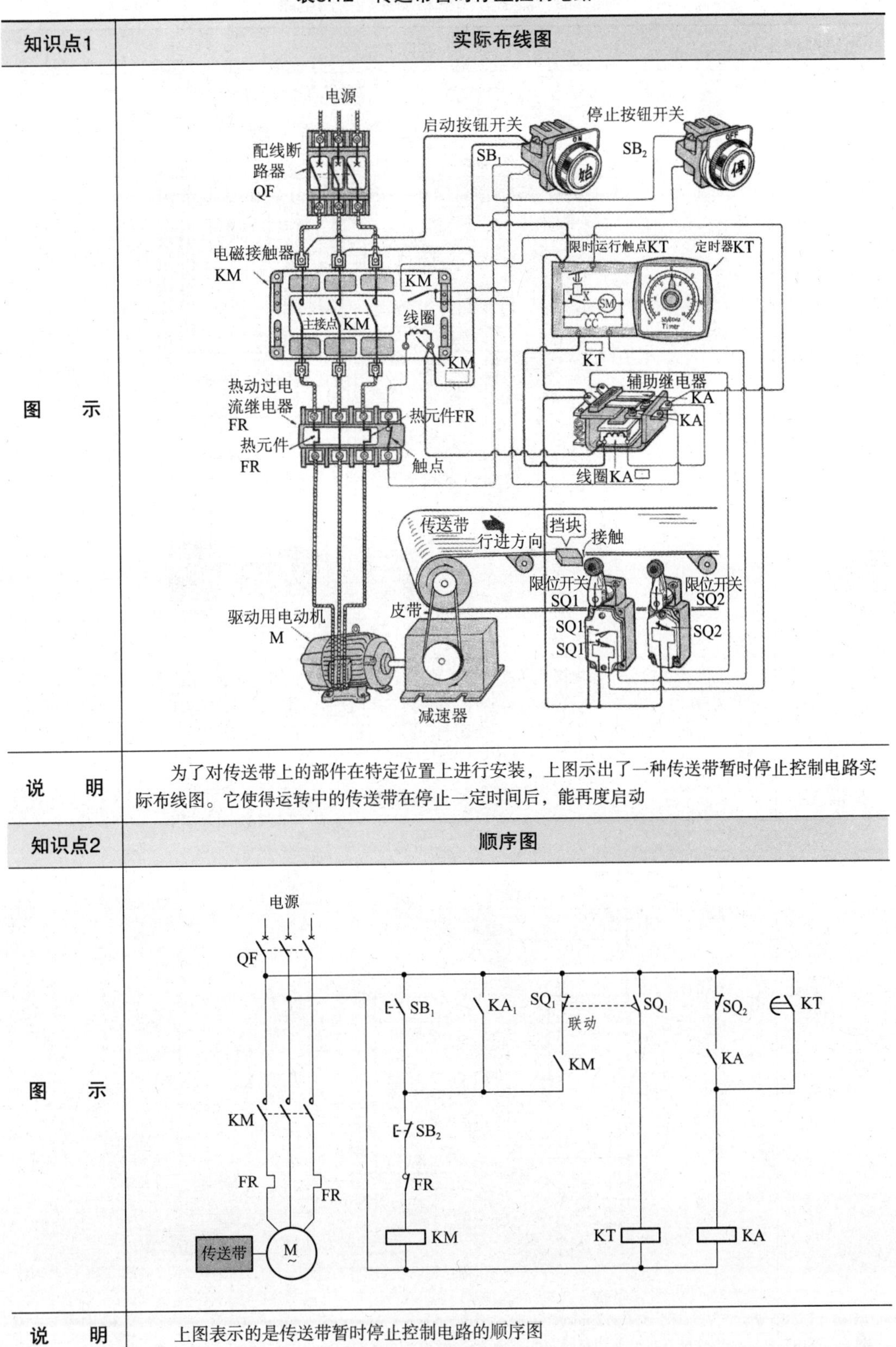

知识点1	实际布线图
图　示	（图）
说　明	为了对传送带上的部件在特定位置上进行安装，上图示出了一种传送带暂时停止控制电路实际布线图。它使得运转中的传送带在停止一定时间后，能再度启动
知识点2	**顺序图**
图　示	（图）
说　明	上图表示的是传送带暂时停止控制电路的顺序图

表8.13　货物升降机自动反转控制电路

知识点1	实际布线图
图　示	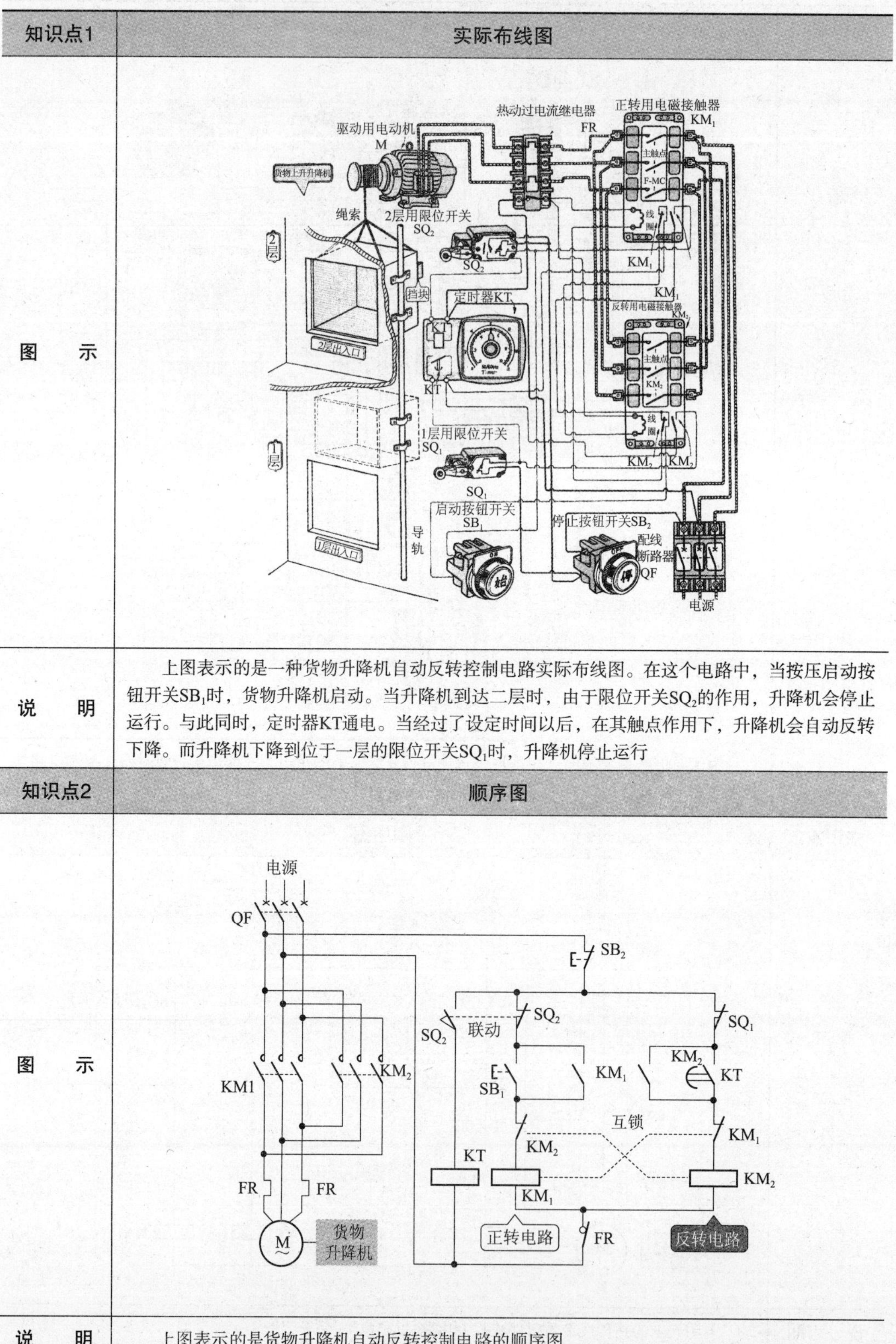
说　明	上图表示的是一种货物升降机自动反转控制电路实际布线图。在这个电路中，当按压启动按钮开关SB_1时，货物升降机启动。当升降机到达二层时，由于限位开关SQ_2的作用，升降机会停止运行。与此同时，定时器KT通电。当经过了设定时间以后，在其触点作用下，升降机会自动反转下降。而升降机下降到位于一层的限位开关SQ_1时，升降机停止运行
知识点2	顺序图
图　示	
说　明	上图表示的是货物升降机自动反转控制电路的顺序图

表8.14　泵的反复运转控制电路

知识点1	实际布线图
图　示	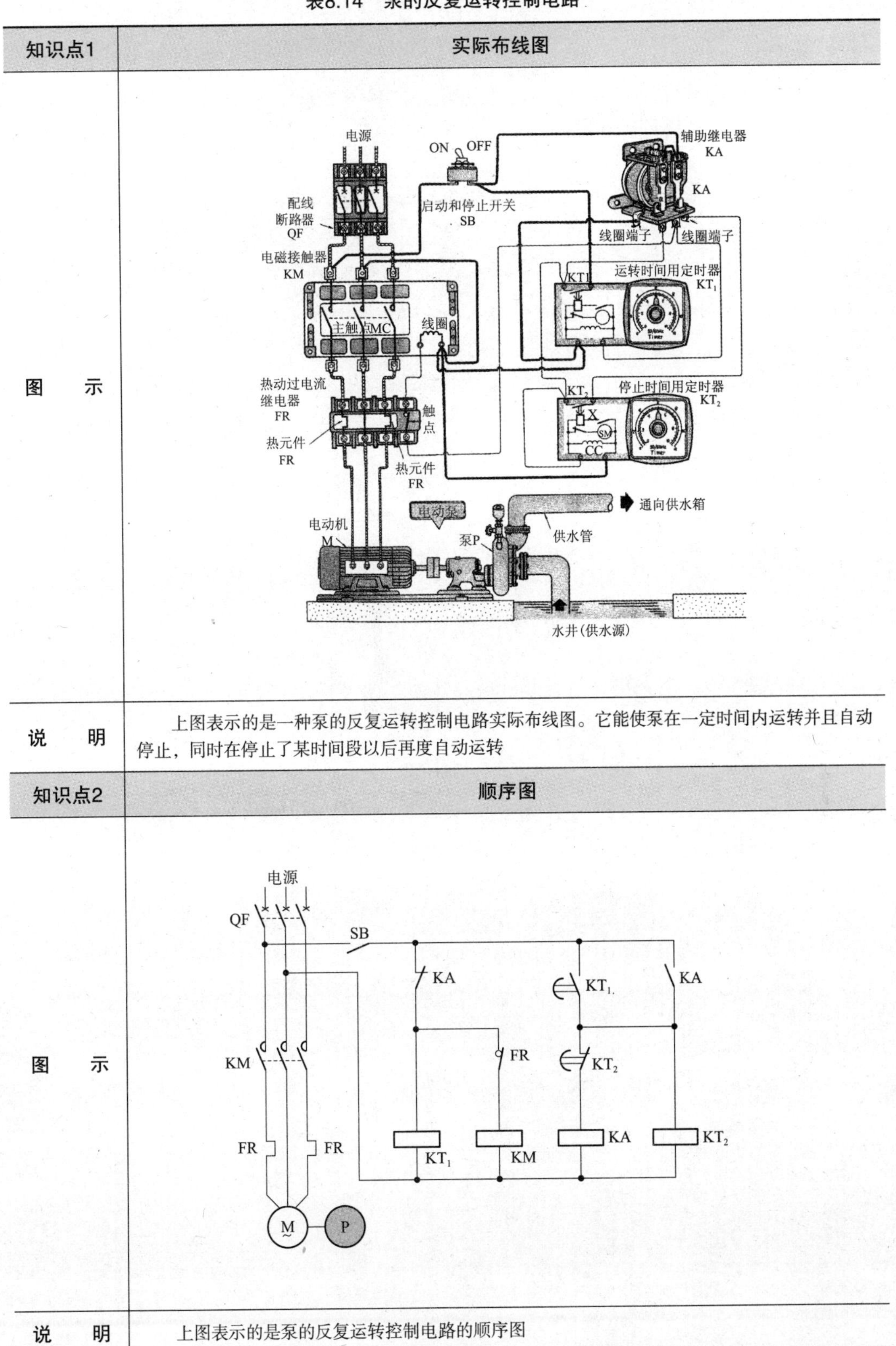
说　明	上图表示的是一种泵的反复运转控制电路实际布线图。它能使泵在一定时间内运转并且自动停止，同时在停止了某时间段以后再度自动运转
知识点2	顺序图
图　示	
说　明	上图表示的是泵的反复运转控制电路的顺序图

第9章

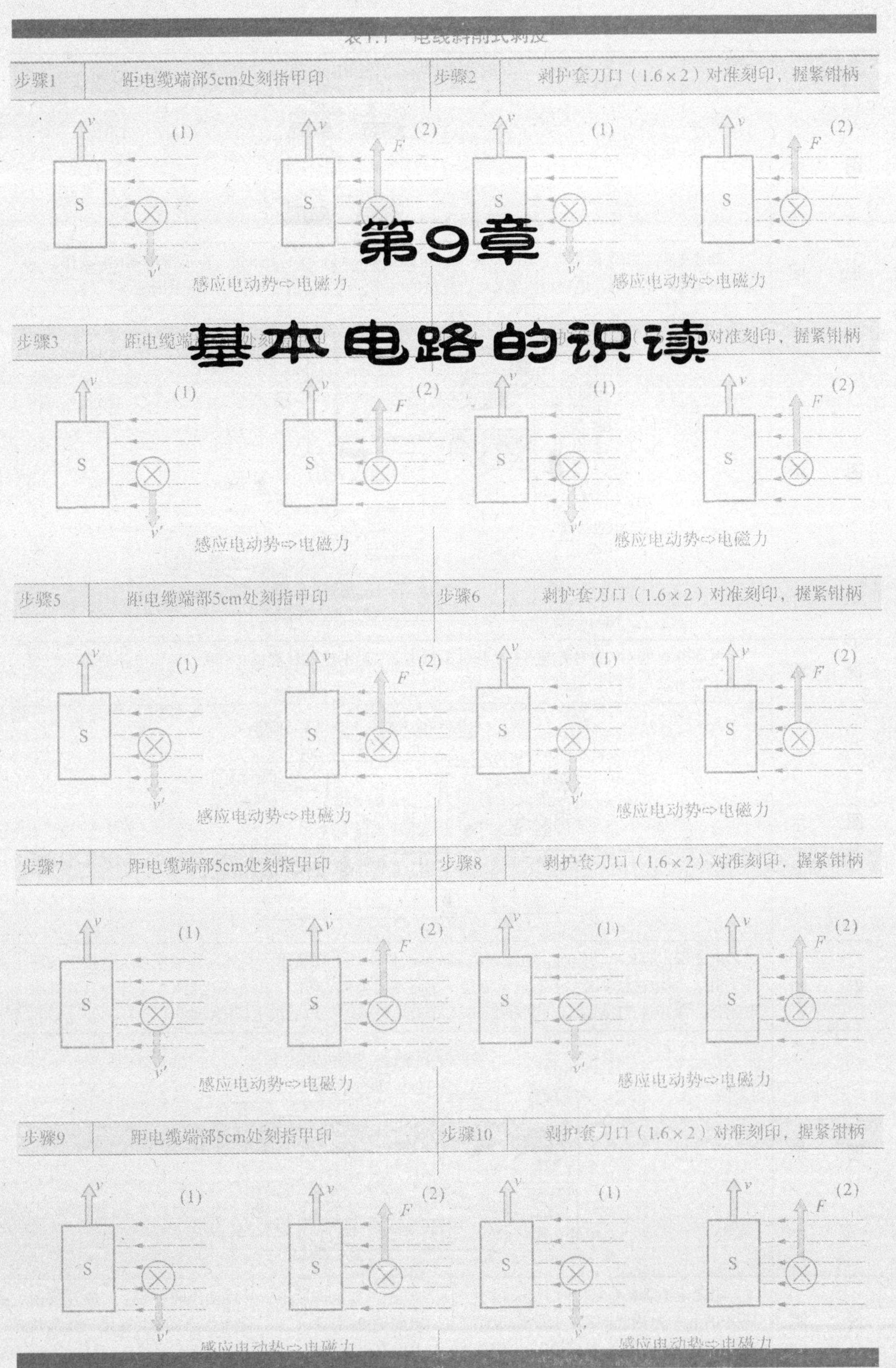

基本电路的识读

表9.1　动作电路和复位电路

知识点1	动作电路的动作和时序图
图　示	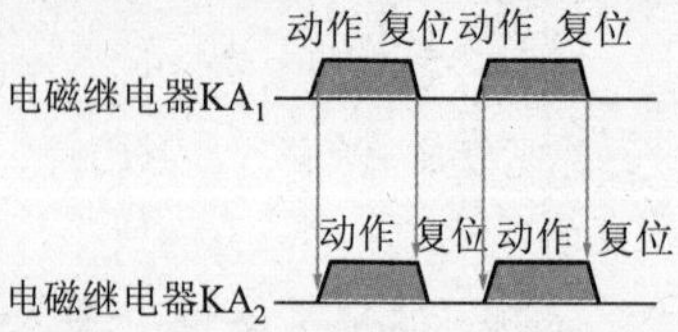
说　明	动作电路是指电磁继电器KA_1动作时，电磁线圈KA_2上有电流流过，电磁继电器KA_2动作；电磁继电器KA_1复位时，电磁继电器KA_2也复位的电路，动作电路的时序图如上图所示
图　示	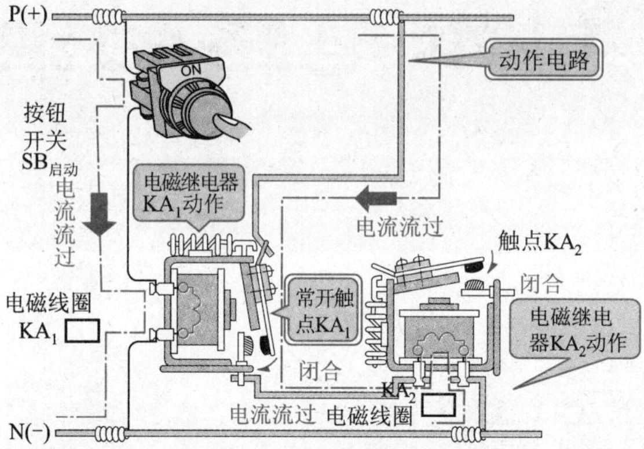
说　明	电磁继电器KA_1的常开触点KA_1和电磁继电器KA_2的电磁线圈KA_2串联，动作电路的实际配线图如上图所示
图　示	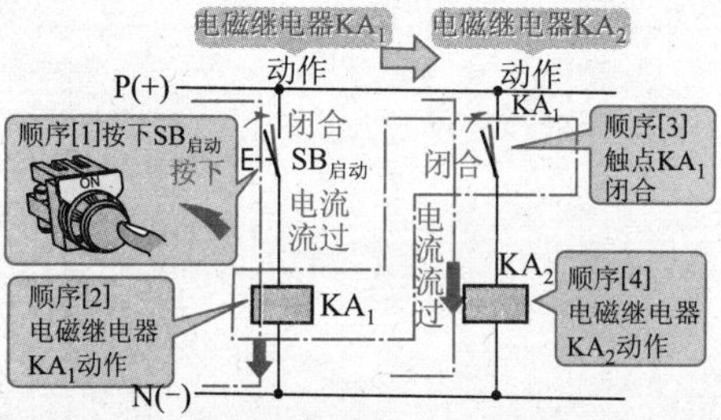
说　明	电磁继电器KA_1动作时，电磁继电器KA_2动作，如上图所示。具体动作顺序如下：按下按钮开关$SB_{启动}$→电磁线圈KA_1上有电流流过→电磁继电器KA_1动作，电磁继电器KA_1动作→其常开触点闭合，常开触点KA_1闭合→电磁线圈KA_2上有电流流过→电磁继电器KA_2动作
图　示	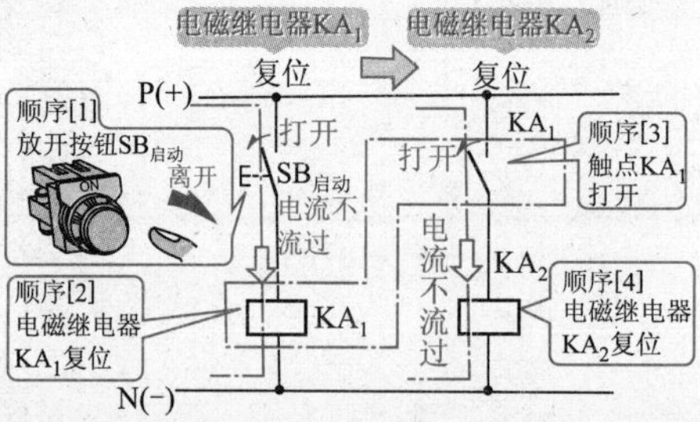
说　明	电磁继电器KA_1复位时，电磁继电器KA_2复位，如上图所示。具体动作顺序如下：放开按钮开关$SB_{启动}$→电磁线圈KA_1上没有电流流过→电磁继电器KA_1复位，电磁继电器KA_1复位→其常开触点打开，常开触点KA_1打开→电磁线圈KA_2上没有电流流过→电磁继电器KA_2复位

续表9.1

知识点2	复位电路的动作和时序图
图 示	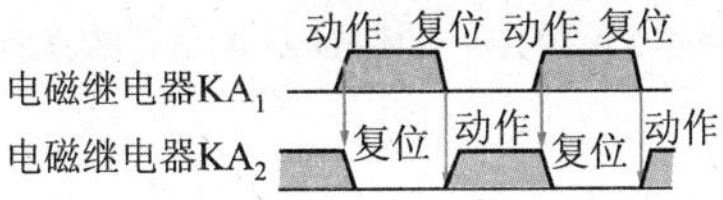 动作 复位 动作 复位 电磁继电器KA_1 电磁继电器KA_2 复位 动作 复位 动作
说 明	复位电路是指电磁继电器KA_1动作时，通过常闭触点使电磁继电器KA_2的动作回路断开，电磁继电器KA_2复位；电磁继电器KA_1复位时，通过常闭触点使电磁继电器KA_2的动作回路闭合，电磁继电器KA_2动作。因复位电路对应电磁继电器KA_1，电磁继电器KA_2取其反动作，具有否定含义，故也称为NOT电路，复位电路的时序图如上图所示
图 示	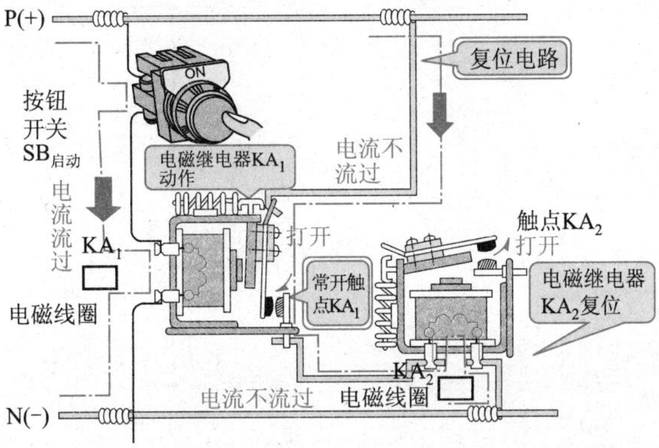 P(+) 复位电路 按钮开关$SB_{启动}$ 电磁继电器KA_1动作 电流不流过 电流流过 KA_1 打开 常开触点KA_1 触点KA_2打开 电磁继电器KA_2复位 电磁线圈 KA_2 电流不流过 电磁线圈 N(−)
说 明	电磁继电器KA_1的常闭触点与电磁继电器KA_2的电磁线圈串联，复位电路的实际配线图如上图所示
图 示	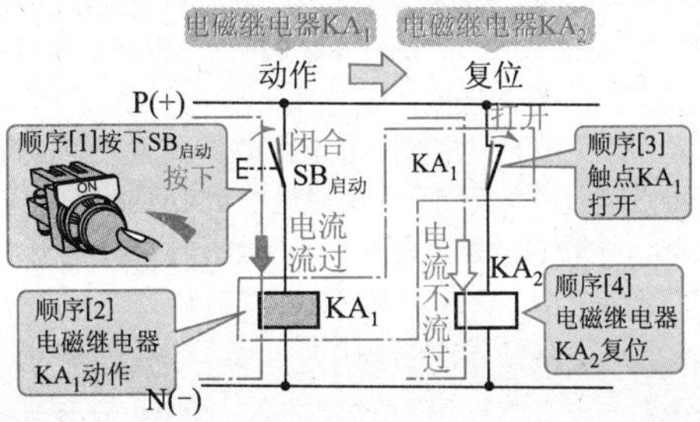 电磁继电器KA_1 电磁继电器KA_2 动作 复位 P(+) 顺序[1]按下$SB_{启动}$ 按下 闭合 $SB_{启动}$ 打开 KA_1 顺序[3]触点KA_1打开 电流流过 电流不流过 KA_2 顺序[4]电磁继电器KA_2复位 KA_1 顺序[2]电磁继电器KA_1动作 N(−)
说 明	电磁继电器KA_1动作时，电磁继电器KA_2复位，如上图所示。具体动作顺序如下：按下按钮开关$SB_{启动}$→电磁线圈KA_1上有电流流过→电磁继电器KA_1动作，电磁继电器KA_1动作→其常闭触点打开，常闭触点KA_1打开→电磁线圈KA_2上无电流流过→电磁继电器KA_2复位
图 示	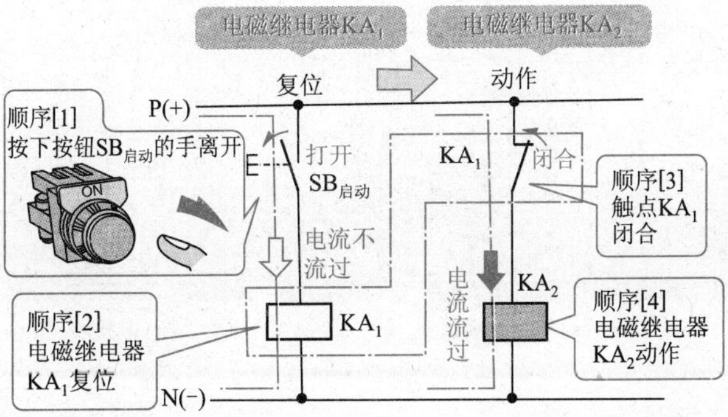 电磁继电器KA_1 电磁继电器KA_2 复位 动作 顺序[1]按下按钮$SB_{启动}$的手离开 P(+) 打开 $SB_{启动}$ KA_1 闭合 顺序[3]触点KA_1闭合 电流不流过 电流流过 KA_2 顺序[4]电磁继电器KA_2动作 KA_1 顺序[2]电磁继电器KA_1复位 N(−)

续表9.1

说 明	电磁继电器KA_1复位时，电磁继电器KA_2动作，如上图所示。具体动作顺序如下：放开按钮开关$SB_{启动}$→电磁线圈KA_1上无电流流过→电磁继电器KA_1复位，电磁继电器KA_1复位→其常闭触点闭合，常闭触点KA_1闭合→电磁线圈KA_2上有电流流过→电磁继电器KA_2动作

表9.2 触点串联电路

知识点1 常开触点串联电路的动作方式

图 示

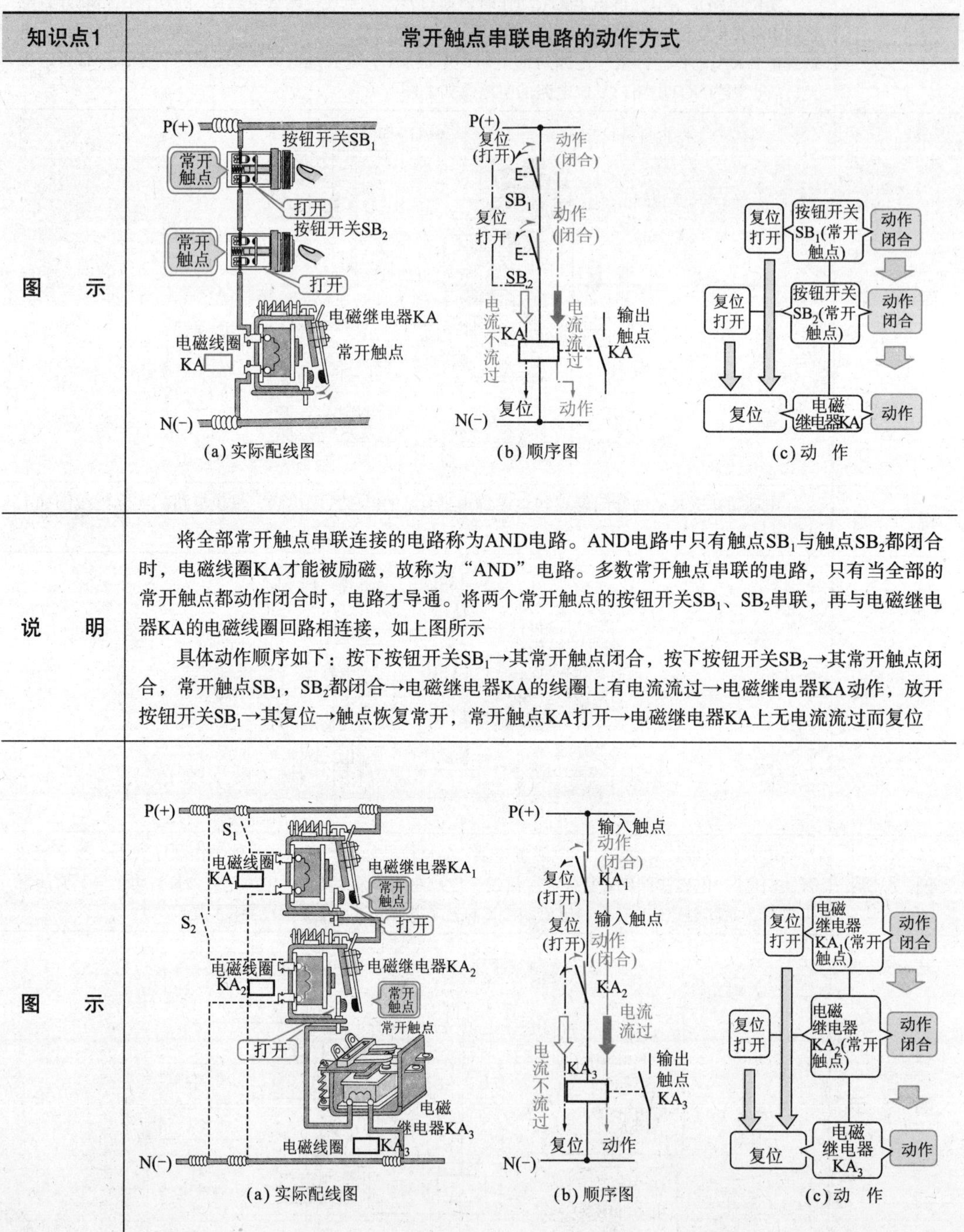

(a) 实际配线图 (b) 顺序图 (c) 动 作

说 明

将全部常开触点串联连接的电路称为AND电路。AND电路中只有触点SB_1与触点SB_2都闭合时，电磁线圈KA才能被励磁，故称为“AND”电路。多数常开触点串联的电路，只有当全部的常开触点都动作闭合时，电路才导通。将两个常开触点的按钮开关SB_1、SB_2串联，再与电磁继电器KA的电磁线圈回路相连接，如上图所示

具体动作顺序如下：按下按钮开关SB_1→其常开触点闭合，按下按钮开关SB_2→其常开触点闭合，常开触点SB_1，SB_2都闭合→电磁继电器KA的线圈上有电流流过→电磁继电器KA动作，放开按钮开关SB_1→其复位→触点恢复常开，常开触点KA打开→电磁继电器KA上无电流流过而复位

图 示

(a) 实际配线图 (b) 顺序图 (c) 动 作

续表9.2

说　明	将电磁继电器KA_1的常开触点KA_1和电磁继电器KA_2的常开触点KA_2串联，再与电磁继电器KA_1的电磁线圈回路相连接，如上图所示 具体动作顺序如下：闭合开关S_1→电磁继电器KA_1动作→常开触点闭合，闭合开关S_2→电磁继电器KA_2动作→常开触点闭合，在常开触点KA_1，KA_2闭合时→电磁继电器KA_3的线圈上有电流流过→电磁继电器KA_3动作，打开开关S_1→电磁继电器KA_1复位→常开触点打开，常开触点KA_1打开→电磁继电器KA_3的线圈上无电流流过→电磁继电器KA_3复位
知识点2	**常闭触点串联电路的动作方式**
图　示	(a) 实际配线图　(b) 顺序图　(c) 动　作
说　明	多数常闭触点串联时，当其中任何一个常闭触点动作时，电路都不能导通。将常闭触点的按钮开关SB_1和SB_2串联，再与电磁继电器KA的电磁线圈回路相连接，如上图所示 具体动作顺序如下：按钮开关SB_1和SB_2都不按下时→常闭触点SB_1和SB_2都闭合→电磁线圈KA上有电流流过→电磁继电器KA动作，按下按钮开关SB_1和SB_2中任何一个时→电磁继电器KA的动作回路因常闭触点SB_1或SB_2打开而被切断→无电流流过→电磁继电器KA复位
图　示	(a) 实际配线图　(b) 顺序图　(c) 动　作
说　明	将电磁继电器KA_1的常闭触点KA_1和电磁继电器KA_2的常闭触点KA_2串联，再与电磁继电器KA_3的电磁线圈回路相连接，如上图所示 具体动作顺序如下：开关S_1和S_2都打开→电磁继电器KA_1和KA_2都复位→常闭触点KA_1和KA_2都闭合→电磁线圈KA_3上有电流流过→电磁继电器KA_3动作，开关S_1或S_2闭合时→电磁继电器KA_1或KA_2的任何一个动作→电磁继电器KA_3的动作回路因常闭触点KA_1或KA_2的打开而被切断→无电流流过→电磁继电器KA_3复位

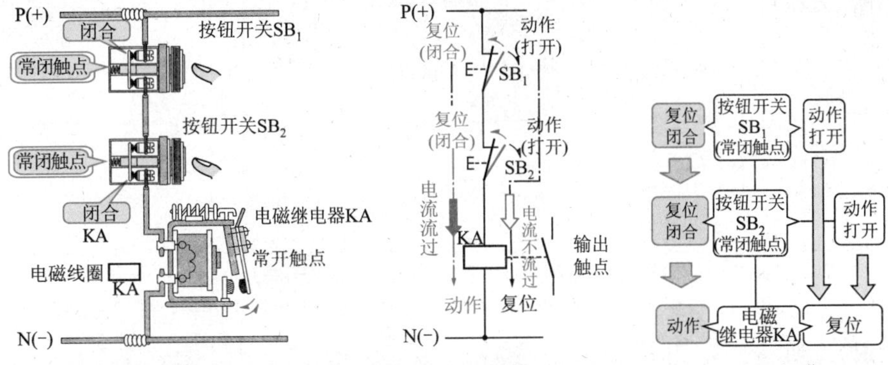

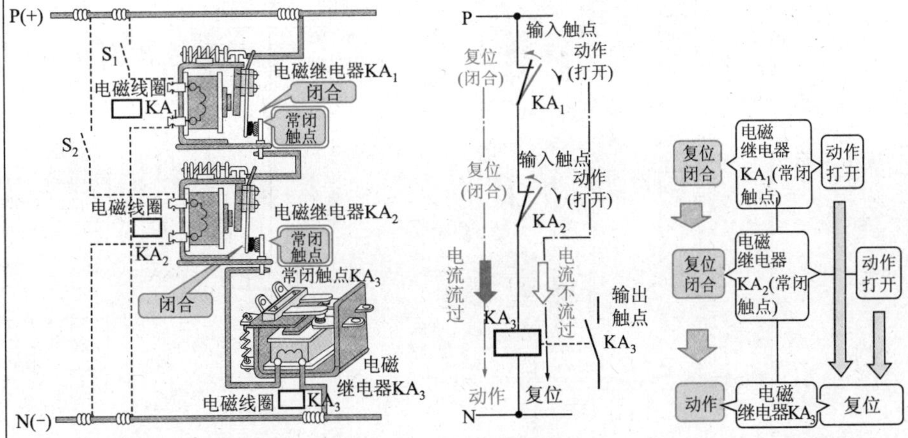

续表9.2

知识点3	常开触点、常闭触点串联电路的动作方式

图　示

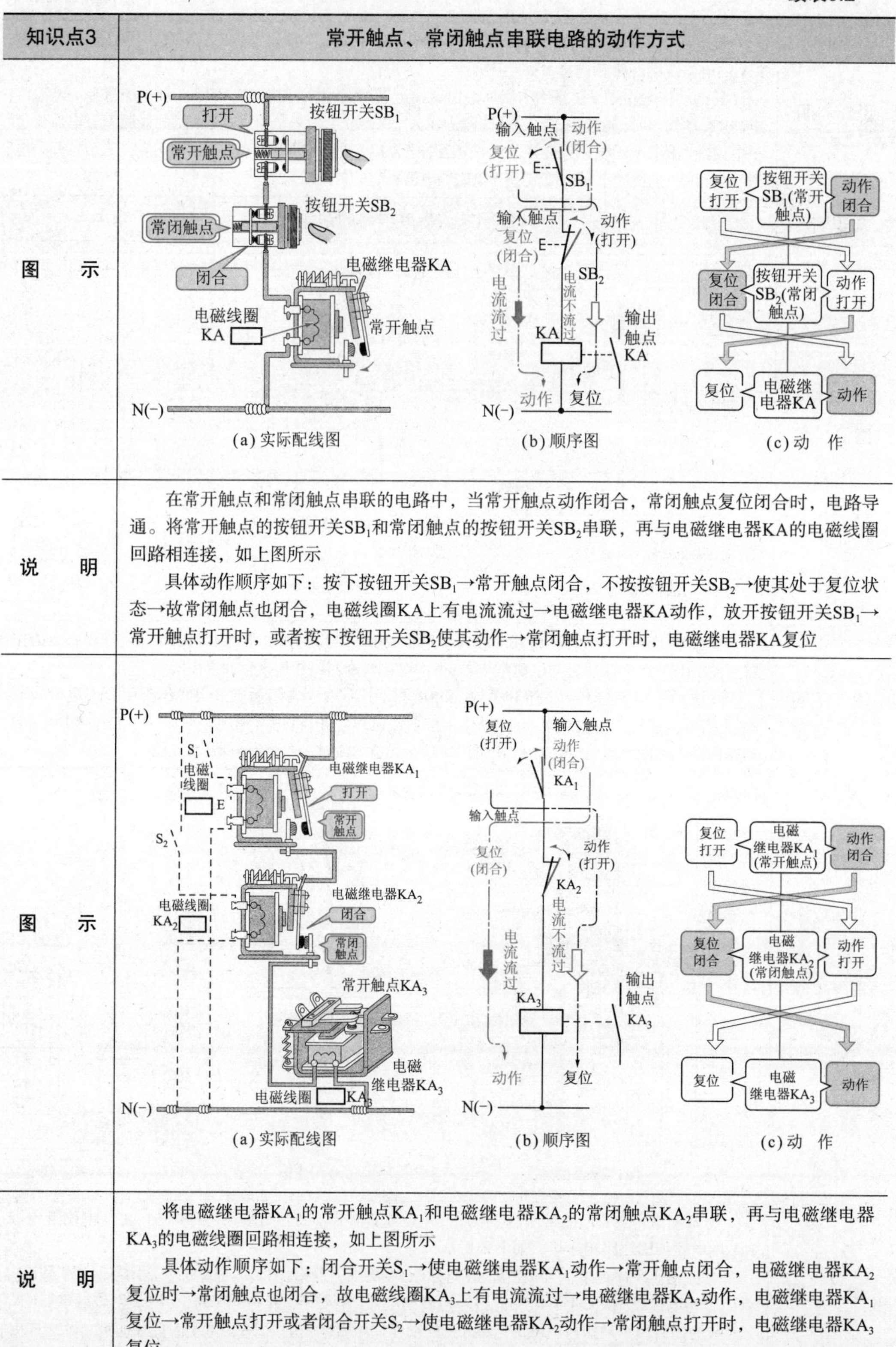

(a) 实际配线图　(b) 顺序图　(c) 动　作

说　明

在常开触点和常闭触点串联的电路中，当常开触点动作闭合，常闭触点复位闭合时，电路导通。将常开触点的按钮开关SB_1和常闭触点的按钮开关SB_2串联，再与电磁继电器KA的电磁线圈回路相连接，如上图所示

具体动作顺序如下：按下按钮开关SB_1→常开触点闭合，不按按钮开关SB_2→使其处于复位状态→故常闭触点也闭合，电磁线圈KA上有电流流过→电磁继电器KA动作，放开按钮开关SB_1→常开触点打开时，或者按下按钮开关SB_2使其动作→常闭触点打开时，电磁继电器KA复位

图　示

(a) 实际配线图　(b) 顺序图　(c) 动　作

说　明

将电磁继电器KA_1的常开触点KA_1和电磁继电器KA_2的常闭触点KA_2串联，再与电磁继电器KA_3的电磁线圈回路相连接，如上图所示

具体动作顺序如下：闭合开关S_1→使电磁继电器KA_1动作→常开触点闭合，电磁继电器KA_2复位时→常闭触点也闭合，故电磁线圈KA_3上有电流流过→电磁继电器KA_3动作，电磁继电器KA_1复位→常开触点打开或者闭合开关S_2→使电磁继电器KA_2动作→常闭触点打开时，电磁继电器KA_3复位

表9.3　触点并联电路

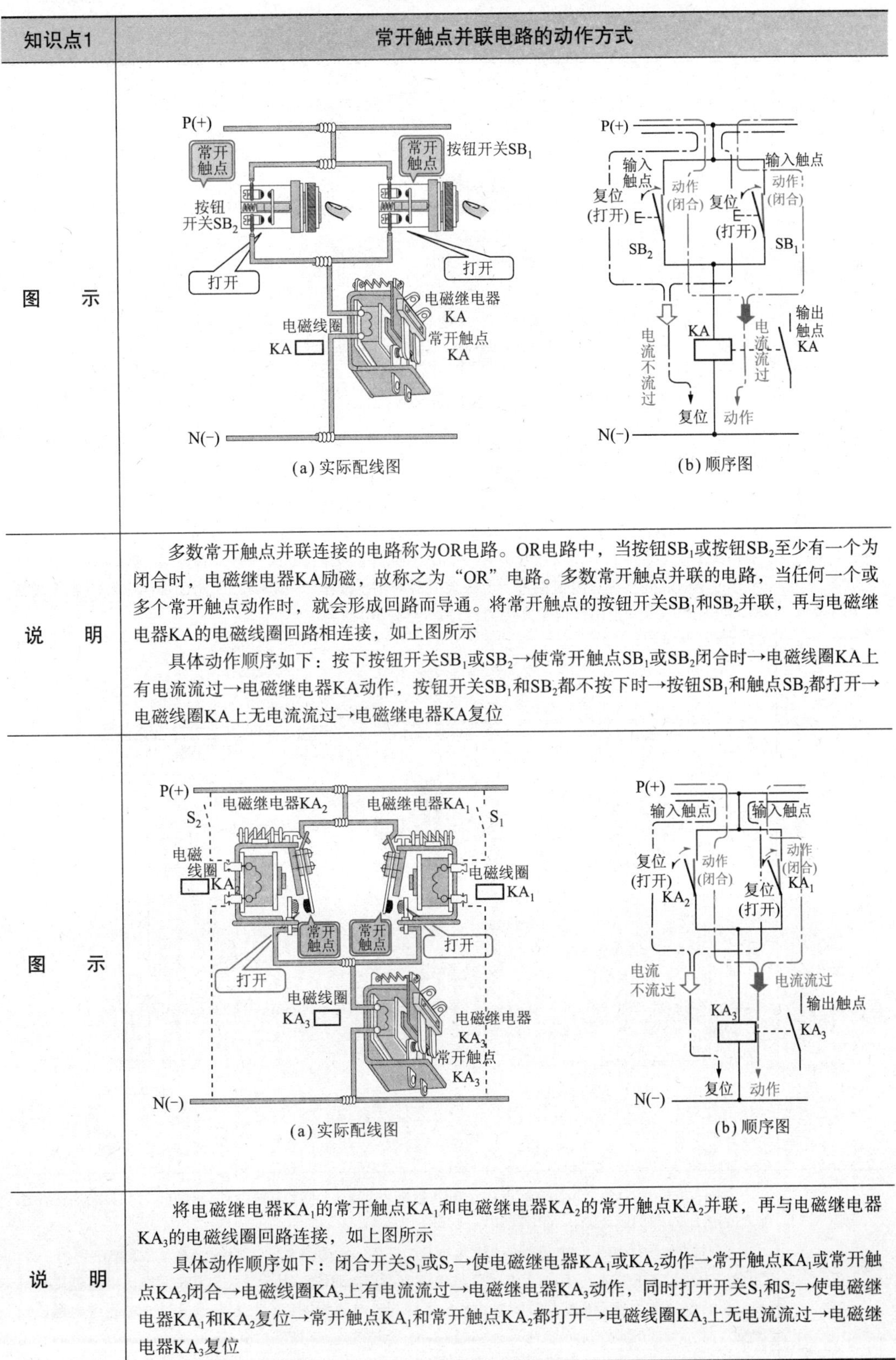

知识点1	常开触点并联电路的动作方式
图　示	(a) 实际配线图　(b) 顺序图
说　明	多数常开触点并联连接的电路称为OR电路。OR电路中，当按钮SB_1或按钮SB_2至少有一个为闭合时，电磁继电器KA励磁，故称之为“OR”电路。多数常开触点并联的电路，当任何一个或多个常开触点动作时，就会形成回路而导通。将常开触点的按钮开关SB_1和SB_2并联，再与电磁继电器KA的电磁线圈回路相连接，如上图所示 具体动作顺序如下：按下按钮开关SB_1或SB_2→使常开触点SB_1或SB_2闭合时→电磁线圈KA上有电流流过→电磁继电器KA动作，按钮开关SB_1和SB_2都不按下时→按钮SB_1和触点SB_2都打开→电磁线圈KA上无电流流过→电磁继电器KA复位
图　示	(a) 实际配线图　(b) 顺序图
说　明	将电磁继电器KA_1的常开触点KA_1和电磁继电器KA_2的常开触点KA_2并联，再与电磁继电器KA_3的电磁线圈回路连接，如上图所示 具体动作顺序如下：闭合开关S_1或S_2→使电磁继电器KA_1或KA_2动作→常开触点KA_1或常开触点KA_2闭合→电磁线圈KA_3上有电流流过→电磁继电器KA_3动作，同时打开开关S_1和S_2→使电磁继电器KA_1和KA_2复位→常开触点KA_1和常开触点KA_2都打开→电磁线圈KA_3上无电流流过→电磁继电器KA_3复位

续表9.3

知识点2	常闭触点并联电路的动作方式
图　示	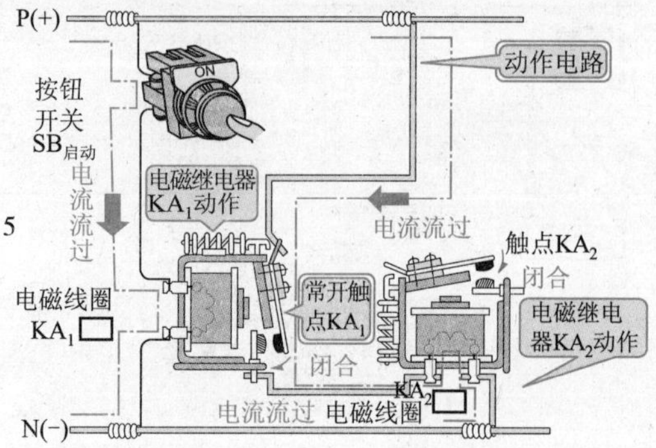
说　明	多数的常闭触点并联的电路，只有当全部的常闭触点都动作时，电路才不导通。将常闭触点的按钮开关SB_1和SB_2并联，再与电磁继电器KA_1和KA_2的电磁线圈回路连接，如上图所示 具体动作顺序如下：按钮开关SB_1或SB_2任何一个动作打开时→常开触点SB_1或SB_2中还有一个闭合→电磁线圈上仍有电流流过→电磁继电器动作，按钮开关SB_1和SB_2两个都动作时→常开触点SB_1和SB_2都打开→电磁线圈上无电流流过→电磁继电器复位
图　示	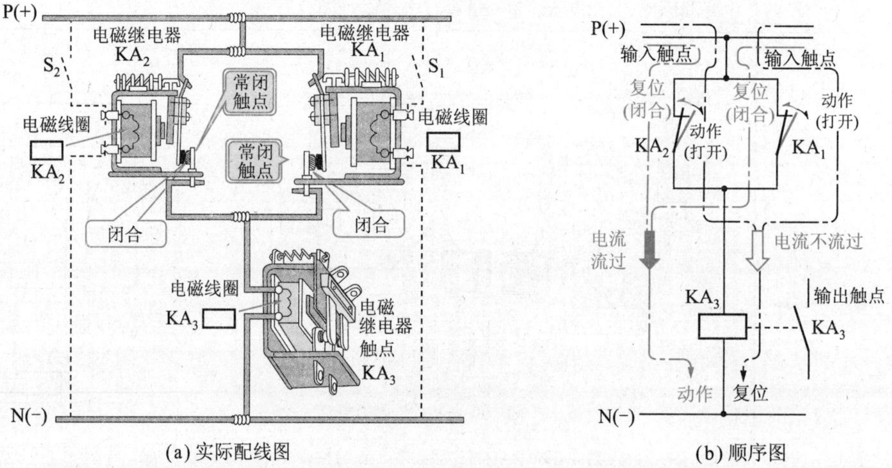 (a) 实际配线图　　(b) 顺序图
说　明	将电磁继电器KA_1的常闭触点KA_1和电磁继电器KA_2的常闭触点KA_2并联，再与电磁继电器KA_3的电磁线圈回路连接，如上图所示 具体动作顺序如下：电磁继电器KA_1或KA_2任何一个动作时→常闭触点KA_1或KA_2中还有一个闭合→电磁线圈KA_3上仍有电流流过→电磁继电器KA_3动作，闭合开关S_1和S_2使电磁继电器KA_1和KA_2都动作→常闭触点KA_1和常闭触点KA_2都打开→电磁线圈KA_3上无电流流过→电磁继电器KA_3复位

续表9.3

知识点3	常开触点、常闭触点并联电路的动作方式
图示	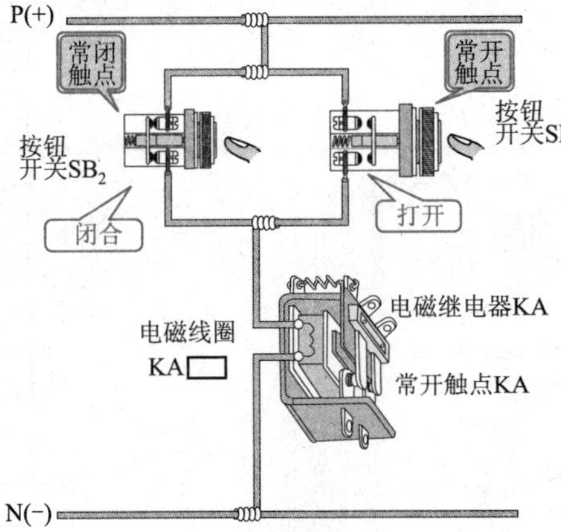 (a) 实际配线图 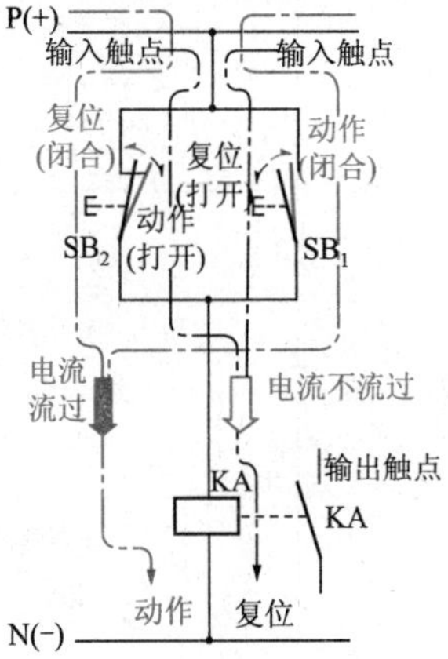 (b) 顺序图
说明	常开触点和常闭触点并联的电路，当常开触点动作闭合或常闭触点复位闭合时，电路导通。将常开触点的按钮开关SB_1和常闭触点的按钮开关SB_2相并联，再与电磁继电器KA的电磁线圈相连接，如上图所示 具体动作顺序如下：按下按钮开关SB_1→常开触点闭合时，或者按钮开关SB_2复位→常闭触点闭合时，电磁线圈KA上都有电流流过→电磁继电器KA动作，当按钮开关SB_1复位→常开触点SB_1打开的同时使按钮开关SB_2动作→常闭触点打开，电磁线圈KA上无电流流过→电磁继电器KA复位
图示	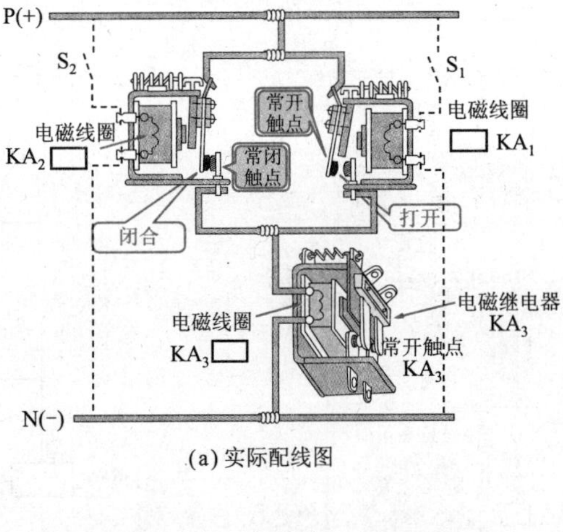 (a) 实际配线图 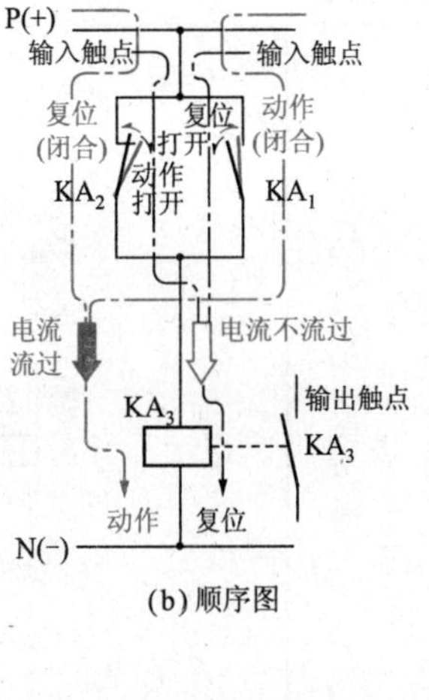 (b) 顺序图
说明	将电磁继电器KA_1的常开触点和电磁继电器KA_2的常闭触点并联，再与电磁继电器KA_3的电磁线圈回路连接，如上图所示 具体动作顺序如下：闭合开关S_1→电磁继电器KA_1动作→常开触点KA_1闭合，或者是电磁继电器KA_2复位→常闭触点KA_2闭合，电磁线圈KA_3上都有电流流过→电磁继电器KA_3动作，打开开关S_1使电磁继电器KA_1复位→常开触点KA_1打开的同时闭合开关S_2使电磁继电器KA_2动作→常闭触点KA_2打开→电磁线圈KA_3上就无电流流过→电磁继电器KA_3复位

表9.4　自保电路

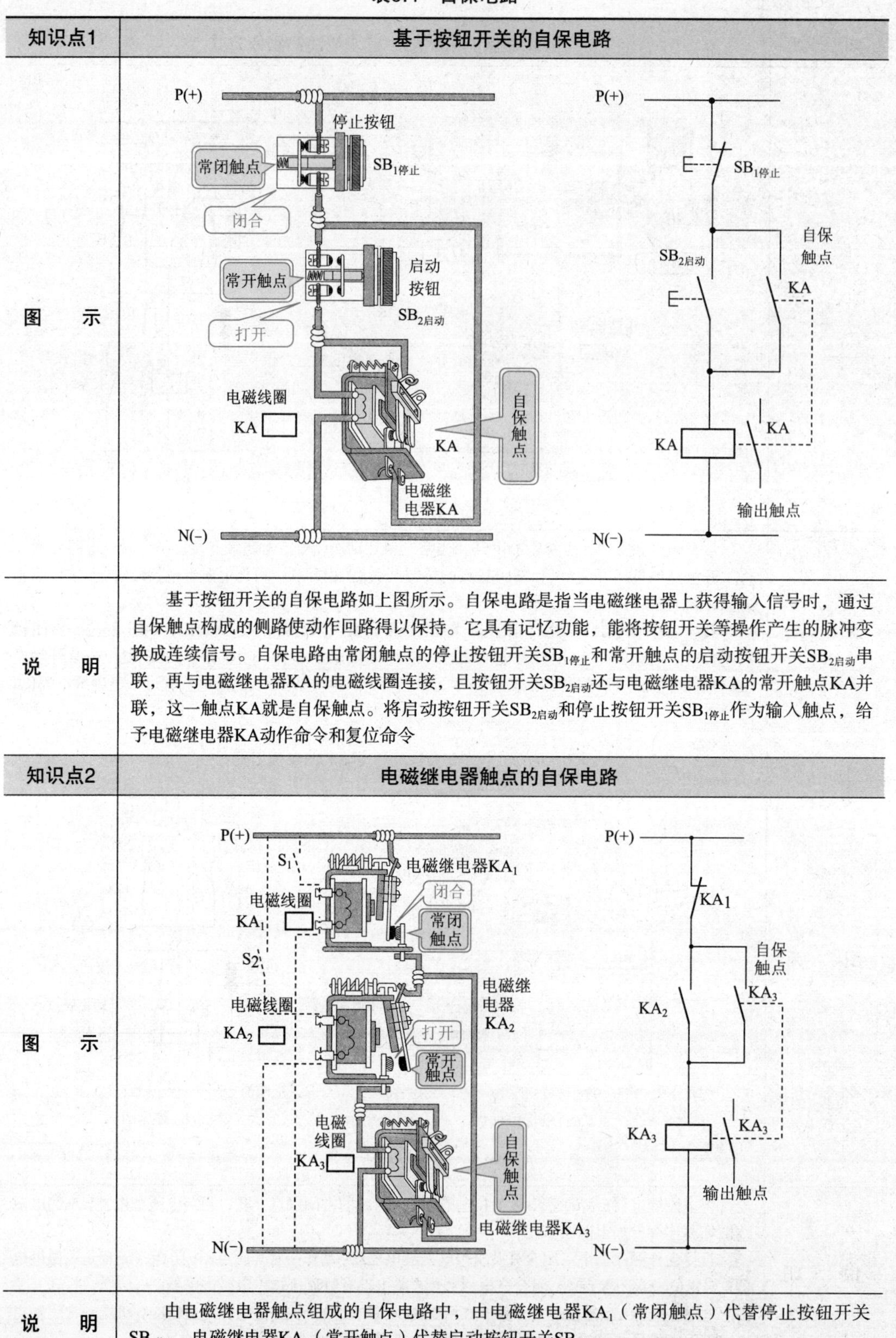

知识点1	基于按钮开关的自保电路
图　示	
说　明	基于按钮开关的自保电路如上图所示。自保电路是指当电磁继电器上获得输入信号时，通过自保触点构成的侧路使动作回路得以保持。它具有记忆功能，能将按钮开关等操作产生的脉冲变换成连续信号。自保电路由常闭触点的停止按钮开关$SB_{1停止}$和常开触点的启动按钮开关$SB_{2启动}$串联，再与电磁继电器KA的电磁线圈连接，且按钮开关$SB_{2启动}$还与电磁继电器KA的常开触点KA并联，这一触点KA就是自保触点。将启动按钮开关$SB_{2启动}$和停止按钮开关$SB_{1停止}$作为输入触点，给予电磁继电器KA动作命令和复位命令
知识点2	电磁继电器触点的自保电路
图　示	
说　明	由电磁继电器触点组成的自保电路中，由电磁继电器KA_1（常闭触点）代替停止按钮开关$SB_{1停止}$，电磁继电器KA_2（常开触点）代替启动按钮开关$SB_{2启动}$

续表9.4

<table>
<tr><th>知识点3</th><th>自保电路的启动和停止</th></tr>
<tr><td>图　示</td><td>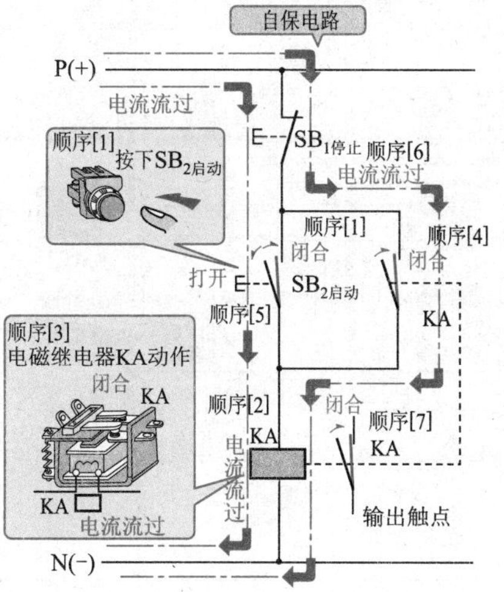
</td></tr>
<tr><td>说　明</td><td>自保电路的启动顺序动作如上图所示。具体动作顺序如下：按下启动按钮开关$SB_{2启动}$，按下$SB_{2启动}$时→常开触点闭合→电磁线圈KA上有电流流过→电磁继电器KA动作→与$SB_{2启动}$相并联的常开触点KA闭合，放开按下$SB_{2启动}$的按钮→$SB_{2启动}$复位→即使常开触点打开，通过电磁线圈KA的自保常开触点KA，仍有电流流过，电磁继电器KA保持动作，电磁继电器KA的输出常开触点KA闭合</td></tr>
<tr><td>图　示</td><td>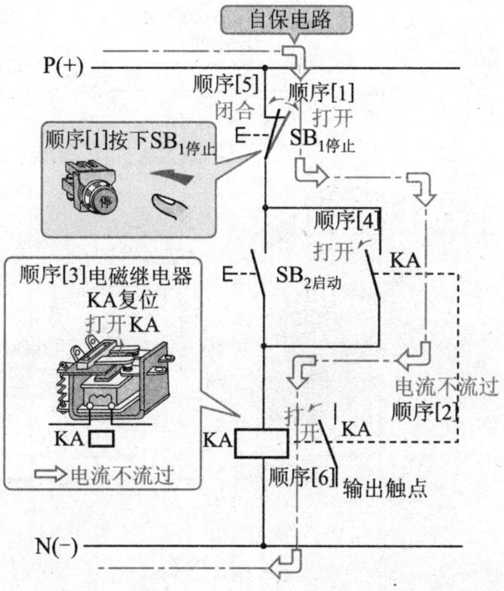
</td></tr>
<tr><td>说　明</td><td>自保电路的停止顺序动作如上图所示。具体动作顺序如下：按下停止按钮开关$SB_{1停止}$，按下$SB_{1停止}$时→常闭触点打开→电磁线圈KA上无电流流过→电磁继电器KA复位，因电磁继电器复位，与$SB_{2启动}$并联的自保常开触点KA打开，放开按钮$SB_{2启动}$，使之复位，$SB_{1停止}$复位后，此时即使常闭触点闭合，因自保触点KA已打开，电磁线圈KA上仍无电流流过，电磁继电器KA仍复位，电磁继电器KA的输出触点KA打开</td></tr>
</table>

表9.5 互锁电路

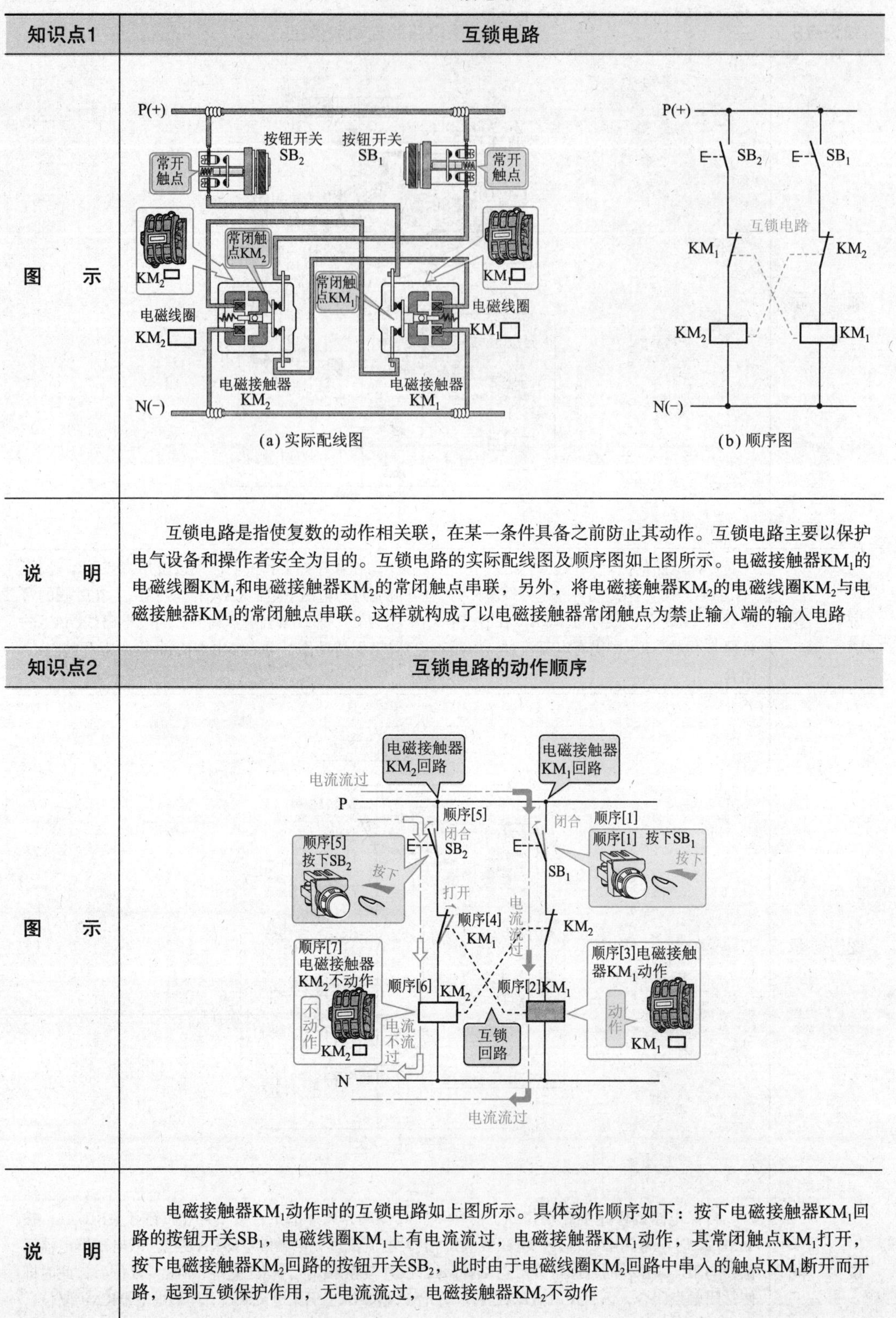

知识点1	互锁电路
图　示	(a) 实际配线图　　(b) 顺序图
说　明	互锁电路是指使复数的动作相关联，在某一条件具备之前防止其动作。互锁电路主要以保护电气设备和操作者安全为目的。互锁电路的实际配线图及顺序图如上图所示。电磁接触器KM_1的电磁线圈KM_1和电磁接触器KM_2的常闭触点串联，另外，将电磁接触器KM_2的电磁线圈KM_2与电磁接触器KM_1的常闭触点串联。这样就构成了以电磁接触器常闭触点为禁止输入端的输入电路
知识点2	**互锁电路的动作顺序**
图　示	
说　明	电磁接触器KM_1动作时的互锁电路如上图所示。具体动作顺序如下：按下电磁接触器KM_1回路的按钮开关SB_1，电磁线圈KM_1上有电流流过，电磁接触器KM_1动作，其常闭触点KM_1打开，按下电磁接触器KM_2回路的按钮开关SB_2，此时由于电磁线圈KM_2回路中串入的触点KM_1断开而开路，起到互锁保护作用，无电流流过，电磁接触器KM_2不动作

续表9.5

<table>
<tr><td>图　示</td><td>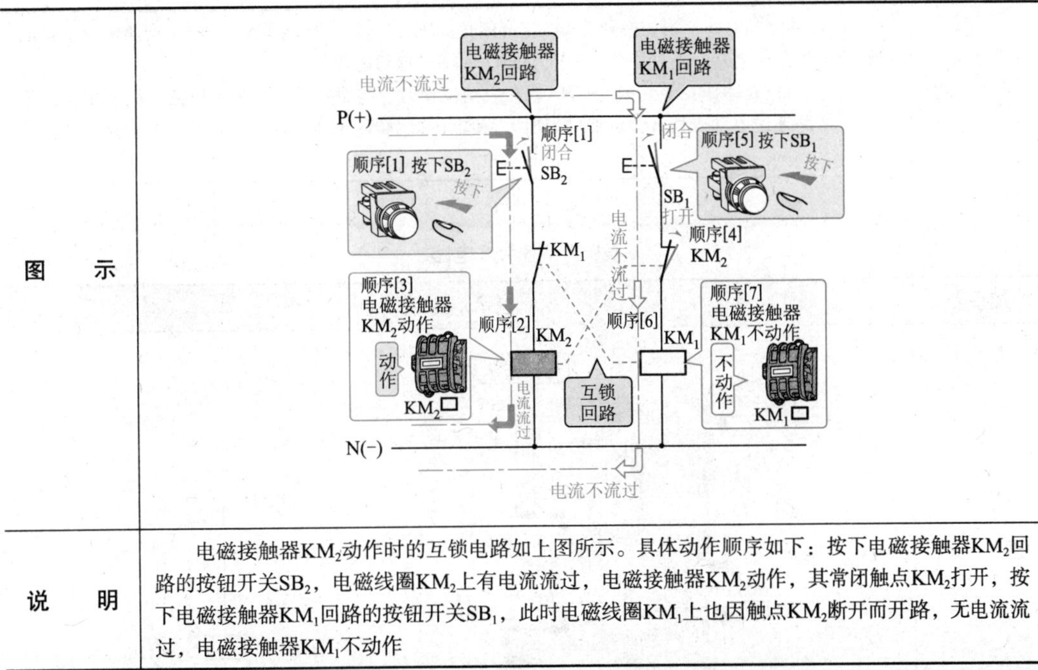
</td></tr>
<tr><td>说　明</td><td>电磁接触器KM_2动作时的互锁电路如上图所示。具体动作顺序如下：按下电磁接触器KM_2回路的按钮开关SB_2，电磁线圈KM_2上有电流流过，电磁接触器KM_2动作，其常闭触点KM_2打开，按下电磁接触器KM_1回路的按钮开关SB_1，此时电磁线圈KM_1上也因触点KM_2断开而开路，无电流流过，电磁接触器KM_1不动作</td></tr>
</table>

表9.6　选择电路

<table>
<tr><th>知识点</th><th>选择电路</th></tr>
<tr><td>图　示</td><td>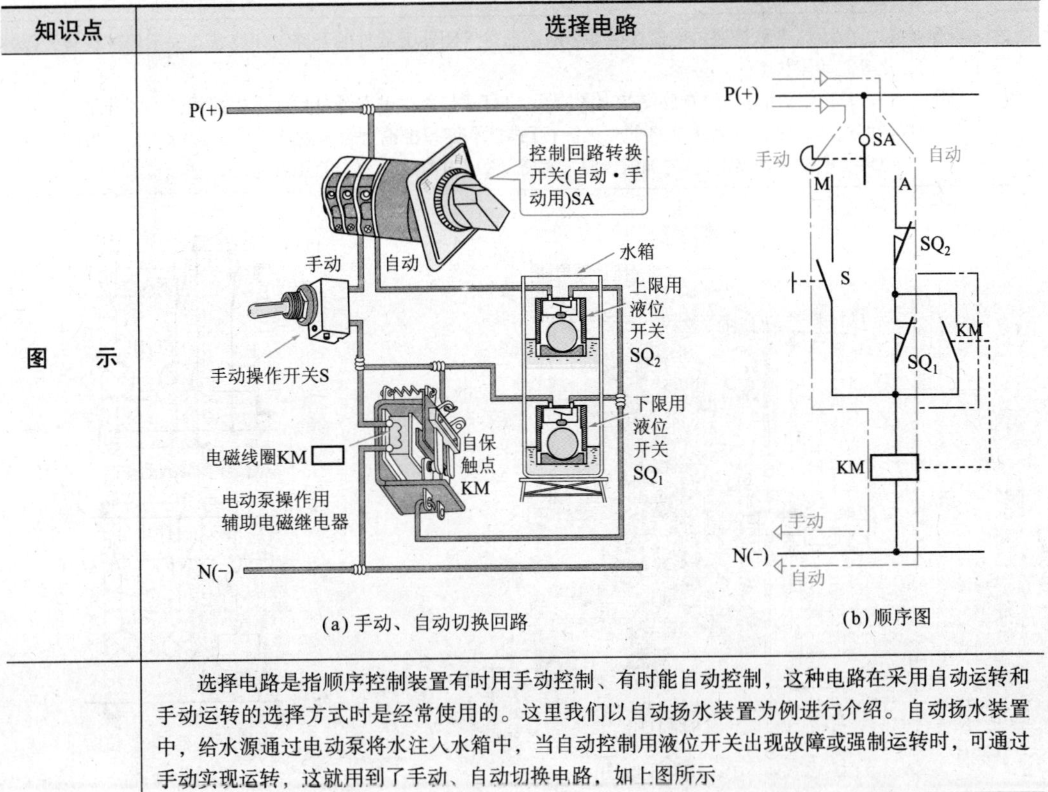

(a) 手动、自动切换回路　　(b) 顺序图</td></tr>
<tr><td></td><td>选择电路是指顺序控制装置有时用手动控制、有时能自动控制，这种电路在采用自动运转和手动运转的选择方式时是经常使用的。这里我们以自动扬水装置为例进行介绍。自动扬水装置中，给水源通过电动泵将水注入水箱中，当自动控制用液位开关出现故障或强制运转时，可通过手动实现运转，这就用到了手动、自动切换电路，如上图所示</td></tr>
</table>

续表9.6

说 明	① 自动位置动作：当切换开关SA放在自动位置时，与触点自动（A）连接，回路闭合，自动侧回路成为自保电路，通过液位开关SQ_2和SQ_1保持“自动运转” ② 手动位置动作：当切换开关SA放在手动位置时，与触点手动（M）连接，回路闭合，手动位置回路通过手动操作开关S的通断动作，使电磁接触器KM线圈吸合、释放，电动泵可“手动运转”

表9.7 指示灯电路

知识点	指示灯电路
图 示	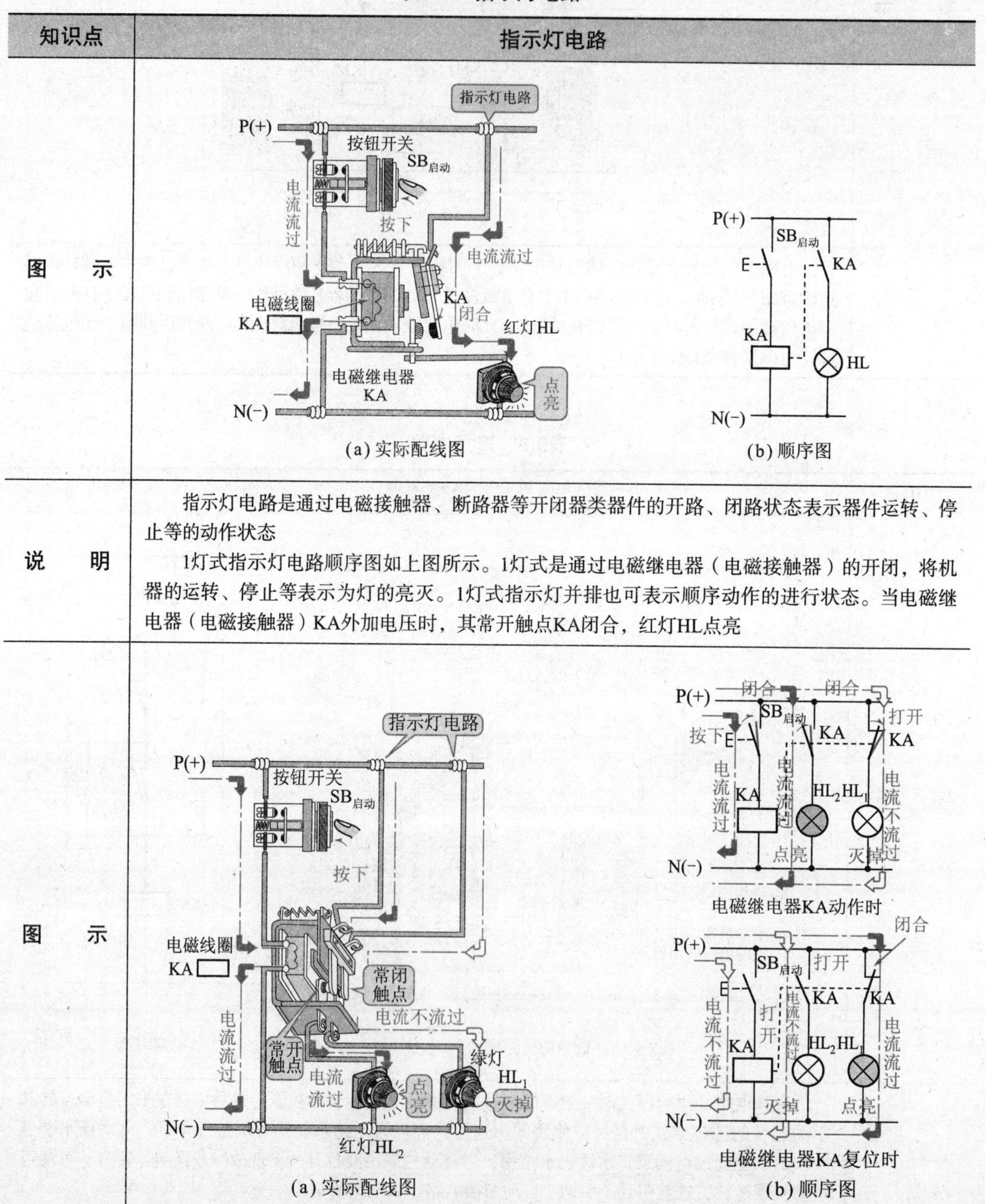(a) 实际配线图 (b) 顺序图
说 明	指示灯电路是通过电磁接触器、断路器等开闭器类器件的开路、闭路状态表示器件运转、停止等的动作状态 1灯式指示灯电路顺序图如上图所示。1灯式是通过电磁继电器（电磁接触器）的开闭，将机器的运转、停止等表示为灯的亮灭。1灯式指示灯并排也可表示顺序动作的进行状态。当电磁继电器（电磁接触器）KA外加电压时，其常开触点KA闭合，红灯HL点亮
图 示	(a) 实际配线图 (b) 顺序图

续表9.7

说　明	2灯式是通过电磁继电器（电磁接触器）的开闭，将机器的运转、停止等状态用2个灯来表示，如上图所示。电磁继电器（电磁接触器）KA动作时，红灯HL_2点亮，绿灯HL_1灭，表示电磁继电器处于闭合状态。电磁继电器（电磁接触器）KA复位时，绿灯HL_1点亮，红灯HL_2灭，表示电磁继电器处于打开状态

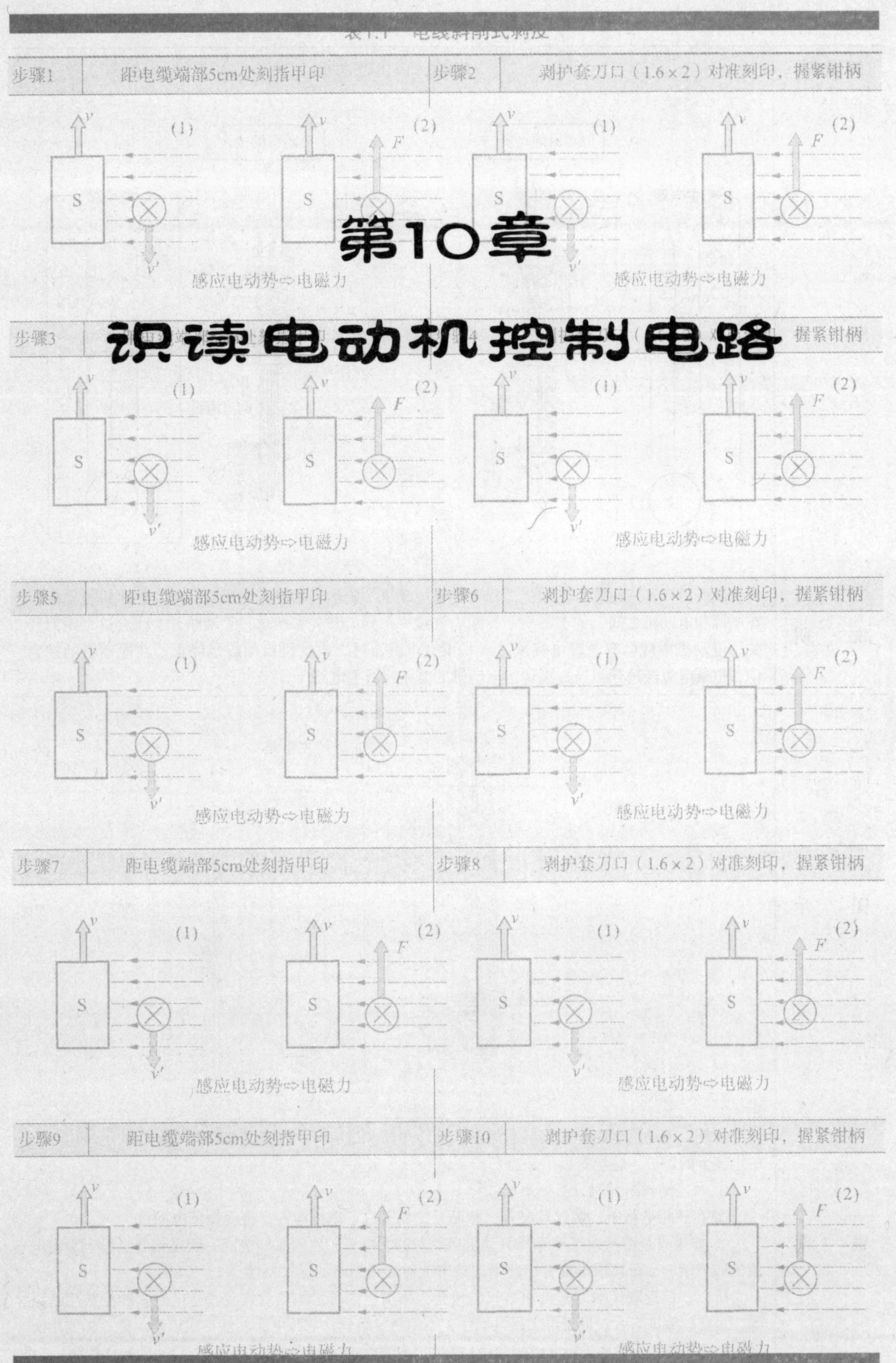

第10章 识读电动机控制电路

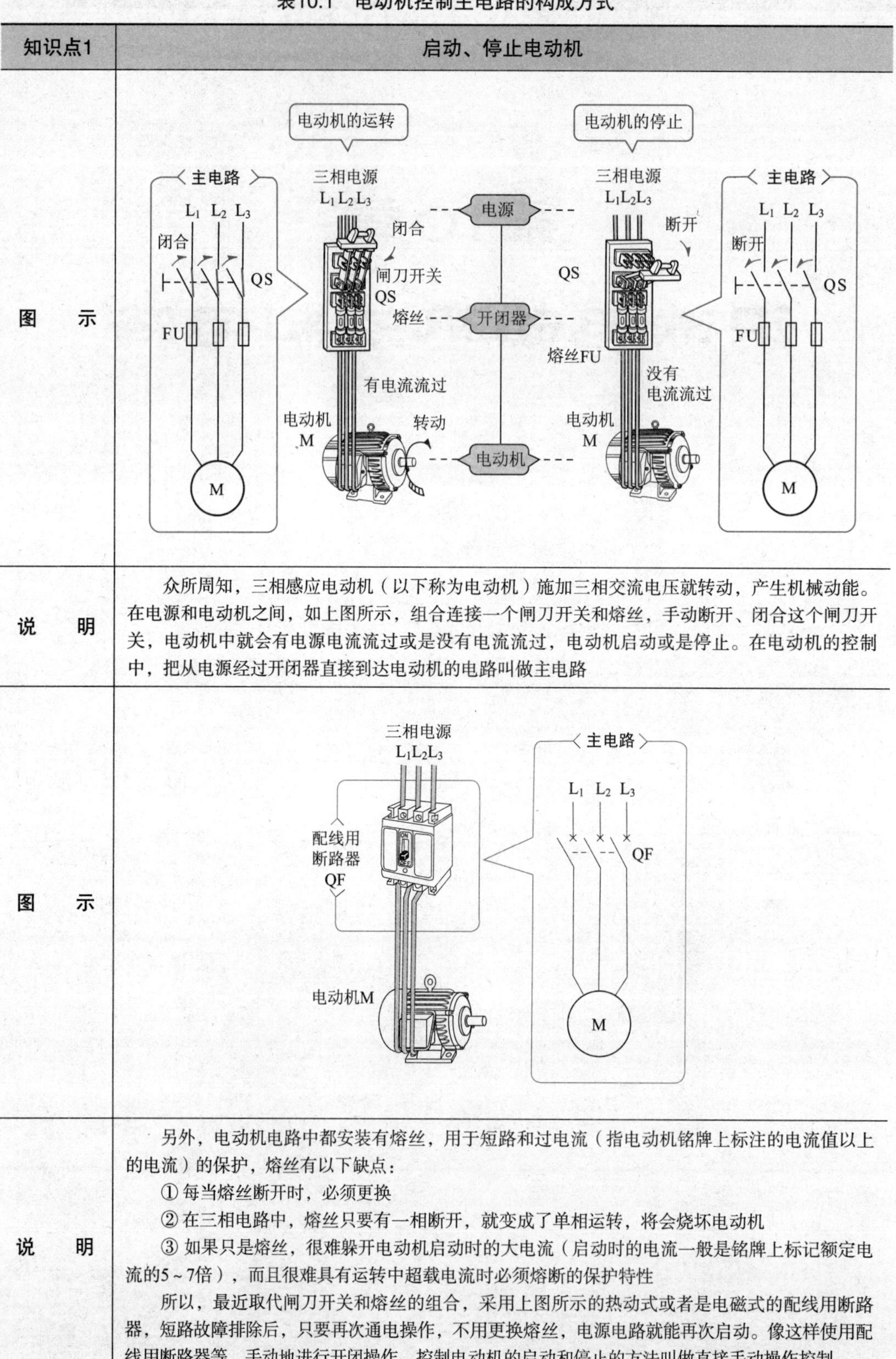

表10.1 电动机控制主电路的构成方式

知识点1	启动、停止电动机
图　示	（图）
说　明	众所周知，三相感应电动机（以下称为电动机）施加三相交流电压就转动，产生机械动能。在电源和电动机之间，如上图所示，组合连接一个闸刀开关和熔丝，手动断开、闭合这个闸刀开关，电动机中就会有电源电流流过或是没有电流流过，电动机启动或是停止。在电动机的控制中，把从电源经过开闭器直接到达电动机的电路叫做主电路
图　示	（图）
说　明	另外，电动机电路中都安装有熔丝，用于短路和过电流（指电动机铭牌上标注的电流值以上的电流）的保护，熔丝有以下缺点： ① 每当熔丝断开时，必须更换 ② 在三相电路中，熔丝只要有一相断开，就变成了单相运转，将会烧坏电动机 ③ 如果只是熔丝，很难躲开电动机启动时的大电流（启动时的电流一般是铭牌上标记额定电流的5～7倍），而且很难具有运转中超载电流时必须熔断的保护特性 所以，最近取代闸刀开关和熔丝的组合，采用上图所示的热动式或者是电磁式的配线用断路器，短路故障排除后，只要再次通电操作，不用更换熔丝，电源电路就能再次启动。像这样使用配线用断路器等，手动地进行开闭操作，控制电动机的启动和停止的方法叫做直接手动操作控制

续表10.1

知识点2	远距离控制电动机
图　　示	三相电源 $L_1L_2L_3$；配线用断路器 QF；电磁接触器 KM；电动机 M；〈主电路〉 L_1 L_2 L_3 QF KM M
说　　明	在配线用断路器和电动机之间再连接电磁接触器，构成间接手动操作控制电路

表10.2　电动机启动控制电路的工作方式

知识点1	电动机启动控制电路的实物连接图
图　　示	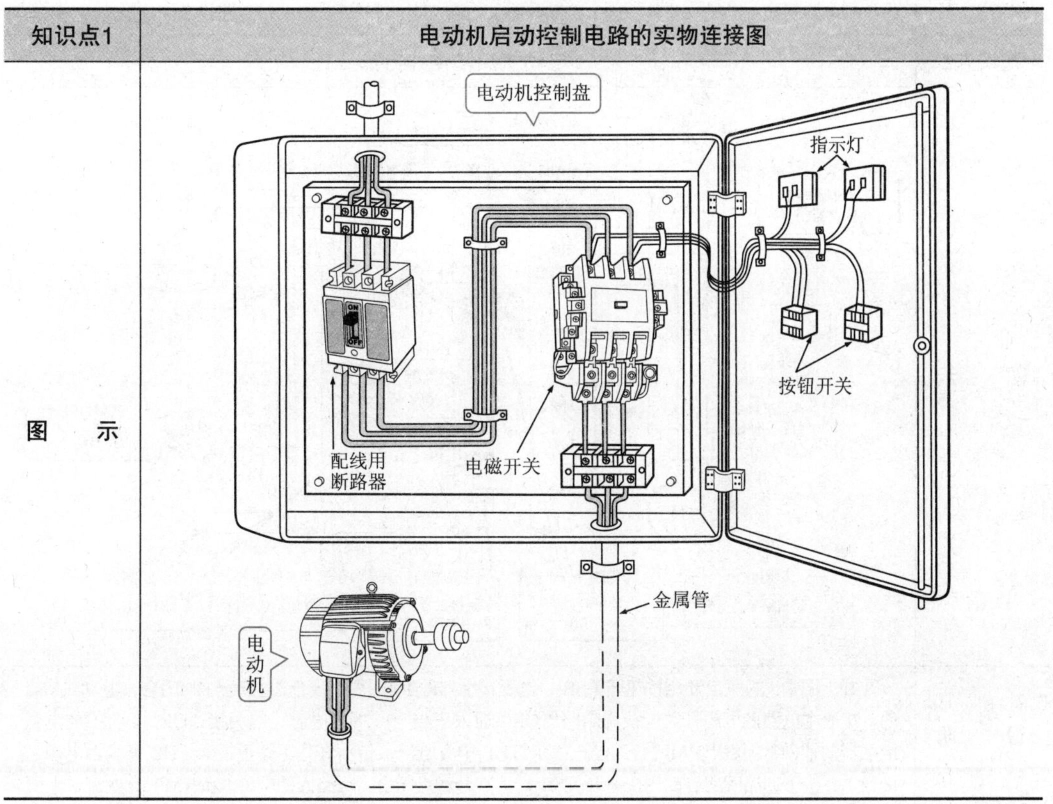

续表10.2

说　明	上图所示的是电动机控制电路的实物连接图。在该例中，使用配线用断路器作为电源开关，电动机电路的开闭使用的是电磁接触器和热继电器组合而成的电磁开闭器，该电磁开关的开闭操作是由启动以及停止的2个按钮开关SB_2、SB_1进行操作的，电动机运转时红色的指示灯亮，停止时绿色的指示灯亮
图　示	~380V 三相电源 L_1 L_2 L_3 QF 自锁电路 2灯式指示灯电路 11 SB_1 12 22 SB_2 KM 13 23 FR 14 KM 15 31 KM 32 41 KM 42 HL_1 35 HL_2 45 L_1 L_2 L_3 KM T_1 T_2 T_3 FR U V W M
说　明	另外，把实物连接图转换成顺序图，如上图所示，在该图中，从主电路的L_1，L_2相分别引线，作为控制电路的控制母线。并且，这个控制电路是由自锁电路和2灯式指示灯电路组合而成的

知识点2	电动机启动动作方法

图　示

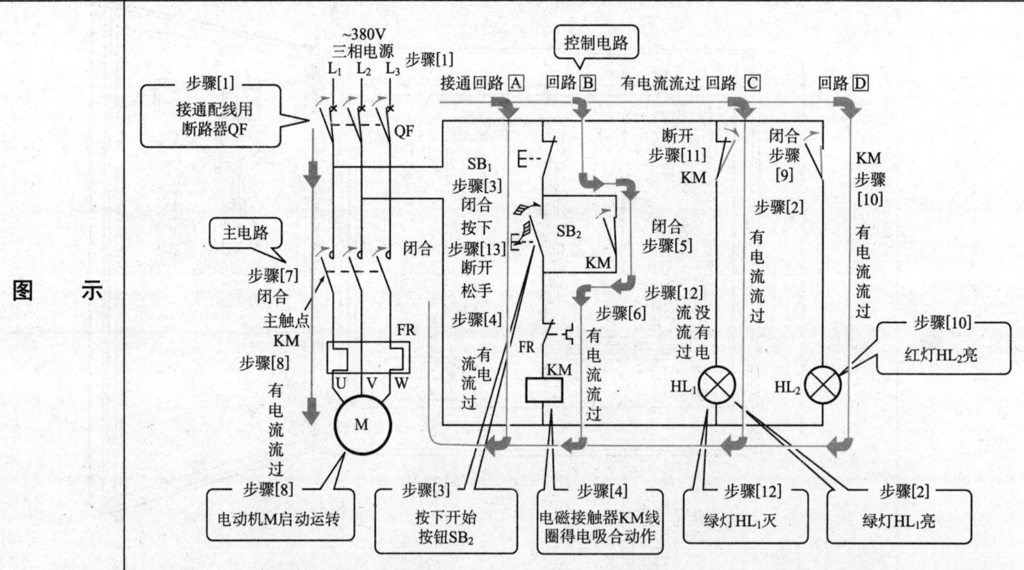

说　明	在上图中，按下启动用按钮开关SB_2，电磁接触器KM线圈得电吸合，主触点KM闭合，电动机M启动。接通主电路的电源开关配线用断路器QF，通入三相交流380V电源，因为接通QF，回路C的电磁接触器的辅助常闭触点KM闭合，停止指示灯HL_1中有电流，指示灯亮（停止指示灯HL_1亮表示电源被接通），按下回路A的启动用按钮开关SB_2，其常开触点闭合，回路A的电磁线圈KM中有电流，电磁

续表10.2

说　明	接触器KM线圈得电吸合动作，回路B的自锁常开触点KM闭合，有电流通过回路B流入电磁线圈KM中，对电磁接触器KM线圈进行自锁。KM线圈得电吸合动作，主电路的主触点KM闭合，主电路的电动机M就被施加三相交流380V电压，电动机启动运转KM线圈得电吸合动作，回路D的辅助常开触点KM闭合，运转指示灯HL_2中有电流流过，指示灯亮。KM线圈得电吸合动作，回路C的辅助常闭触点KM断开，停止指示灯HL_1中没有电流流过，指示灯灭，使按回路A的SB_2的手脱离
知识点3	**电动机停止动作方法**

图　示

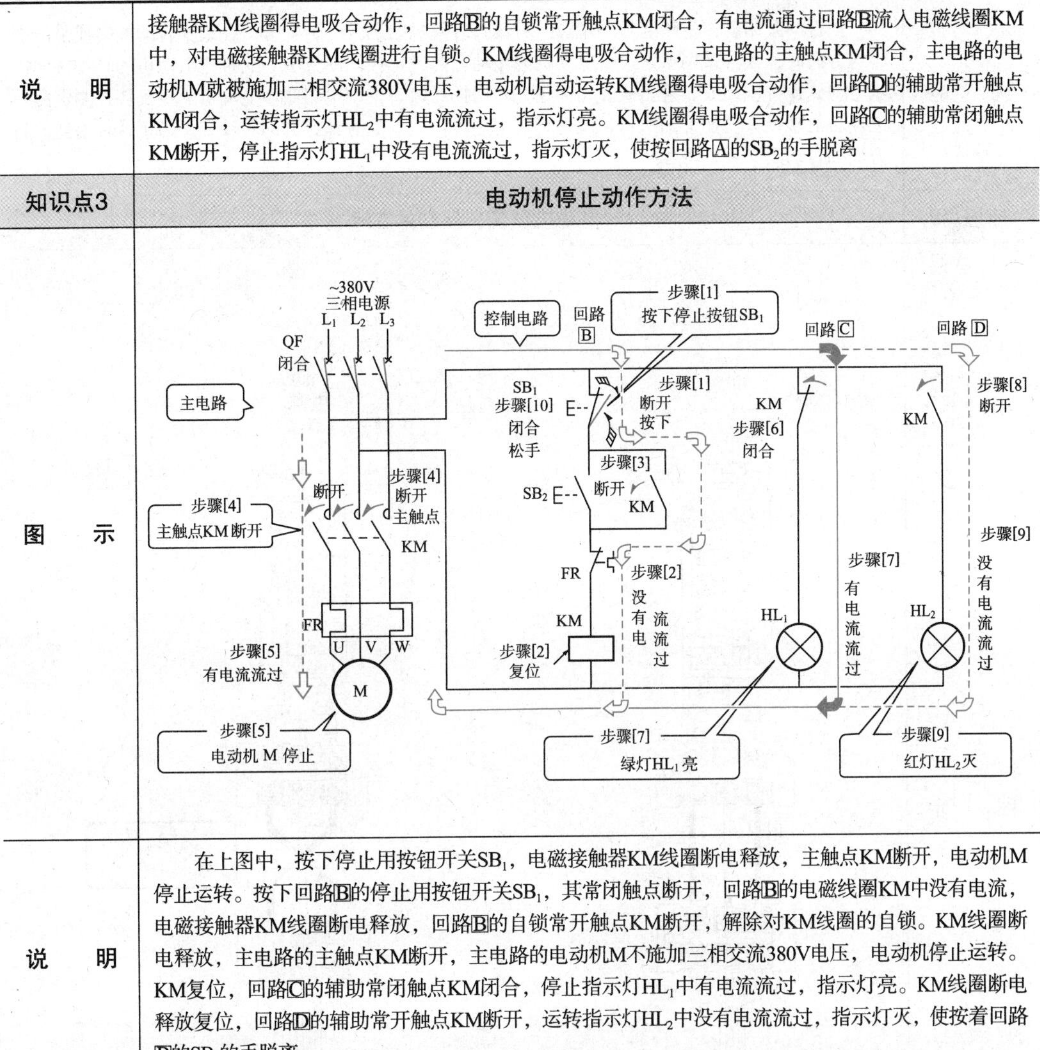

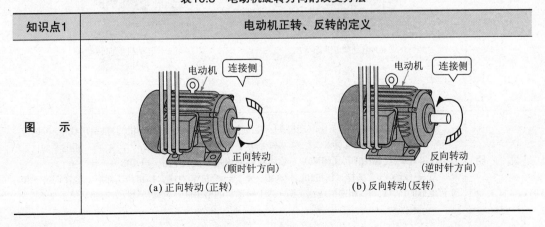

说　明

在上图中，按下停止用按钮开关SB_1，电磁接触器KM线圈断电释放，主触点KM断开，电动机M停止运转。按下回路B的停止用按钮开关SB_1，其常闭触点断开，回路B的电磁线圈KM中没有电流，电磁接触器KM线圈断电释放，回路B的自锁常开触点KM断开，解除对KM线圈的自锁。KM线圈断电释放，主电路的主触点KM断开，主电路的电动机M不施加三相交流380V电压，电动机停止运转。KM复位，回路C的辅助常闭触点KM闭合，停止指示灯HL_1中有电流流过，指示灯亮。KM线圈断电释放复位，回路D的辅助常开触点KM断开，运转指示灯HL_2中没有电流流过，指示灯灭，使按着回路B的SB_1的手脱离

表10.3　电动机旋转方向的改变方法

知识点1	**电动机正转、反转的定义**

图　示

电动机　连接侧

正向转动
（顺时针方向）

(a) 正向转动（正转）

电动机　连接侧

反向转动
（逆时针方向）

(b) 反向转动（反转）

续表10.3

<table>
<tr><td>说　明</td><td>挡板的开闭动作，传送带的左转、右转，升降机的上升、下降等，在改变转动方向或是改变传送方向时，大多采用通过改变电动机的转动方向进行控制的方法。这种把电动机的转动方向由正方向到逆方向，或者是由逆方向到正方向切换的运转控制电路叫做电动机的正反转控制电路。电动机的转动方向如上图所示，没有特别指定时，把沿顺时针方向的转动定义为正转，沿逆时针方向的转动定义为反转</td></tr>
<tr><td>知识点2</td><td>电动机正转、反转的工作方法</td></tr>
<tr><td>图　示</td><td>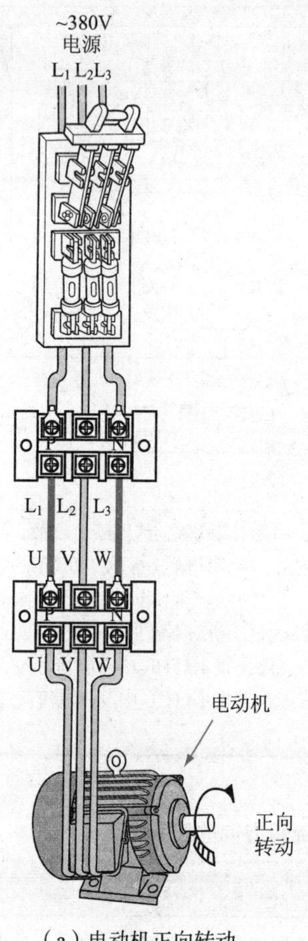
（a）电动机正向转动
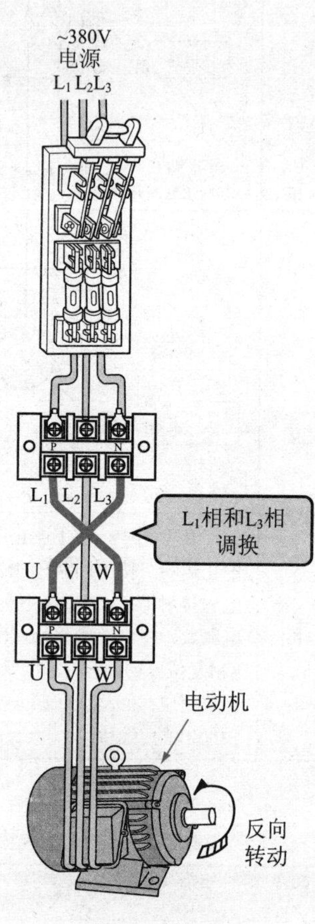
（a）电动机反向转动</td></tr>
<tr><td>说　明</td><td>① 对于电动机（三相感应电动机），要改变其转动方向，把电动机的3根引出线中2根调换一下，再接上电源就能反转了。如图（a）所示，电动机的引出线U_1，V_1，W_1和三相电源的L_1，L_2，L_3相对应，L_1相和U_1、L_2相和V_1、L_3相和W_1对应地连接起来时，电动机将正转
② 若像图（b）那样，L_1相和L_3相调换一下，L_1相和W_1对应，L_3相和U_1对应，这样调换三相交流电源的L_1，L_2，L_3相中的任意二相，接上电动机的引出线，电动机就反方向转动了</td></tr>
</table>

续表10.3

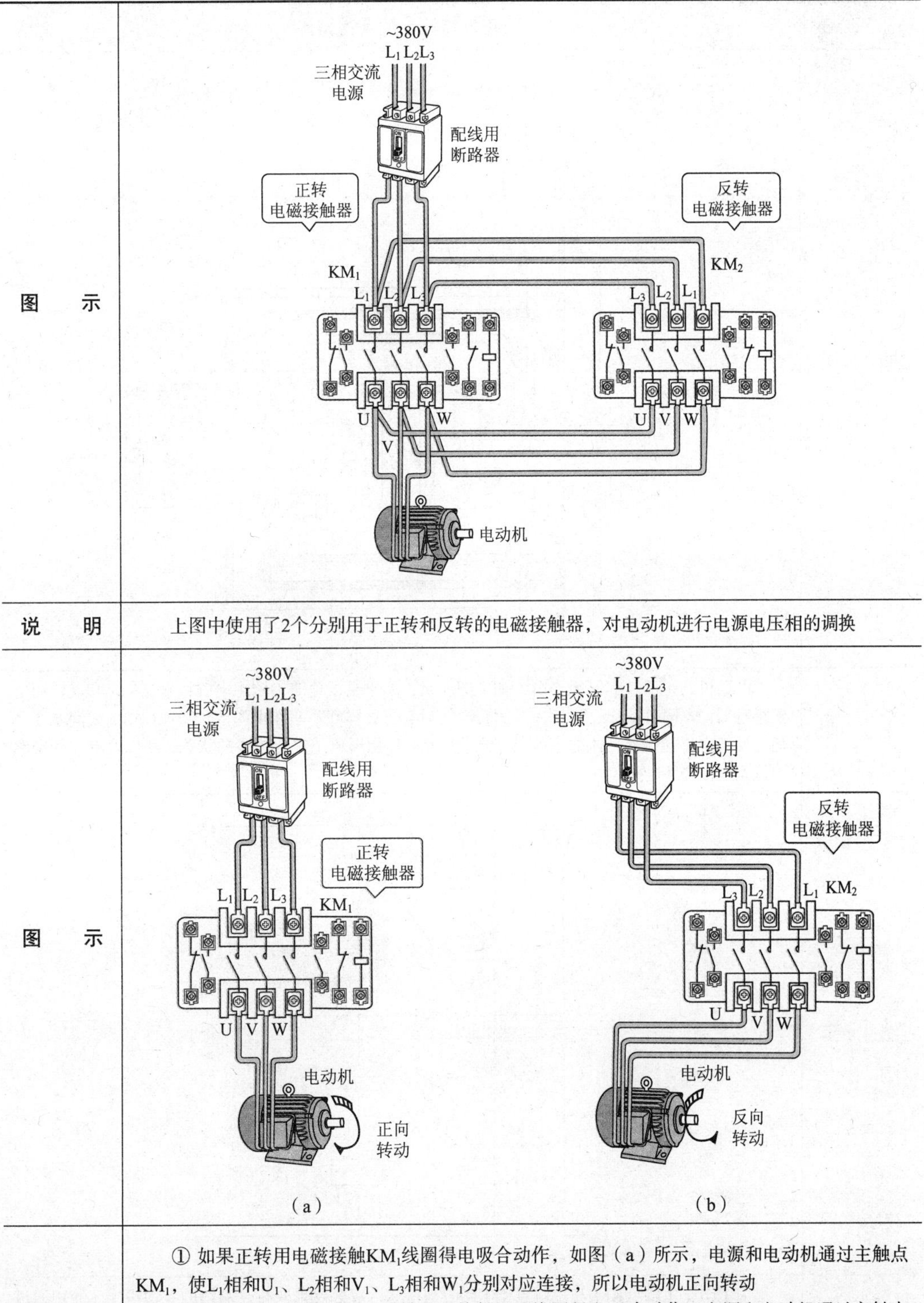

图　示	
说　明	上图中使用了2个分别用于正转和反转的电磁接触器，对电动机进行电源电压相的调换
图　示	
说　明	① 如果正转用电磁接触KM_1线圈得电吸合动作，如图（a）所示，电源和电动机通过主触点KM_1，使L_1相和U_1、L_2相和V_1、L_3相和W_1分别对应连接，所以电动机正向转动 ② 如图（b）所示，如果反转电磁接触KM_2线圈得电吸合动作，电源和电动机通过主触点KM_2，使L_1相和W_1、L_2相和V_1、L_3相和U_1分别对应连接，因为L_1相和L_3相交换，所以电动机反向转动

续表10.3

知识点3	正反转控制的互锁措施
图　示	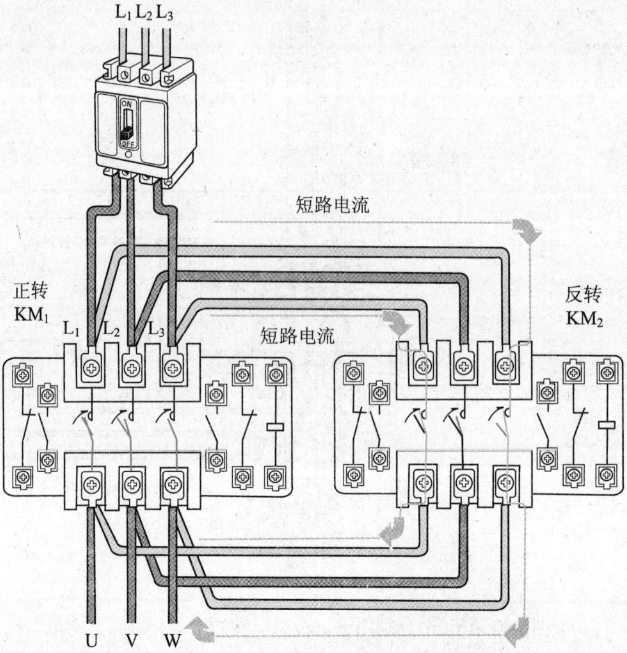
说　明	电动机的正反转控制操作中，如上图所示，如果错误地使正转用电磁接触器KM_1和反转用电磁接触器KM_2同时动作，形成一个闭合电路后会怎么样呢？三相电源的L_1相和L_3相的线间电压，通过反转电磁接触器KM_2的主触点闭合使L_1相和L_3相形成了完全短路的状态，所以会有大的短路电流流过，烧坏电路
图　示	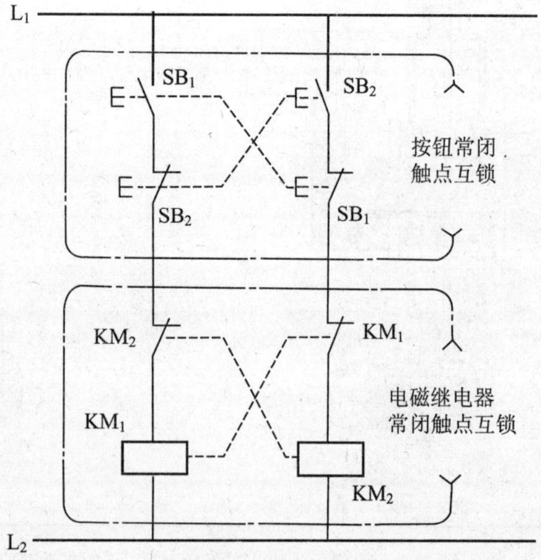
说　明	为了防止主触点KM_1和主触点KM_2同时被接通，有必要采取相互制约的互锁措施。使用通过在对方电磁继电器线圈电路中添加的自身的常闭触点的按钮开关而构成的互锁电路，以及由电磁继电器触点构成的互锁电路，就能防止正转用电磁接触器KM_1和反转用电磁接触器KM_2两只线圈同时得电吸合问题的出现，如上图所示

表10.4　电动机正反转控制电路的工作方式

知识点1	实物连接图
图　示	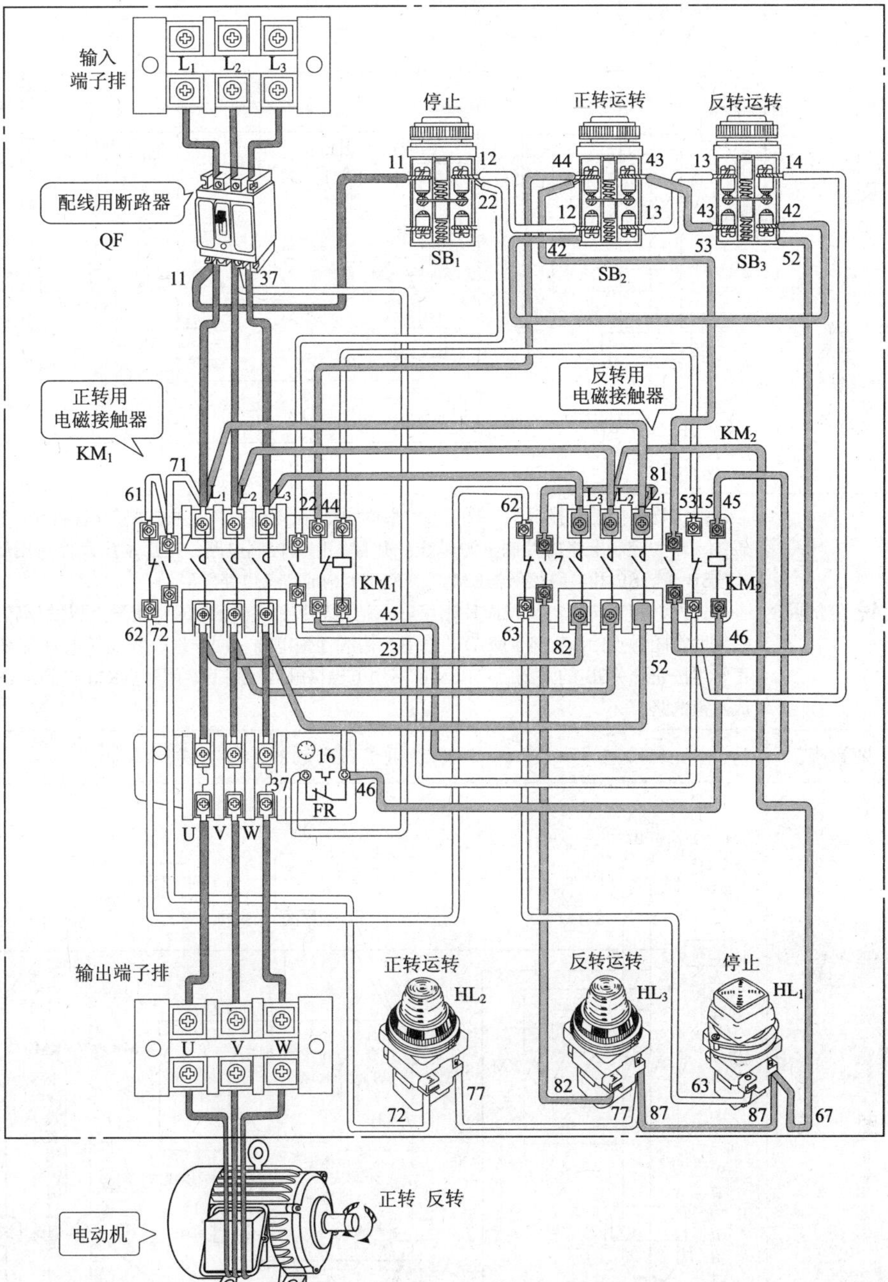
说　明	上图表示的是电动机正反转控制电路的实物连接图。电动机的正转回路和反转回路的切换是用正转用电磁接触器和反转用电磁接触器实现的，使用各自的按钮开关，能够进行正转、反转以及停止操作

续表10.4

图　示

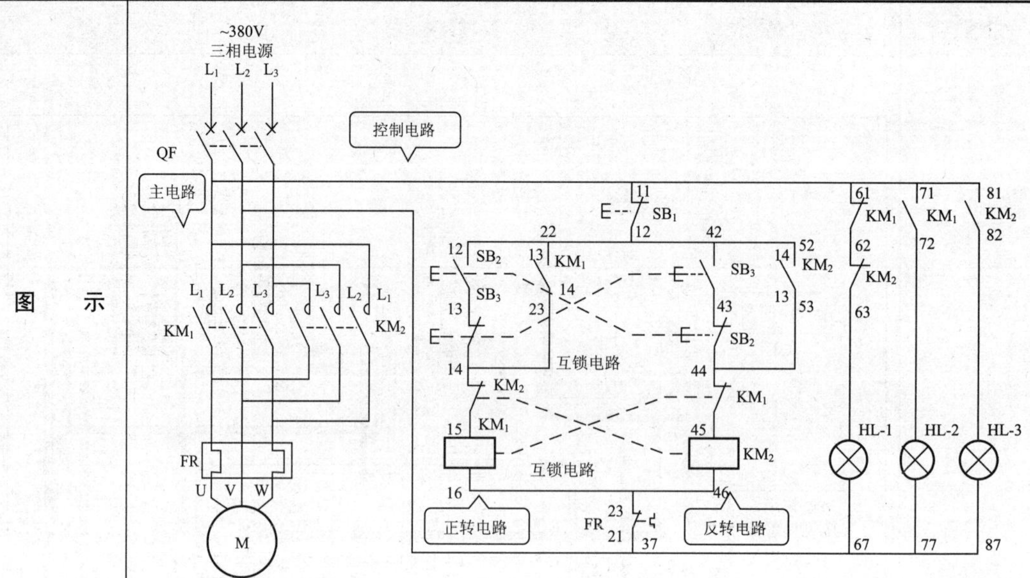

说　明

把实物连接图转换成顺序图，如上图所示。在该图中，从主电路的L_1相和L_2相中分别引出一条线，作为控制电路的控制电源母线。并且，作为控制电路，由启动用及停止用的按钮开关SB_2（或SB_3）、SB_1和电磁接触器KM_1（或KM_2）构成自锁电路

另外，和正转用电磁线圈KM_1串联，把反转按钮开关SB_3的常闭触点以及反转用电磁接触器的辅助常闭触点KM_2接到NAND电路中，构成互锁电路。同样地，和反转电磁线圈KM_2串联，把正转用按钮开关SB_2的常闭触点以及正转用电磁接触器的辅助常闭触点KM_1接到NAND电路中，构成互锁电路

知识点2　　电动机正转启动的动作方式

图　示

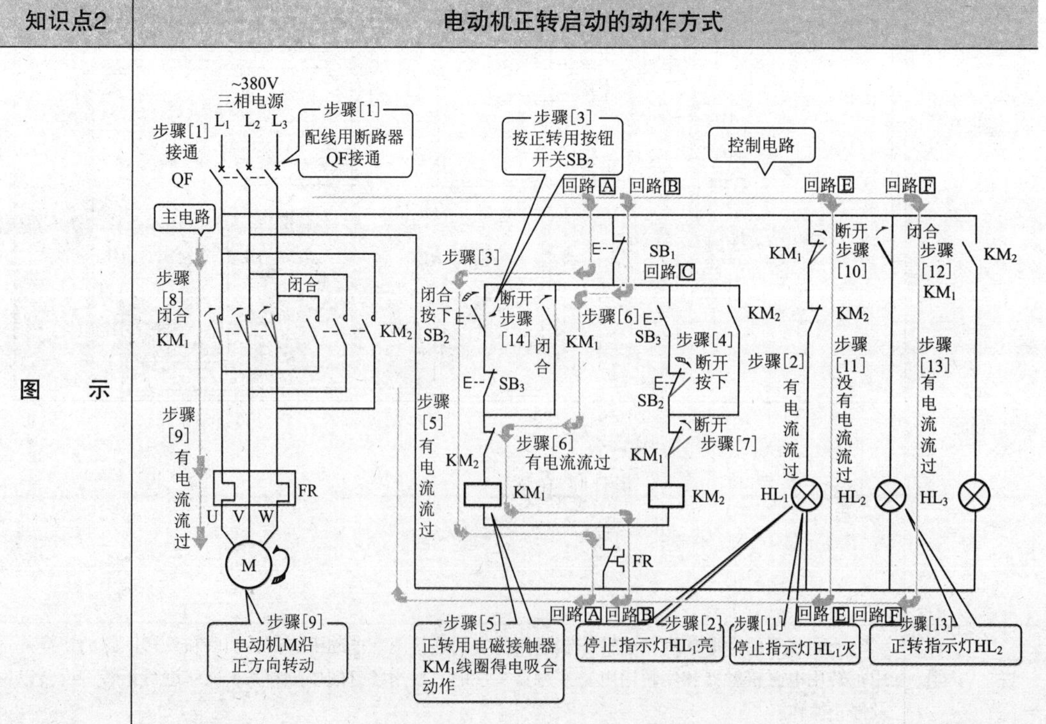

续表10.4

说　明

如上图所示，按下正转用启动按钮开关SB_2，正转用电磁接触器KM_1线圈得电吸合动作，其主触点KM_1闭合，所以，电动机M沿正方向旋转、启动。接通主电路的电源开关配线用断路器QF，将三相交流380V电源接入，回路E中就有电流，停止指示灯HL_1亮（这个停止指示灯HL_1亮表示电源接通）。按下正转用启动按钮开关SB_2，回路A的常开触点SB_2闭合，回路C的常闭触点SB_2断开，反转电路处于开路状态，得到由按钮开关常闭触点控制的互锁。回路A的常开触点SB_2闭合，电磁线圈KM_1中有电流流过，正转用电磁接触器KM_1线圈得电吸合动作，回路B的自锁常开触点KM_1闭合，电流通过回路B，流入KM_1线圈回路中，KM_1进行自锁。KM_1线圈得电吸合动作，回路C的常闭触点KM_1打开，反转电路处于开路状态，得到由电磁接触器辅助常闭触点控制的互锁。KM_1线圈得电吸合动作，主电路的主触点KM_1闭合，主电路的电动机M中通有电流，电动机沿正方向转动。KM_1线圈得电吸合动作，回路E的辅助常闭触点KM_1断开，停止指示灯HL_1中没有电流，灯灭。KM_1线圈得电吸合动作，回路F的辅助常开触点KM_1闭合，正向运转指示灯HL_2亮，表示电动机正向运转，使手从回路A（以及回路C）的SB_2上脱离

知识点3　电动机正转停止的动作方式

图　示

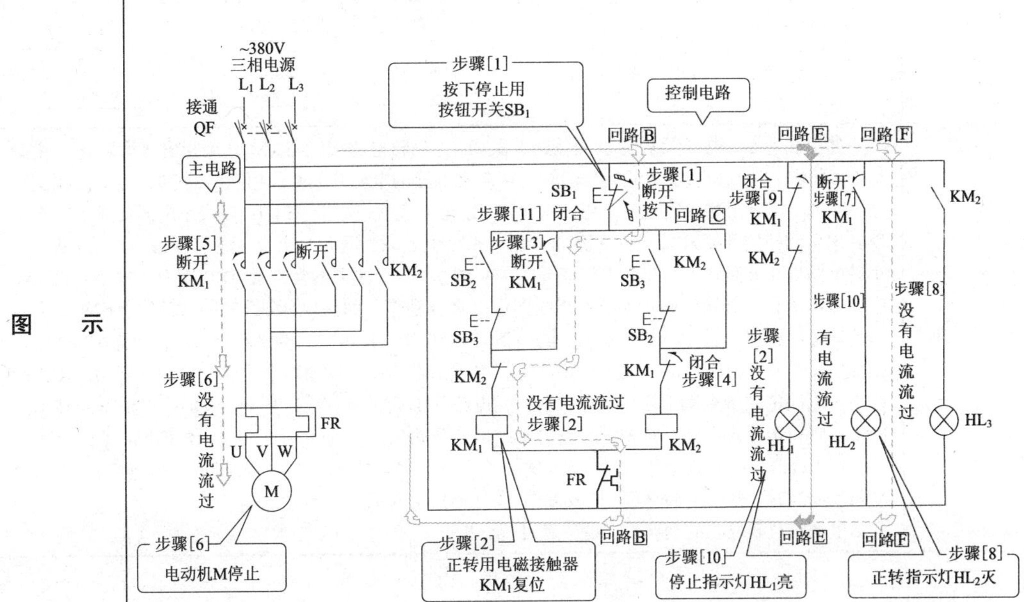

说　明

如上图所示，按下停止用按钮开关SB_1，正转用电磁接触器KM_1线圈断电释放复位，主触点KM_1断开，电动机M停止运转。按下回路B的停止按钮开关SB_1，其常闭触点断开，电磁线圈KM_1中没有电流，正转电磁接触器KM_1线圈断电释放复位。KM_1线圈断电释放复位，回路B的自锁辅助常开触点KM_1断开。KM_1线圈断电释放复位，回路C的辅助常闭触点KM_1闭合，解除反转电路的互锁。KM_1线圈断电释放复位，主电路的主触点KM_1处于开路状态，主电路的电动机M中没有电流，电动机停止运转。KM_1线圈断电释放复位，回路F的辅助常开触点KM_1断开，正向运转指示灯HL_2熄灭。KM_1线圈断电释放复位，回路E的辅助常闭触点KM_1闭合，停止指示灯HL_1中通有电流，指示灯亮，表示电动机M停止运转，使按着回路B的SB_1的手脱离

续表10.4

<table>
<tr><th>知识点4</th><th>电动机反转启动的动作方式</th></tr>
<tr><td>图　示</td><td>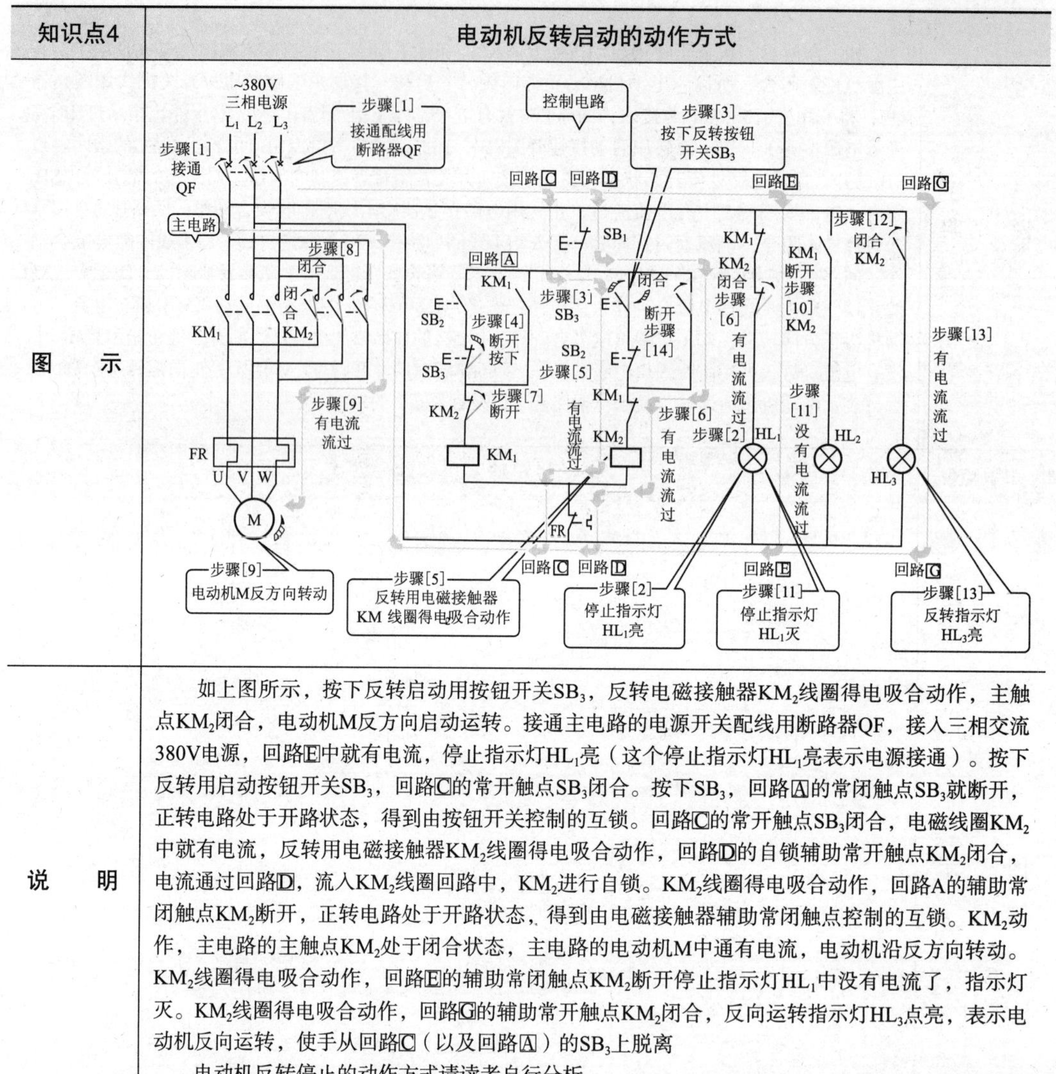
</td></tr>
<tr><td>说　明</td><td>如上图所示，按下反转启动用按钮开关SB_3，反转电磁接触器KM_2线圈得电吸合动作，主触点KM_2闭合，电动机M反方向启动运转。接通主电路的电源开关配线用断路器QF，接入三相交流380V电源，回路Ⓔ中就有电流，停止指示灯HL_1亮（这个停止指示灯HL_1亮表示电源接通）。按下反转用启动按钮开关SB_3，回路Ⓒ的常开触点SB_3闭合。按下SB_3，回路Ⓐ的常闭触点SB_3就断开，正转电路处于开路状态，得到由按钮开关控制的互锁。回路Ⓒ的常开触点SB_3闭合，电磁线圈KM_2中就有电流，反转用电磁接触器KM_2线圈得电吸合动作，回路Ⓓ的自锁辅助常开触点KM_2闭合，电流通过回路Ⓓ，流入KM_2线圈回路中，KM_2进行自锁。KM_2线圈得电吸合动作，回路A的辅助常闭触点KM_2断开，正转电路处于开路状态，得到由电磁接触器辅助常闭触点控制的互锁。KM_2动作，主电路的主触点KM_2处于闭合状态，主电路的电动机M中通有电流，电动机沿反方向转动。KM_2线圈得电吸合动作，回路Ⓔ的辅助常闭触点KM_2断开停止指示灯HL_1中没有电流了，指示灯灭。KM_2线圈得电吸合动作，回路Ⓖ的辅助常开触点KM_2闭合，反向运转指示灯HL_3点亮，表示电动机反向运转，使手从回路Ⓒ（以及回路Ⓐ）的SB_3上脱离
电动机反转停止的动作方式请读者自行分析</td></tr>
</table>

第11章

其他电路的识读

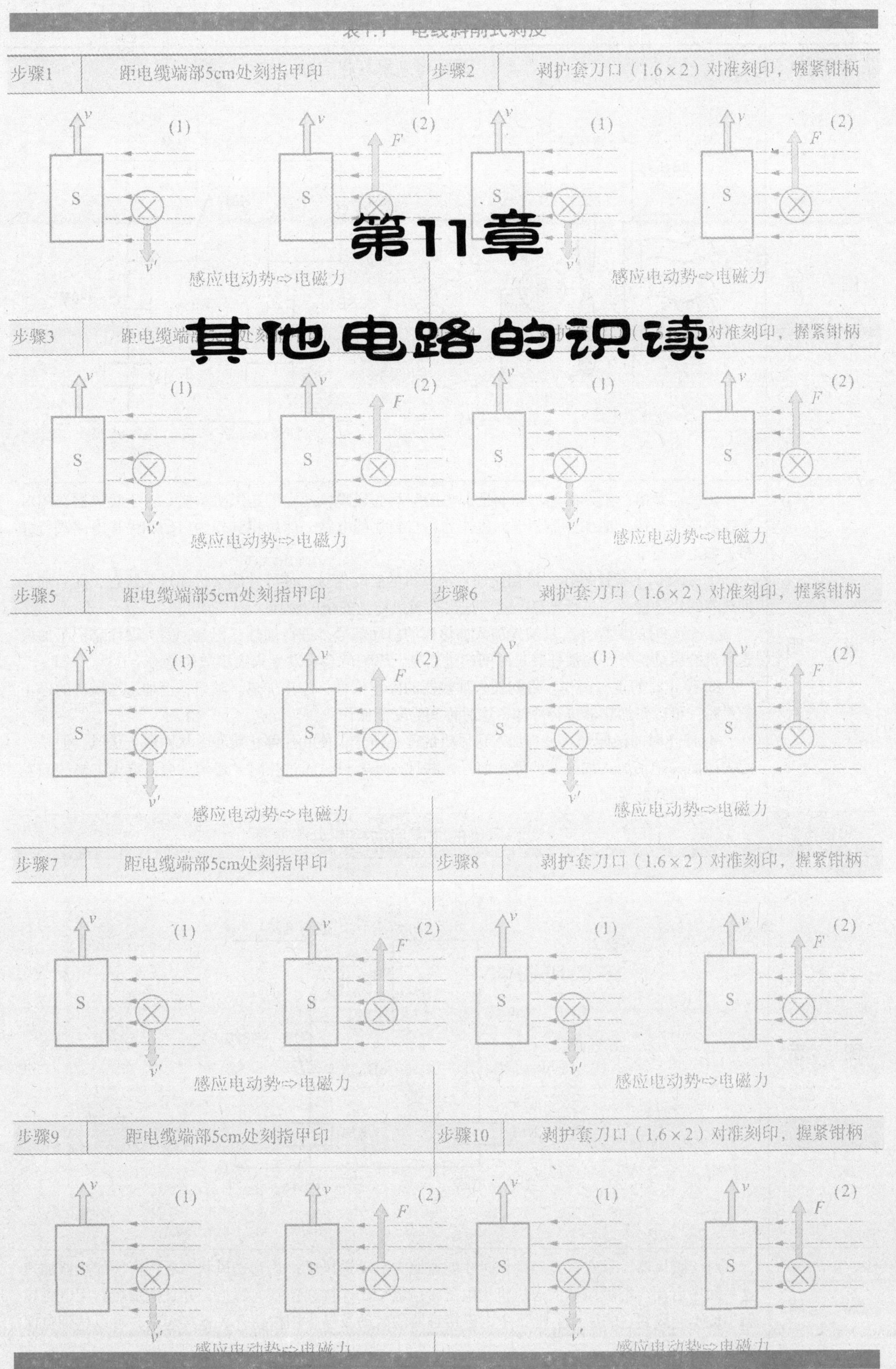

表11.1 暖风器的顺序启动控制电路

知识点1	暖风器采用顺序启动
图　示	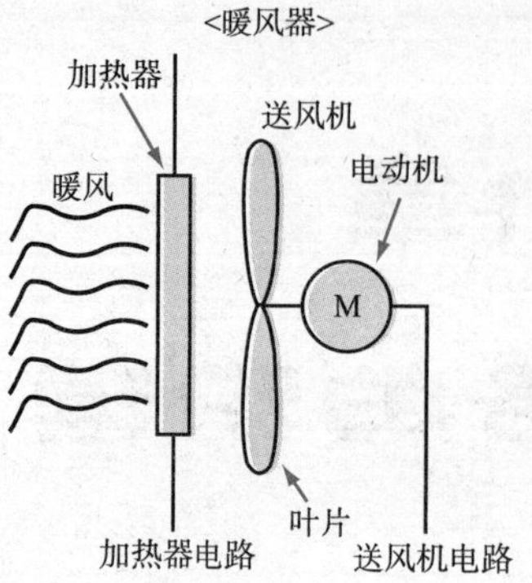 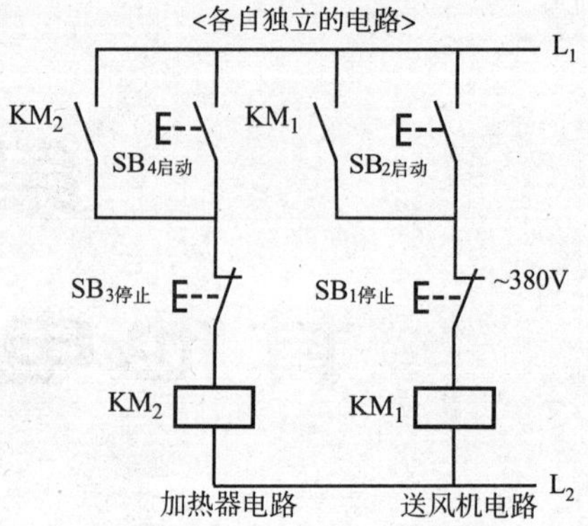
说　明	暖风器是由产生热的加热器和把加热的空气变成暖风送出的送风机构成。对于暖风器，相对于控制电源母线，把加热器和送风机作为各自独立的电路，然后将其作为启动和停止电路进行分析，如上图所示 ① 启动时的正确操作。最初先加入送风机的启动信号，使叶片旋转进入送风状态，随后加入加热器的启动信号，进行加热，这时送出的暖风称为安全的暖风 ② 启动时的误操作。最初先加入加热器的启动信号，进行加热，但是，因失误而忘记了加入送风机的启动信号，当放任其长时间的过热时，恐怕就会有发生火灾事故的危险 ③ 停止时的正确操作。最初加入加热器的停止信号，停止加热。随后，当加入送风机的停止信号时，可以对加热器进行冷却，这时称其为安全操作 ④ 停止时的误操作。最初加入送风机的停止信号，使叶片停止旋转，从而停止送风。但是，因失误而忘记了加入加热器的停止信号，并且放任其长时间过热时，恐怕就会造成火灾事故的发生，因而导致危险局面
知识点2	**暖风器的顺序启动控制电路原理**
图　示	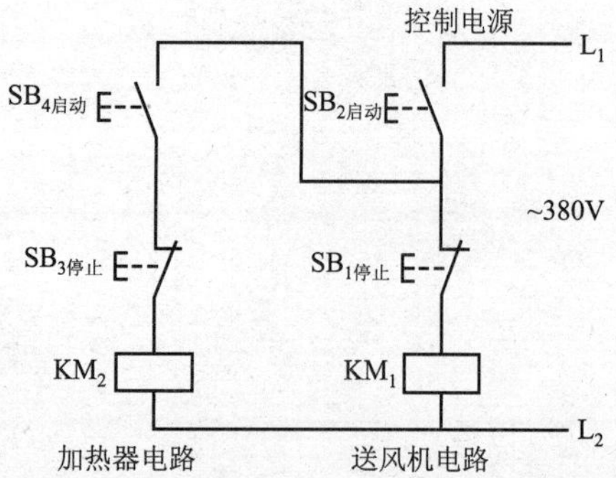
说　明	对于暖风器，只有在正确操作时才能按照先启动送风机，达到送风状态后，再使加热器加热这一顺序启动。把暖风器的送风机用电磁接触器KM_1连接到控制电源上，并且把加热器用电磁接触器KM_2连接到它的后面。把每个电磁接触器的启动及停止用按钮开关连接起来，可以达到自保状态，如上图所示

续表11.1

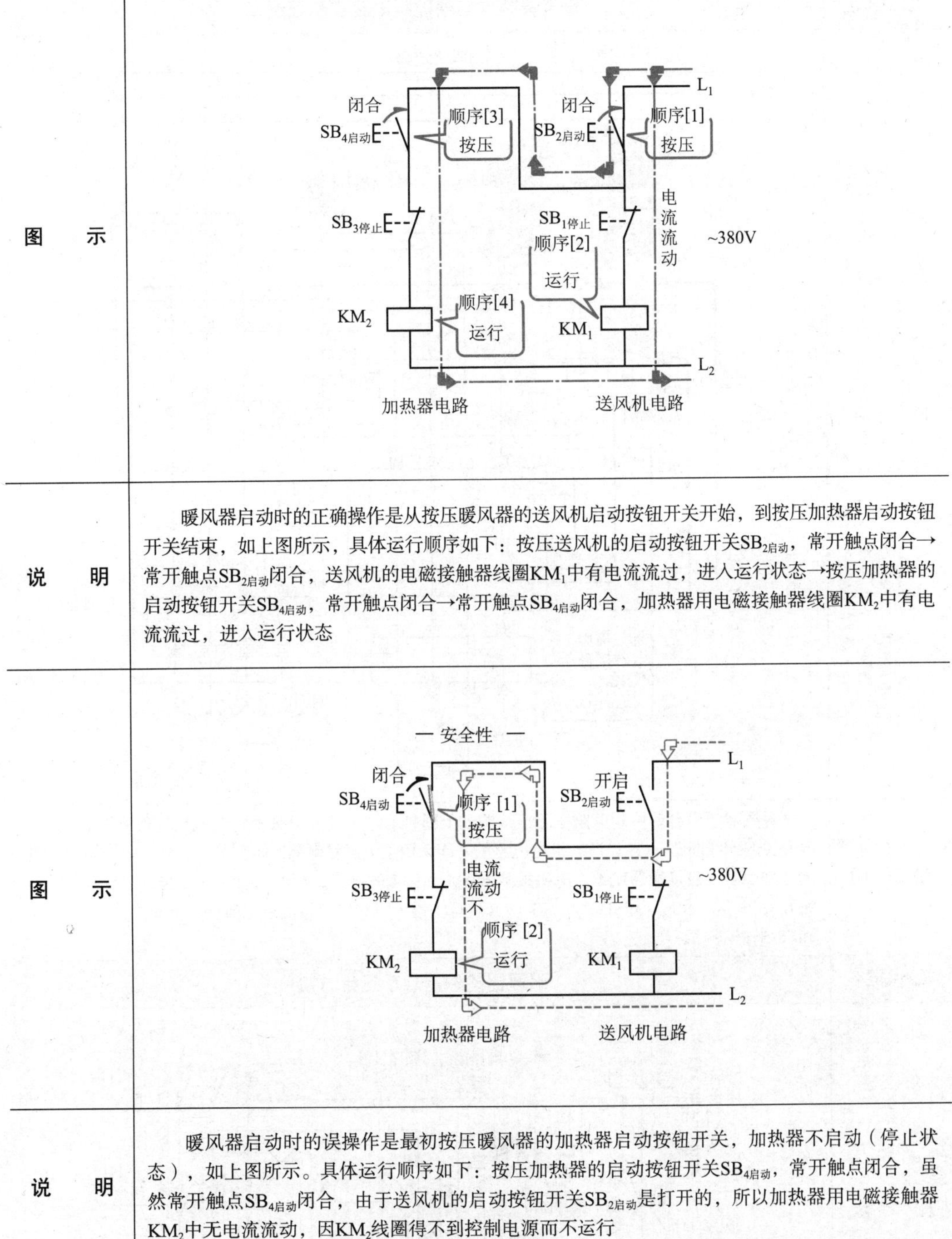

图　示	
说　明	暖风器启动时的正确操作是从按压暖风器的送风机启动按钮开关开始，到按压加热器启动按钮开关结束，如上图所示，具体运行顺序如下：按压送风机的启动按钮开关$SB_{2启动}$，常开触点闭合→常开触点$SB_{2启动}$闭合，送风机的电磁接触器线圈KM_1中有电流流过，进入运行状态→按压加热器的启动按钮开关$SB_{4启动}$，常开触点闭合→常开触点$SB_{4启动}$闭合，加热器用电磁接触器线圈KM_2中有电流流过，进入运行状态
图　示	
说　明	暖风器启动时的误操作是最初按压暖风器的加热器启动按钮开关，加热器不启动（停止状态），如上图所示。具体运行顺序如下：按压加热器的启动按钮开关$SB_{4启动}$，常开触点闭合，虽然常开触点$SB_{4启动}$闭合，由于送风机的启动按钮开关$SB_{2启动}$是打开的，所以加热器用电磁接触器KM_2中无电流流动，因KM_2线圈得不到控制电源而不运行

续表11.1

知识点3　　**暖风器顺序启动控制电路实际配线图**

图　示

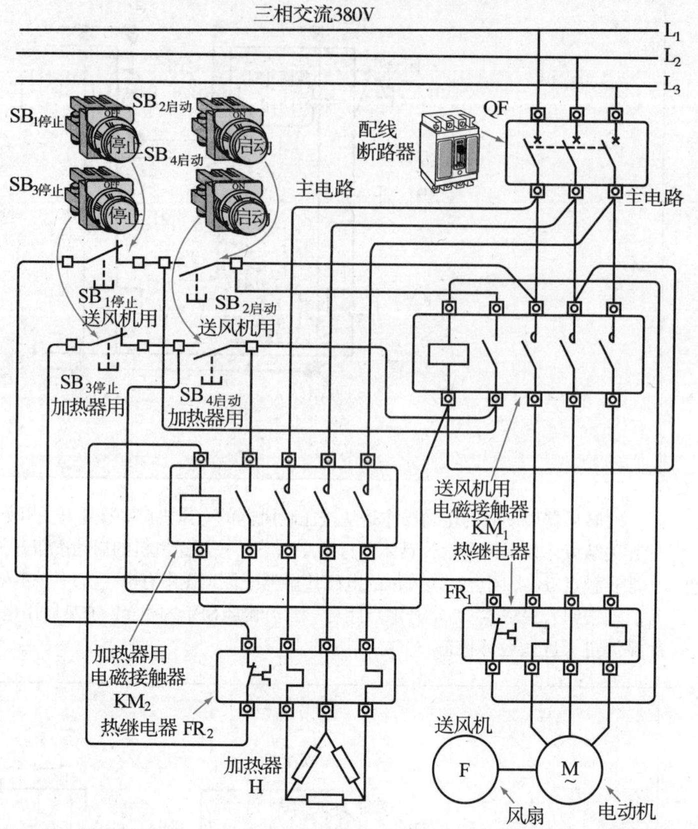

说　明

暖风器顺序启动控制电路实际配线图如上图所示。暖风器的顺序启动控制电路采用了作为电源开关的配线断路器QF。送风机主电路的开闭采用了电磁接触器KM_1。另外，加热器主电路的开闭也采用了电磁接触器KM_2。电磁接触器KM_1和KM_2的操作，可以通过按压各自的启动和停止按钮开关$SB_{2启动}$，$SB_{1停止}$和$SB_{4启动}$，$SB_{3停止}$来进行。送风机和加热器的过电流保护分别由热继电器FR_1和FR_2来提供

知识点4　　**暖风器的顺序启动运行方法**

图　示

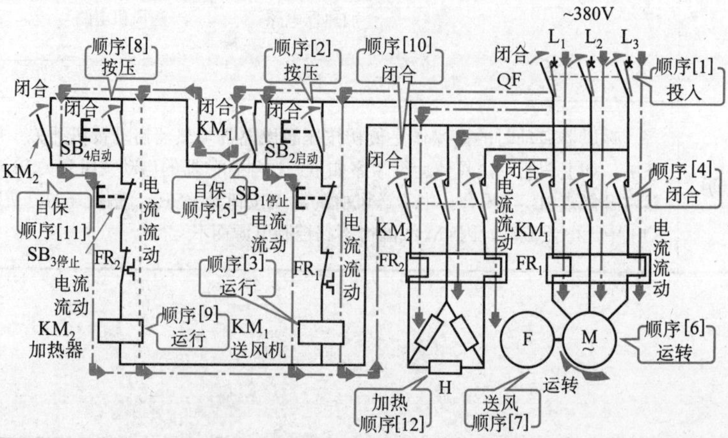

续表11.1

说　明	对于暖风器的顺序启动控制电路，按压送风机的启动按钮开关$SB_{2启动}$时，电磁接触器KM_1运行，送风机的电动机M启动，风扇旋转送风；按压加热器的启动按钮开关$SB_{4启动}$时，电磁接触器KM_2运行，加热器加热，如上图所示，具体运行顺序介绍如下：投入主电路电源开关的配线断路器QF→按压送风机的启动按钮开关SB_2启动，其常开触点闭合，送风机电磁接触器KM_1运行，主电路的三相主触点KM_1闭合，电磁接触器KM_1运行，常开触点KM_1闭合，电路进入自保状态，主触点KM_1闭合，电动机内有电流流过，电动机启动运转，风扇旋转，开始送风。按压加热器启动按钮开关$SB_{4启动}$，其常开触点闭合，加热器电磁接触器KM_2运行，主电路的三相主触点KM_2闭合，电磁接触器KM_2闭合，常开触点KM_2闭合，电路进入自保状态，主触点KM_2闭合，加热器H中流过电流，开始加热形成暖风
知识点5	**暖风器的顺序停止运行方法**
图　示	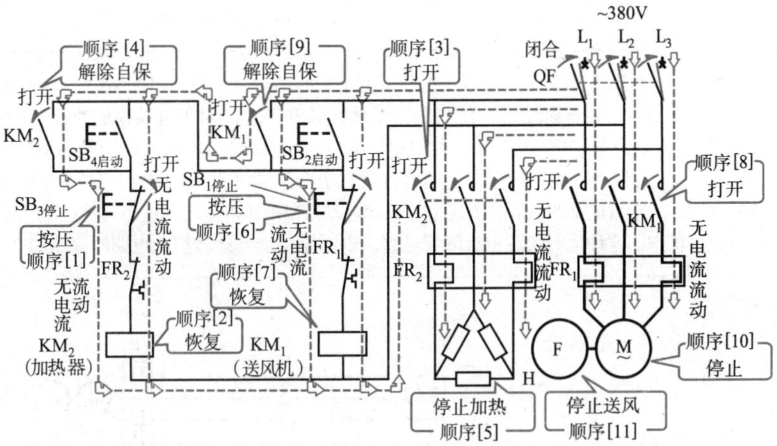 ~380V　L_1 L_2 L_3　闭合 QF　顺序[4] 解除自保　顺序[9] 解除自保　顺序[3] 打开　打开　KM_2　$SB_{4启动}$　打开　KM_1　$SB_{2启动}$　打开　打开　$SB_{1停止}$　$SB_{3停止}$　无电流流动　按压 顺序[6]　按压 顺序[1]　流动 无电流　FR_1　KM_2　打开　无电流流动　KM_1　顺序[8] 打开　无电流流动　FR_2　顺序[7] 恢复　FR_2　FR_1　无流电动流　顺序[2] 恢复　KM_2（加热器）　KM_1（送风机）　F　M　H　顺序[10] 停止　停止加热 顺序[5]　停止送风 顺序[11]
说　明	对于暖风器的顺序启动电路，按压加热器用的停止按钮开关$SB_{3停止}$时，电磁接触器KM_2恢复，加热器H停止加热。按压送风机的停止按钮开关$SB_{1停止}$时，电磁接触器KM_1恢复，送风机的电动机M停止运行，风扇停止送风。即使因误操作而先按压了送风机用的停止按钮开关$SB_{1停止}$，因为送风机M，F和加热器H会同时停止，故也是安全的，如上图所示，具体运行顺序介绍如下：按压加热器的停止按钮开关$SB_{3停止}$，其常闭触点打开，加热器电磁接触器KM_2恢复，主电路的主触点KM_2断开，电磁接触器KM_2恢复，常开触点KM_2打开，解除自保状态，主触点KM_2打开，加热器中电流停止流动，因而停止加热。按压送风机的停止按钮开关$SB_{1停止}$，其常闭触点打开，送风机用电磁接触器KM_1恢复，主电路的主触点KM_1断开，电磁接触器KM_1恢复，常开触点KM_1打开，解除自保状态，断开主触点KM_1，无电流流过电动机M，电动机停止转动，风扇停止运行，因而停止送风

表11.2 电动泵的交互运转控制电路

<table>
<tr><th>知识点1</th><th>电动泵的交互运转控制</th></tr>
<tr><td>图 示</td><td>
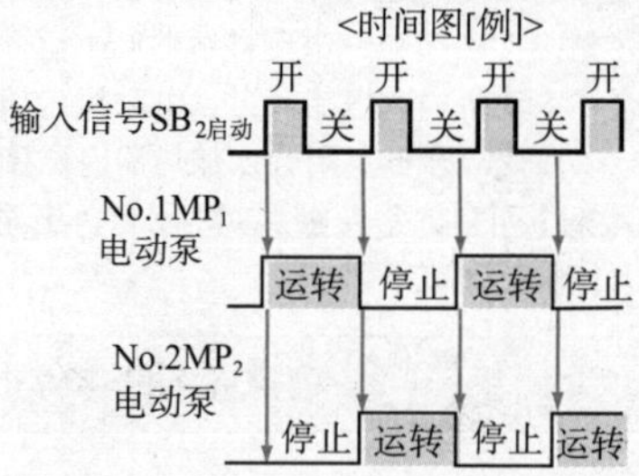

</td></tr>
<tr><td>说 明</td><td>所谓电动泵的交互运转控制，就是指对两台电动泵No.1和No.2，每一台都施加输入信号，反复地对它们进行操纵，使它们交互地运转和停止。对于电动泵的交互运转控制，当使输入信号$SB_{2启动}$处于“开”状态时，No.1电动泵MP_1运转，No.2电动泵MP_2停止运转，这时即使让输入信号$SB_{2启动}$处于“关”状态，上述运行状态也会继续进行。当再次使输入信号$SB_{2启动}$处于“开”状态时，No.1电动泵MP_1停止运转，No.2电动泵MP_2开始运转，这时即使让输入信号$SB_{2启动}$处于“关”状态，这种运行状态也会继续进行。电动泵的交互运转控制电路时序图如上图所示</td></tr>
<tr><td>图 示</td><td>
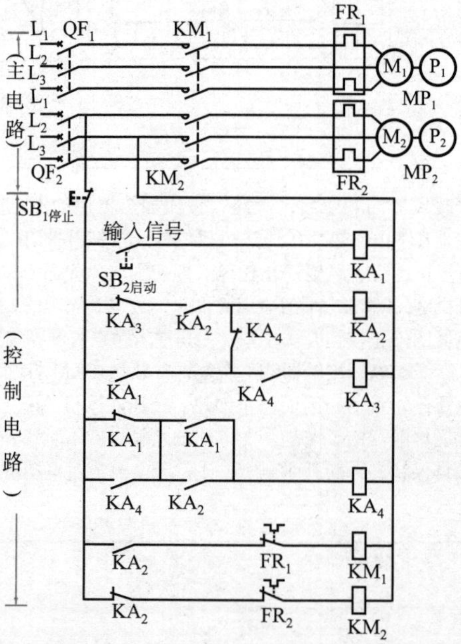

</td></tr>
<tr><td>说 明</td><td>在No.1和No.2电动泵各自的主电路中，采用了作为电源开关的配线断路器QF_1和QF_2。主电路的开闭采用了电磁接触器KM_1和KM_2。输入信号用按钮开关$SB_{2启动}$控制“开”和“关”，用$SB_{1停止}$实现紧急停止。各电动泵的控制由4个电磁继电器KA_1 ~ KA_4来进行，过载保护则由热继电器FR_1和FR_2来完成。对No.1和No.2两台电动泵进行交互运转控制的电路图如上图所示</td></tr>
</table>

续表11.2

<table>
<tr><th>知识点2</th><th>No.1电动泵的启动运行方法</th></tr>
<tr><td>图　示</td><td>

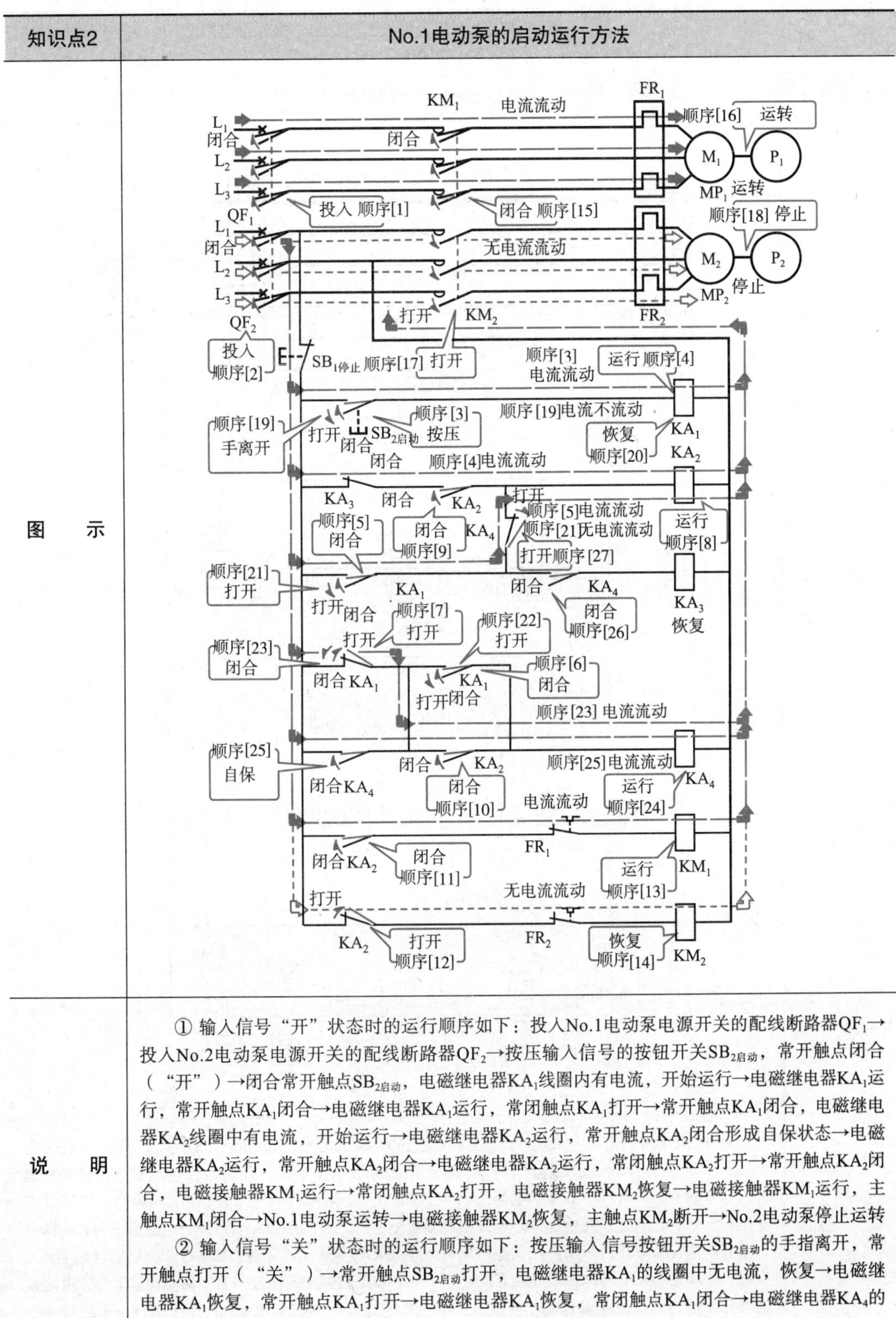

</td></tr>
<tr><td>说　明</td><td>

① 输入信号“开”状态时的运行顺序如下：投入No.1电动泵电源开关的配线断路器QF_1→投入No.2电动泵电源开关的配线断路器QF_2→按压输入信号的按钮开关$SB_{2\text{启动}}$，常开触点闭合（“开”）→闭合常开触点$SB_{2\text{启动}}$，电磁继电器KA_1线圈内有电流，开始运行→电磁继电器KA_1运行，常开触点KA_1闭合→电磁继电器KA_1运行，常闭触点KA_1打开→常开触点KA_1闭合，电磁继电器KA_2线圈中有电流，开始运行→电磁继电器KA_2运行，常开触点KA_2闭合形成自保状态→电磁继电器KA_2运行，常开触点KA_2闭合→电磁继电器KA_2运行，常闭触点KA_2打开→常开触点KA_2闭合，电磁接触器KM_1运行→常闭触点KA_2打开，电磁接触器KM_2恢复→电磁接触器KM_1运行，主触点KM_1闭合→No.1电动泵运转→电磁接触器KM_2恢复，主触点KM_2断开→No.2电动泵停止运转

② 输入信号“关”状态时的运行顺序如下：按压输入信号按钮开关$SB_{2\text{启动}}$的手指离开，常开触点打开（“关”）→常开触点$SB_{2\text{启动}}$打开，电磁继电器KA_1的线圈中无电流，恢复→电磁继电器KA_1恢复，常开触点KA_1打开→电磁继电器KA_1恢复，常闭触点KA_1闭合→电磁继电器KA_4的

</td></tr>
</table>

续表11.2

说　明	线圈中有电流，开始运行→常开触点KA_4闭合形成自保状态→电磁继电器KA_4运行，常开触点KA_4闭合→电磁继电器KA_4运行，常闭触点KA_4打开
知识点3	**No.2电动泵的启动运行方法**
图　示	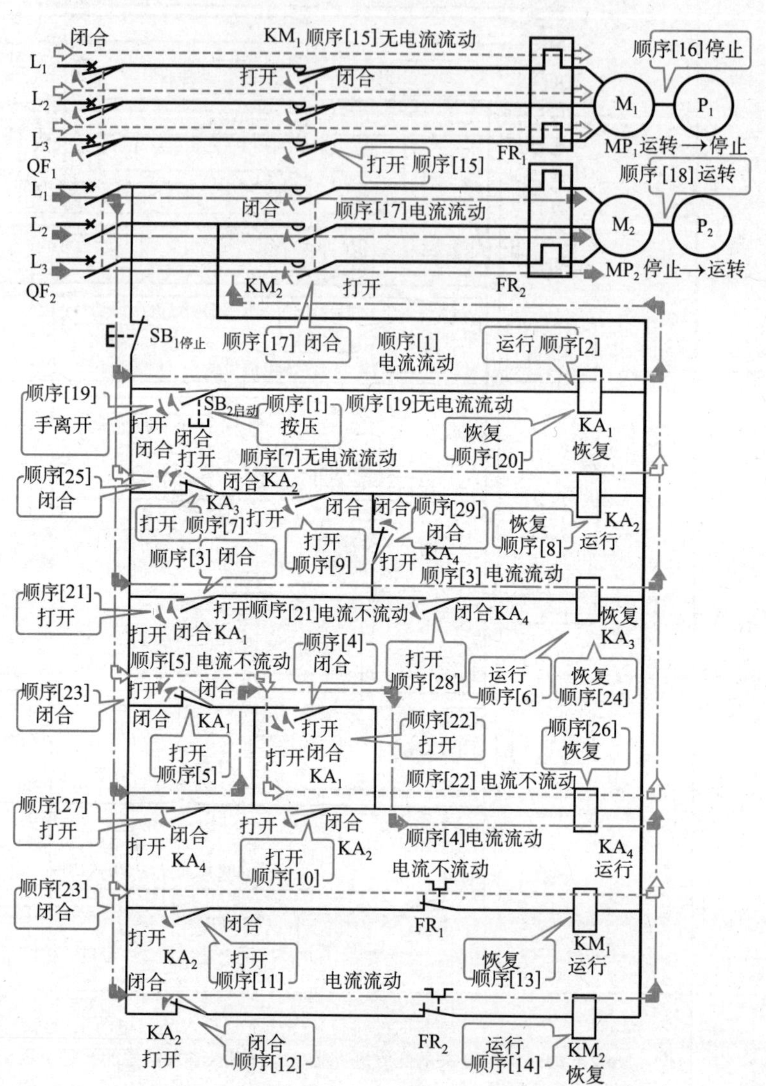

说　明	① 输入信号“开”时的运行顺序如下：按压输入信号的按钮开关$SB_{2启动}$，常开触点闭合（“开”）→常开触点$SB_{2启动}$闭合，电磁继电器线圈中有电流，开始运行→电磁继电器KA_1运行，常开触点KA_1闭合→电磁继电器KA_1运行，常闭触点KA_1打开→常开触点KA_1闭合，电磁继电器KA_3线圈中有电流，开始运行→电磁继电器KA_3运行，常闭触点KA_3打开→电磁继电器KA_2恢复→常开触点KA_2打开，解除自保状态→电磁继电器KA_2恢复，常开触点KA_2打开→电磁继电器KA_2恢复，常闭触点KA_2闭合→常开触点KA_2打开，电磁接触器KM_1恢复→常闭触点KA_2闭合，电磁接触器KM_2运行→电磁接触器KM_1恢复，主触点KM_1打开→No.1电动泵MP_1停止运行→电磁接触器KM_2运行，主触点KM_2闭合→No.2电动泵MP_2运转

续表11.2

说　明	② 输入信号“关”时的运行顺序如下：按压输入信号的按钮开关$SB_{2启动}$的手离开，常开触点打开（“关”）→常开触点$SB_{2启动}$打开，电磁继电器KA_1线圈中无电流，处于恢复状态→电磁继电器KA_1恢复，常开触点KA_1打开→电磁继电器KA_1恢复，常闭触点KA_1闭合→常开触点KA_1打开，电磁继电器KA_3恢复→常闭触点KA_3恢复→常开触点KA_1打开，电磁继电器KA_4恢复→常开触点KA_4打开，解除自保→返回到最初的No.1电动泵启动运行前的状态

表11.3　换气风扇的反复运转控制电路

知识点1	换气风扇的反复运转控制
图　示	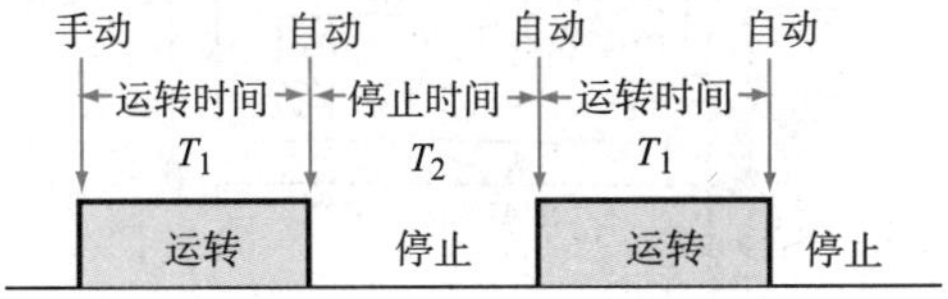 手动 自动 自动 自动 运转时间 停止时间 运转时间 T_1 T_2 T_1 运转 停止 运转 停止
说　明	所谓换气风扇的反复运转控制，就是指经过一定时间后就使风扇停止运转一次的反复控制，这种对时间进行的控制称为时间控制，如上图所示
知识点2	换气风扇反复运转控制的电路图和时序图
图　示	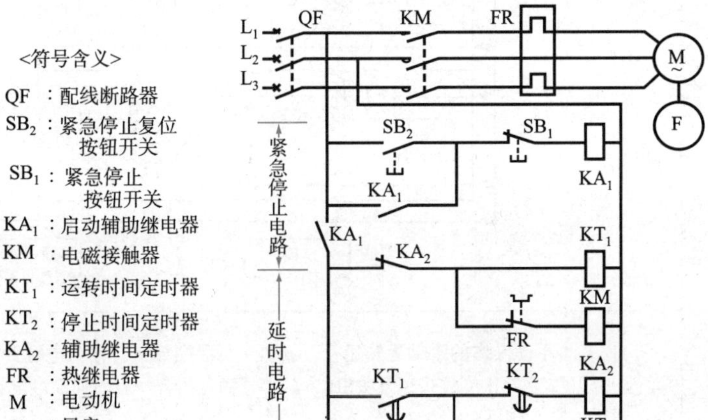 <符号含义> QF：配线断路器 SB₂：紧急停止复位按钮开关 SB₁：紧急停止按钮开关 KA₁：启动辅助继电器 KM：电磁接触器 KT₁：运转时间定时器 KT₂：停止时间定时器 KA₂：辅助继电器 FR：热继电器 M：电动机 F：风扇 L1 L2 L3 QF KM FR M F SB2 SB1 KA1 KA1 KA1 KA2 KT1 KM FR KA2 KT1 KT2 KA2 KT2 紧急停止电路 延时电路
说　明	换气风扇反复运转控制的电路由基于定时器的延时电路和紧急停止电路构成，如上图所示

续表11.3

知识点3	基于手动操作和定时器的换气风扇手动运转及自动停止
图　　示	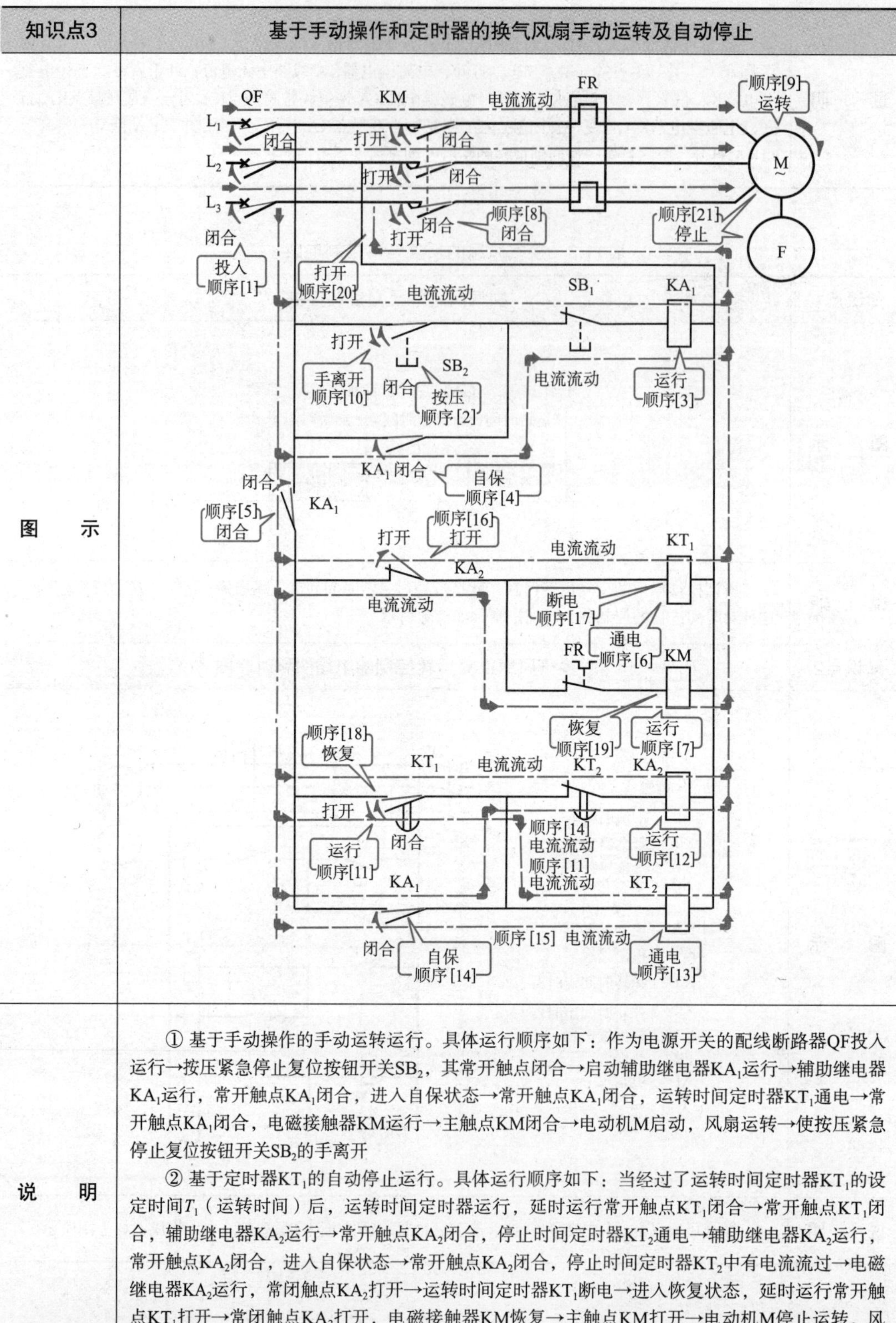
说　　明	① 基于手动操作的手动运转运行。具体运行顺序如下：作为电源开关的配线断路器QF投入运行→按压紧急停止复位按钮开关SB_2，其常开触点闭合→启动辅助继电器KA_1运行→辅助继电器KA_1运行，常开触点KA_1闭合，进入自保状态→常开触点KA_1闭合，运转时间定时器KT_1通电→常开触点KA_1闭合，电磁接触器KM运行→主触点KM闭合→电动机M启动，风扇运转→使按压紧急停止复位按钮开关SB_2的手离开 ② 基于定时器KT_1的自动停止运行。具体运行顺序如下：当经过了运转时间定时器KT_1的设定时间T_1（运转时间）后，运转时间定时器运行，延时运行常开触点KT_1闭合→常开触点KT_1闭合，辅助继电器KA_2运行→常开触点KA_2闭合，停止时间定时器KT_2通电→辅助继电器KA_2运行，常开触点KA_2闭合，进入自保状态→常开触点KA_2闭合，停止时间定时器KT_2中有电流流过→电磁继电器KA_2运行，常闭触点KA_2打开→运转时间定时器KT_1断电→进入恢复状态，延时运行常开触点KT_1打开→常闭触点KA_2打开，电磁接触器KM恢复→主触点KM打开→电动机M停止运转，风扇也随之停止运行

续表11.3

知识点4	基于定时器的换气风扇的自动运转和手动停止运行方法
图　示	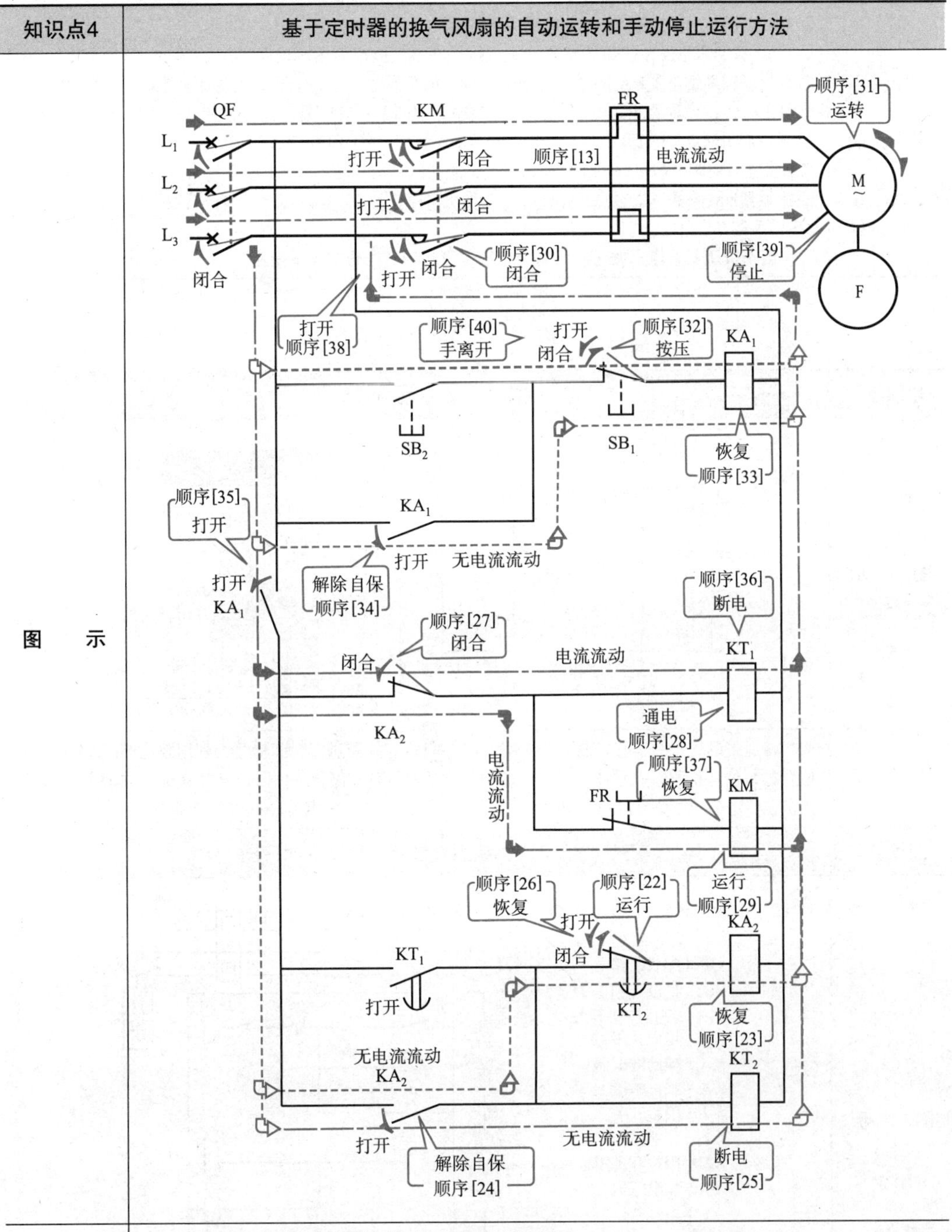
说　明	换气风扇自动运转和紧急停止运行图如上图所示 ① 基于定时器KT_2的自动运转操作。当经过停止时间T_2时，停止时间定时器KT_2运行，常闭触点KT_2打开。辅助继电器KA_2恢复，常闭触点KA_2闭合，电磁接触器KM运行，电动机M被启动，风扇运转。具体运行顺序介绍如下：经过停止时间T_2后开始运行，延时运行常闭触点KT_2打开→常闭触点KT_2打开，辅助继电器KA_2恢复→常开触点KA_2打开，自保被解除→常开触点KA_2打开，停止时间定时器KT_2断电→进入恢复状态，延时运行常闭触点KT_2闭合→辅助继电器KA_2恢复，常闭触点KA_2闭合→运转时间定时器KT_1加电　→常闭触点KA_2闭合，电磁接触器KM运行→主

续表11.3

说　明	触点KM闭合→电动机M启动，风扇运转 ② 基于紧急停止按钮的紧急停止运行。在换气风扇的运转过程中，当按压紧急停止按钮SB_1时，启动辅助继电器KA_1恢复，控制电源母线的常开触点KA_1打开，电磁接触器KM恢复，电动机M停止运转，风扇停止运行。具体运行顺序介绍如下：按压紧急停止按钮开关SB_1，其常闭触点打开→常闭触点SB_1打开，启动辅助继电器KA_1恢复→常开触点KA_1打开，解除自保→辅助继电器KA_1恢复，控制电源母线的常开触点KA_1打开→运转时间定时器KT_1断电→常开触点KA_1打开，电磁接触器KM恢复→主触点KM断开→电动机M停止运转，风扇停止运行→使按压紧急停止按钮SB_1的手离开 若不按压紧急停止按钮，风扇会自动进行运转和停止的反复操作

表11.4　传送带流水线运转控制电路

知识点1	传送带流水线运转控制
图　示	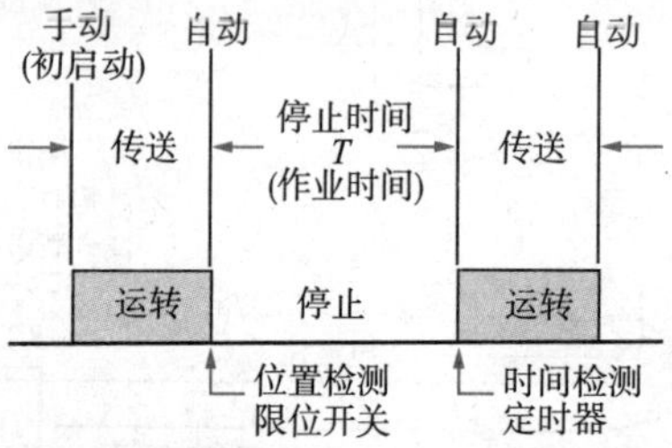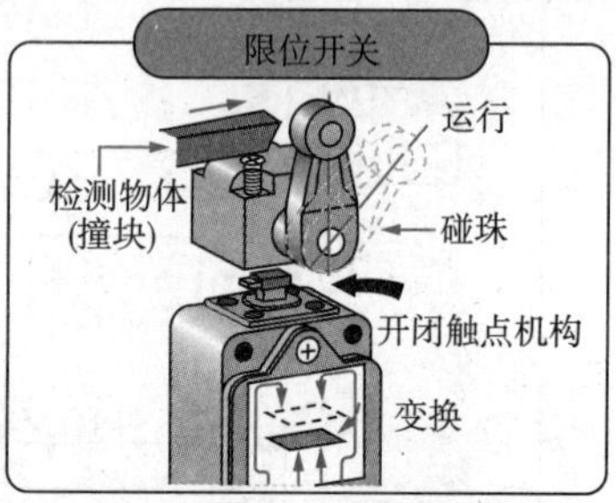
说　明	传送带的流水线运转控制利用定时器KT_1对作业时间T进行时间检测，利用限位开关SQ对停止位置进行位置检测，并且使传送带的驱动电动机M运转和停止。使限位开关SQ运行的撞块与作业人员在传送带的边缘上以一定间隔进行配置的状况相吻合，并且在传送带的全部周边上进行配置
知识点2	**传送带流水线运转控制电路图及时序图**
图　示	QF ：配线断路器 SB_2：启动按钮开关 SB_1：停止按钮开关 KM：电磁接触器 KA_1：辅助继电器 KA_2：辅助继电器 SQ ：限位开关 KT_1：作业时间定时器 KT_2：限位开关用定时器 FR：热继电器 M ：电动机 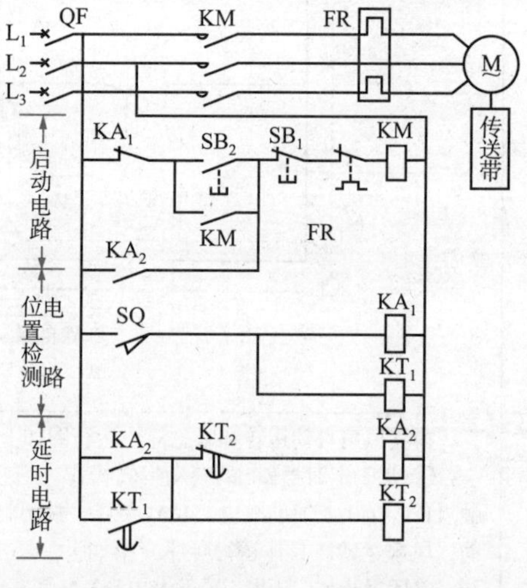
说　明	传送带流水线运转控制电路如上图所示。作为传送带流水线运转控制电路的例子，图中表示了采用限位开关和定时器的情况

续表11.4

图　示	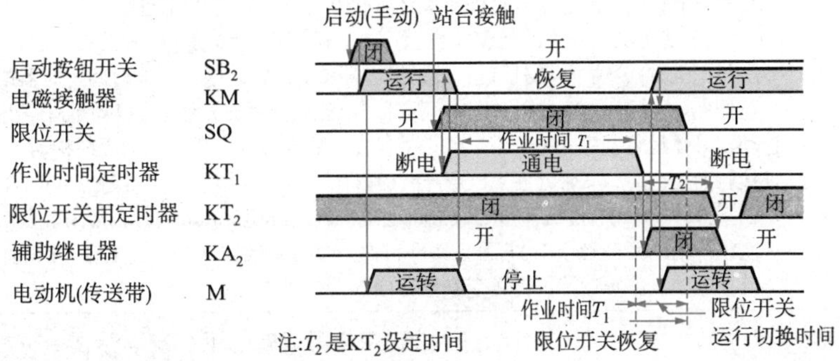
说　明	上图示出了传送带流水线的运转控制时序图
知识点3	**传送带的手动启动和自动停止运行方法**
图　示	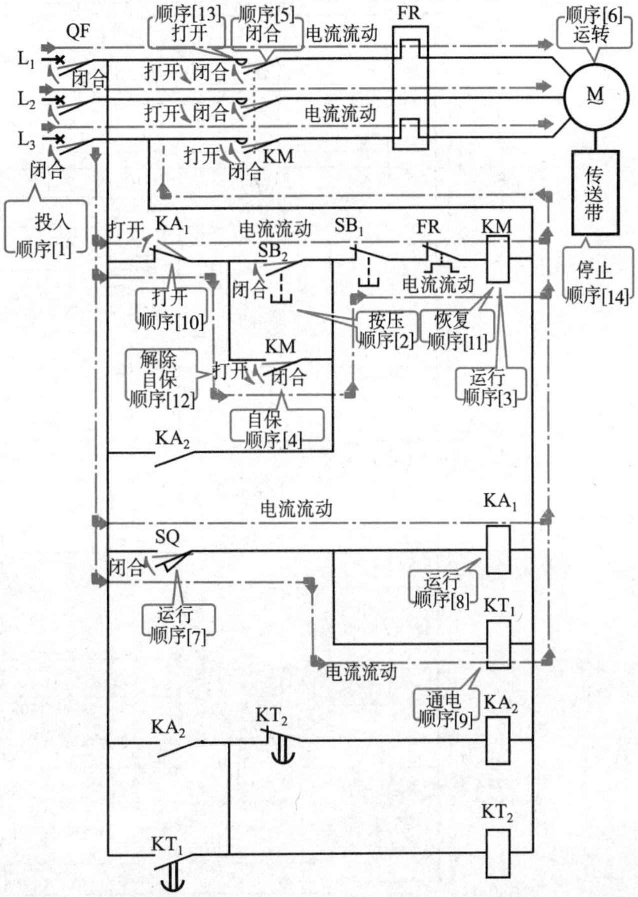
	传送带的手动启动和自动停止运行图如上图所示 ① 基于手动操作的启动信号。将作为电源开关的配线断路器QF投入运行，按压启动按钮开关SB_2时，电磁接触器KM运行，电动机M启动，传送带开始运转。具体运行顺序如下：投入电源开关的配线断路器QF→按压启动按钮开关SB_2，其常开触点闭合→常开触点SB_2闭合，电磁接触器KM运行→辅助常开触点KM闭合，进入自保状态→电磁接触器运行，其三相主触点KM闭合→电

续表11.4

说　明	动机M中有电流流过，电动机开始启动，传送带被带动开始运转 ② 基于限位开关的自动停止运行。传送带运转移动，当安装在传送带侧方边缘上的撞块与限位开关SQ接触时电路接通，辅助继电器KA_1开始运行，作业时间定时器KT_1被通电。当辅助继电器KA_1运行时，其常闭触点KA_1打开，电磁接触器KM恢复，电动机M停止运转，传送带停止传动。具体运行顺序介绍如下：传送带仅在作业人员规定的时间间隔内移动，当限位开关SQ与撞块接触而运行时，其常开触点SQ闭合→辅助继电器KA_1运行→常开触点SQ闭合，作业时间定时器的驱动部分KT_1内有电流流过对其进行通电→辅助继电器KA_1运行，常闭触点KA_1打开→电磁接触器恢复→辅助常开触点KM打开，解除自保→电磁接触器恢复，其主触点KM打开→电动机M中无电流，电动机停止运转，传送带停止运行
知识点4	传送带自动运转的运行方法
图　示	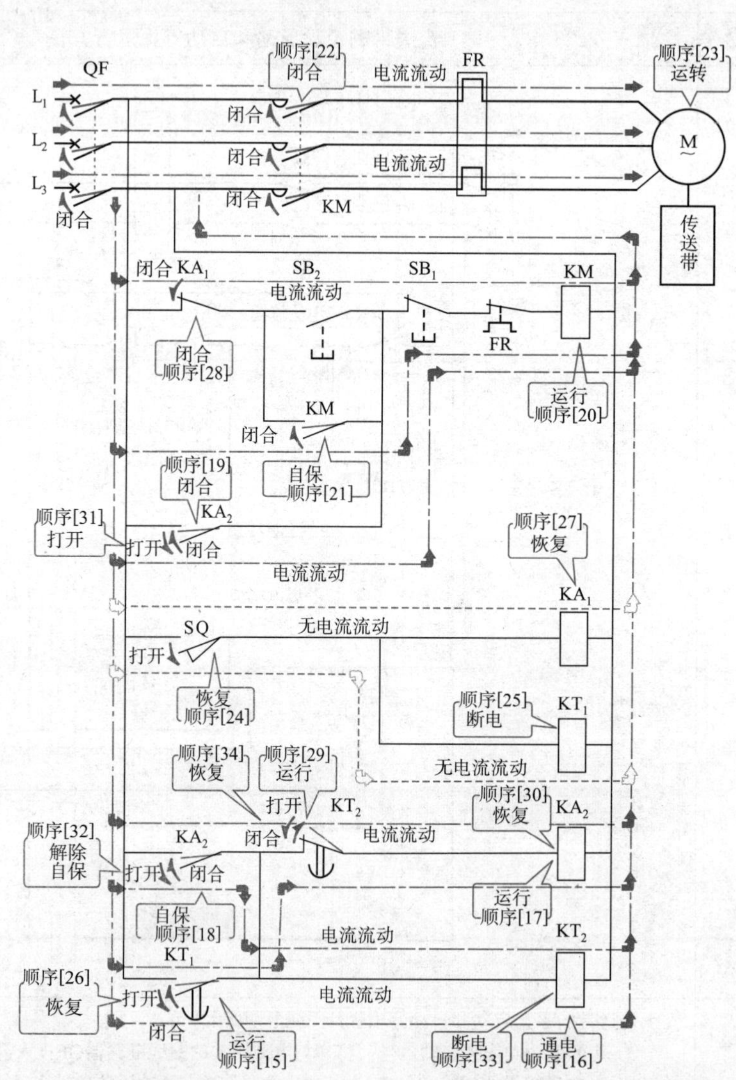

续表11.4

说　明	传送带自动运转的运行图如上图所示。具体运行顺序如下：经过了作业时间定时器KT_1的设定时间T_1，作业时间定时器运行，延时运行常开触点KT_1闭合→限位开关用定时器驱动部分KT_2中有电流流过，开始通电→延时运行常开触点KT_1闭合，辅助继电器KA_2运行→常开触点KA_2闭合，进入自保状态→辅助继电器KA_2运行，常开触点KA_2闭合→电磁接触器KM运行→辅助常开触点KM闭合，进入自保状态→电磁接触器运行，其主触点KM闭合→电动机M中有电流流过，电动机启动，传送带被带动运转→限位开关SQ脱离撞块而恢复，常开触点SQ打开→作业时间定时器KT_1断电→延时运行常开触点KT_1打开→常开触点SQ打开，辅助继电器KA_1恢复→常闭触点KA_1闭合，电磁接触器KM中有电流流过→经过了限位开关定时器KT_2的设定时间T_2，限位开关用定时器运行，延时运行常闭触点KT_2打开，限位开关用定时器KT_2的应用范围包含了限位开关SQ从撞块上移开恢复时的信号偏离→延时运行常闭触点KT_2打开，辅助继电器KA_2恢复→常开触点KA_2打开→解除自保→常开触点KA_2打开，限位开关用定时器KT_2断电

表11.5　电动送风机的延时投入和定时运转控制电路

知识点1	电动送风机的延时投入和定时运转控制
图　示	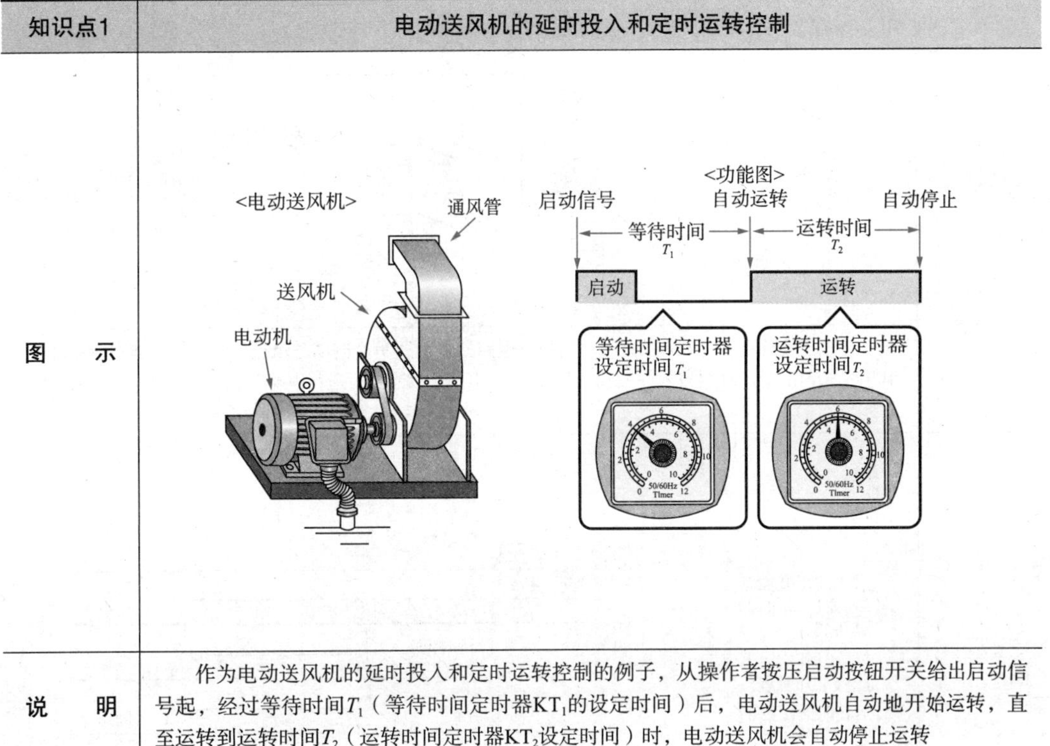
说　明	作为电动送风机的延时投入和定时运转控制的例子，从操作者按压启动按钮开关给出启动信号起，经过等待时间T_1（等待时间定时器KT_1的设定时间）后，电动送风机自动地开始运转，直至运转到运转时间T_2（运转时间定时器KT_2设定时间）时，电动送风机会自动停止运转

续表11.5

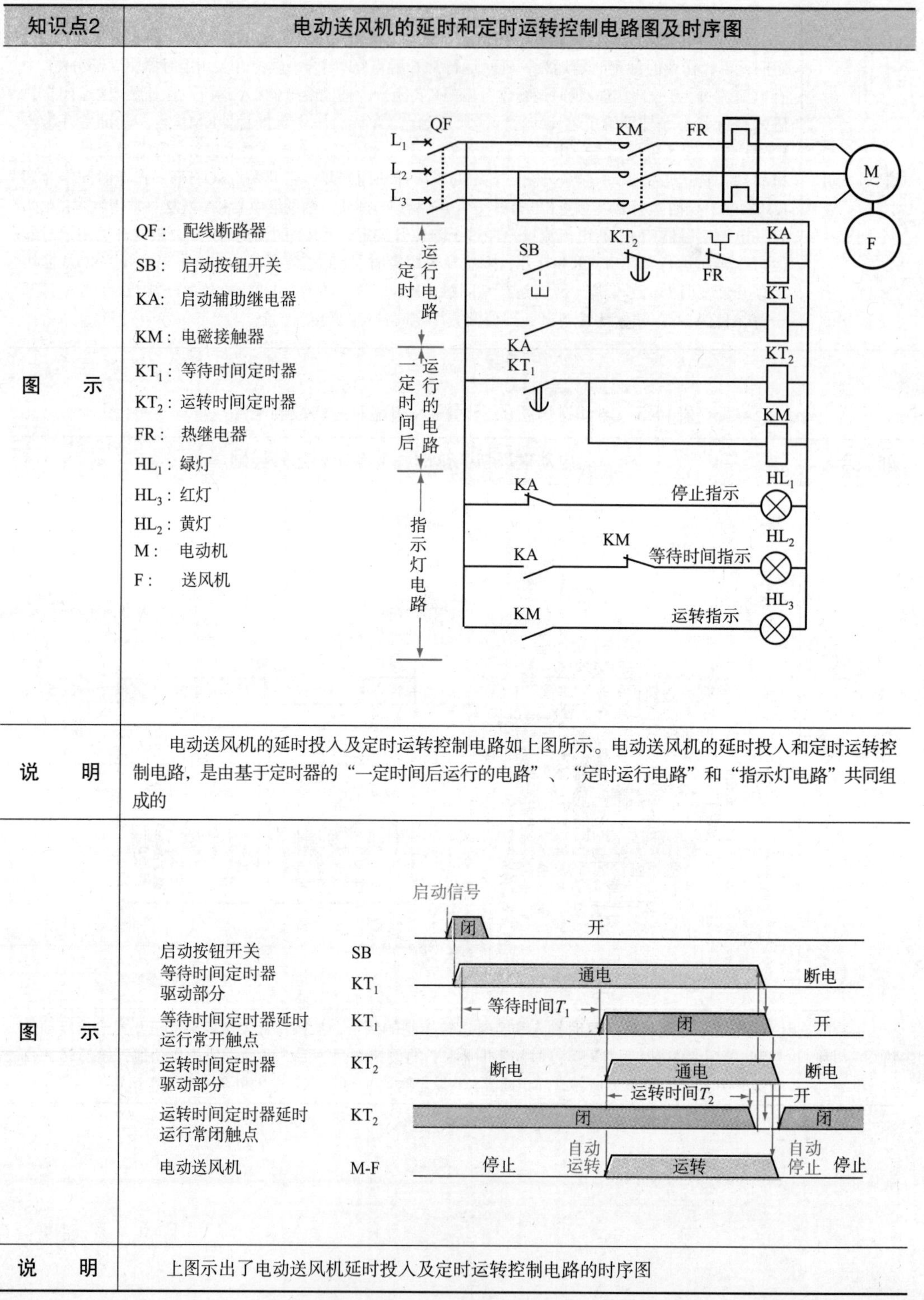

知识点2	电动送风机的延时和定时运转控制电路图及时序图
图 示	QF：配线断路器 SB：启动按钮开关 KA：启动辅助继电器 KM：电磁接触器 KT_1：等待时间定时器 KT_2：运转时间定时器 FR：热继电器 HL_1：绿灯 HL_3：红灯 HL_2：黄灯 M：电动机 F：送风机
说 明	电动送风机的延时投入及定时运转控制电路如上图所示。电动送风机的延时投入和定时运转控制电路，是由基于定时器的“一定时间后运行的电路”、“定时运行电路”和“指示灯电路”共同组成的
图 示	启动按钮开关 SB 等待时间定时器驱动部分 KT_1 等待时间定时器延时运行常开触点 KT_1 运转时间定时器驱动部分 KT_2 运转时间定时器延时运行常闭触点 KT_2 电动送风机 M-F
说 明	上图示出了电动送风机延时投入及定时运转控制电路的时序图

续表11.5

知识点3	电动送风机的延时接入和自动运转的运行方法
图　　示	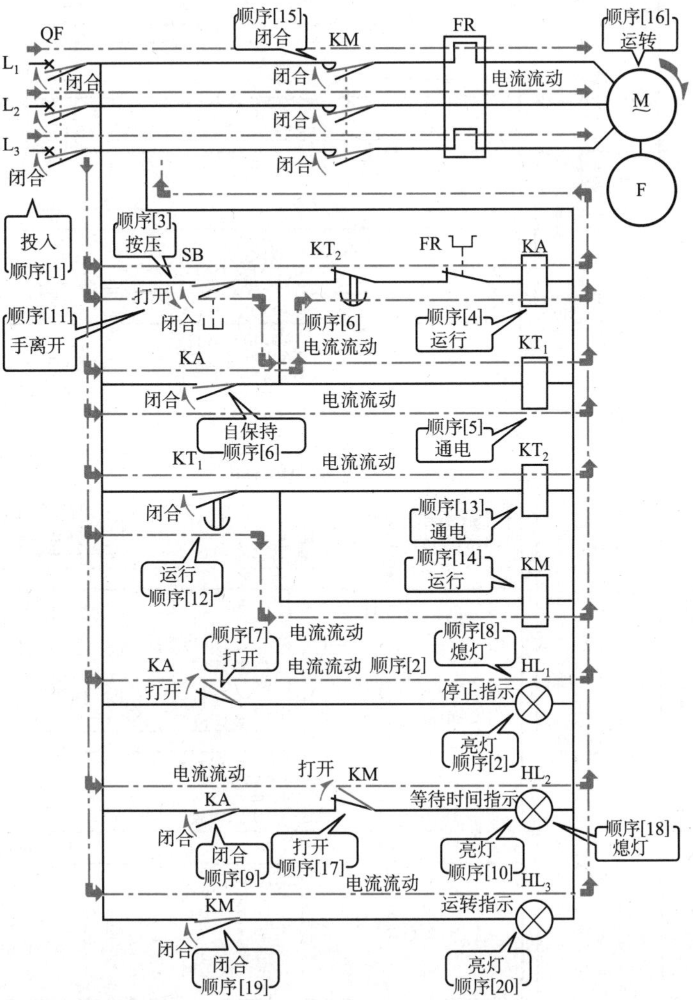
说　　明	① 基于手动操作的启动运行。具体运行顺序如下：接入作为电源开关的配线断路器QF→绿灯HL_1（表示停止）被点亮→按压启动按钮开关SB，其常开触点闭合→启动辅助继电器KA运行→常开触点SB闭合，等待时间定时器KT_1通电→启动辅助继电器KA运行，常开触点KA闭合，在进入自保状态的同时，电流流过等待时间定时器驱动部分KT_1→启动辅助继电器KA运行，常闭触点KA打开→绿灯HL_1（表示停止）熄灭→启动辅助继电器KA运行，常开触点KA闭合→黄灯HL_2（表示等待时间）点亮→按压启动按钮开关SB的手离开 ② 电动送风机的自动运转运行。具体运行顺序介绍如下：经过了等待时间定时器KT_1的设定时间T_1（等待时间）后，等待时间定时器运行，延时运行常开触点KT_1闭合→运转时间定时器的驱动部分KT_2被通电而有电流流过→延时运行常开触点KT_1闭合，电磁接触器KM运行→其三相主触点KM闭合→电动机M中有电流流过，电动机M启动，送风机F运转→电磁接触器运行，辅助常闭触点KM打开→黄灯HL_2（表示等待时间）熄灭→电磁接触器运行，辅助常开触点KM闭合→红灯HL_3（表示运转）点亮

续表11.5

知识点4	电动送风机的自动停止运行方法
图　示	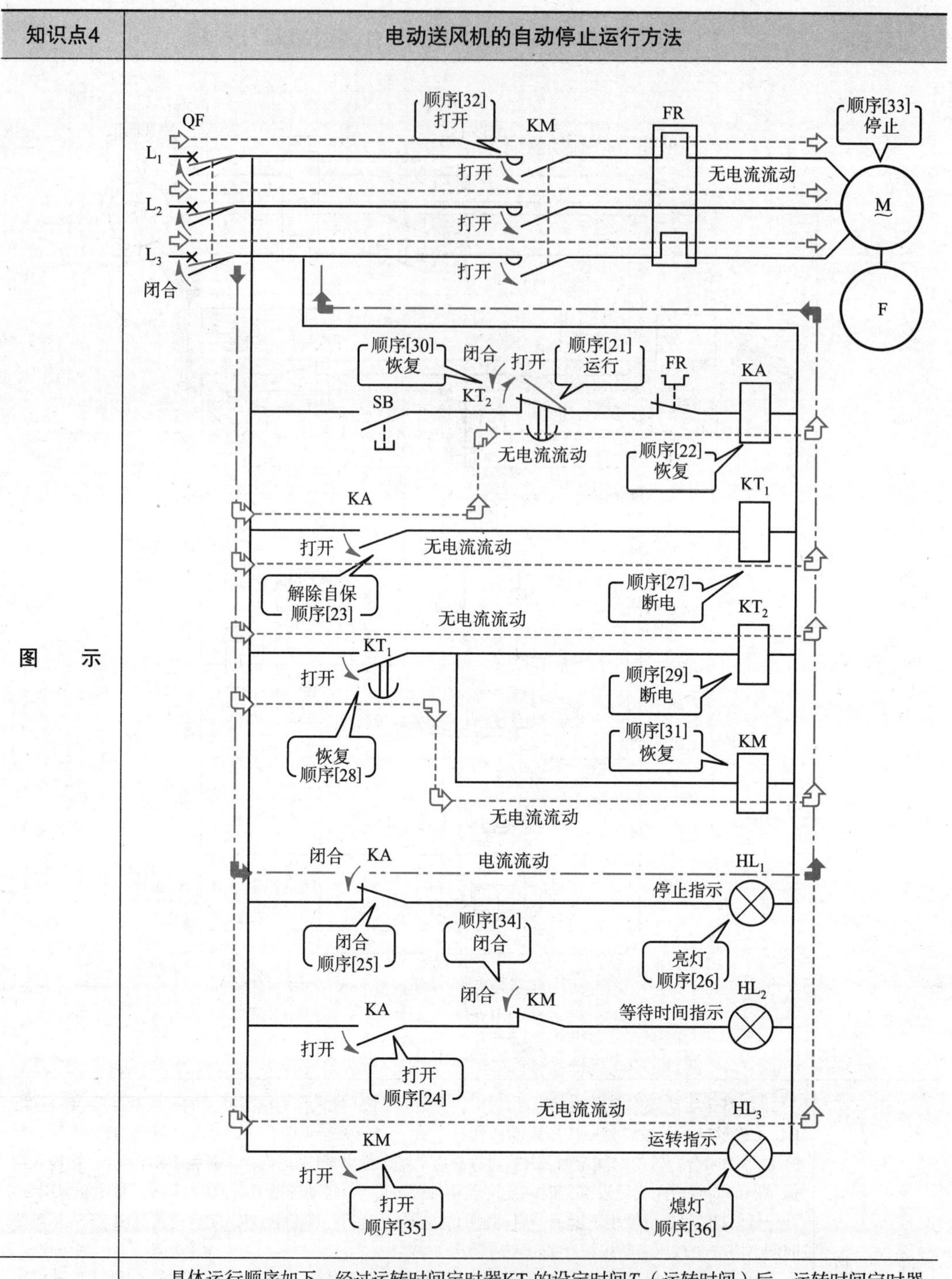
说　明	具体运行顺序如下：经过运转时间定时器KT_2的设定时间T_2（运转时间）后，运转时间定时器运行，延时运行常闭触点KT_2被打开→启动辅助继电器KA恢复→常开触点KA_1打开，解除自保→启动辅助继电器KA恢复，常开触点KA打开→启动辅助继电器KA恢复，常闭触点KA闭合→常闭触点KA闭合，绿灯HL_1点亮（表示停止）→常开触点KA打开，等待时间定时器的驱动部分KT_1中无电流流过，处于断电状态→延时运行常开触点KT_1打开→运转时间定时器的驱动部分KT_2中无电流流过，处于断电状态→延时运行常闭触点KT_2闭合→延时运行常开触点KT_1打开，电磁接触器KM恢

续表11.5

说　明	复→主触点KM断开→电动机M中无电流流过，电动机M停止运转，送风机F停止运行→电磁接触器恢复，常闭触点KM闭合→电磁接触器恢复，常开触点KM打开→红灯HL_3熄灭（表示运转）

表11.6　卷帘门的自动开关控制电路

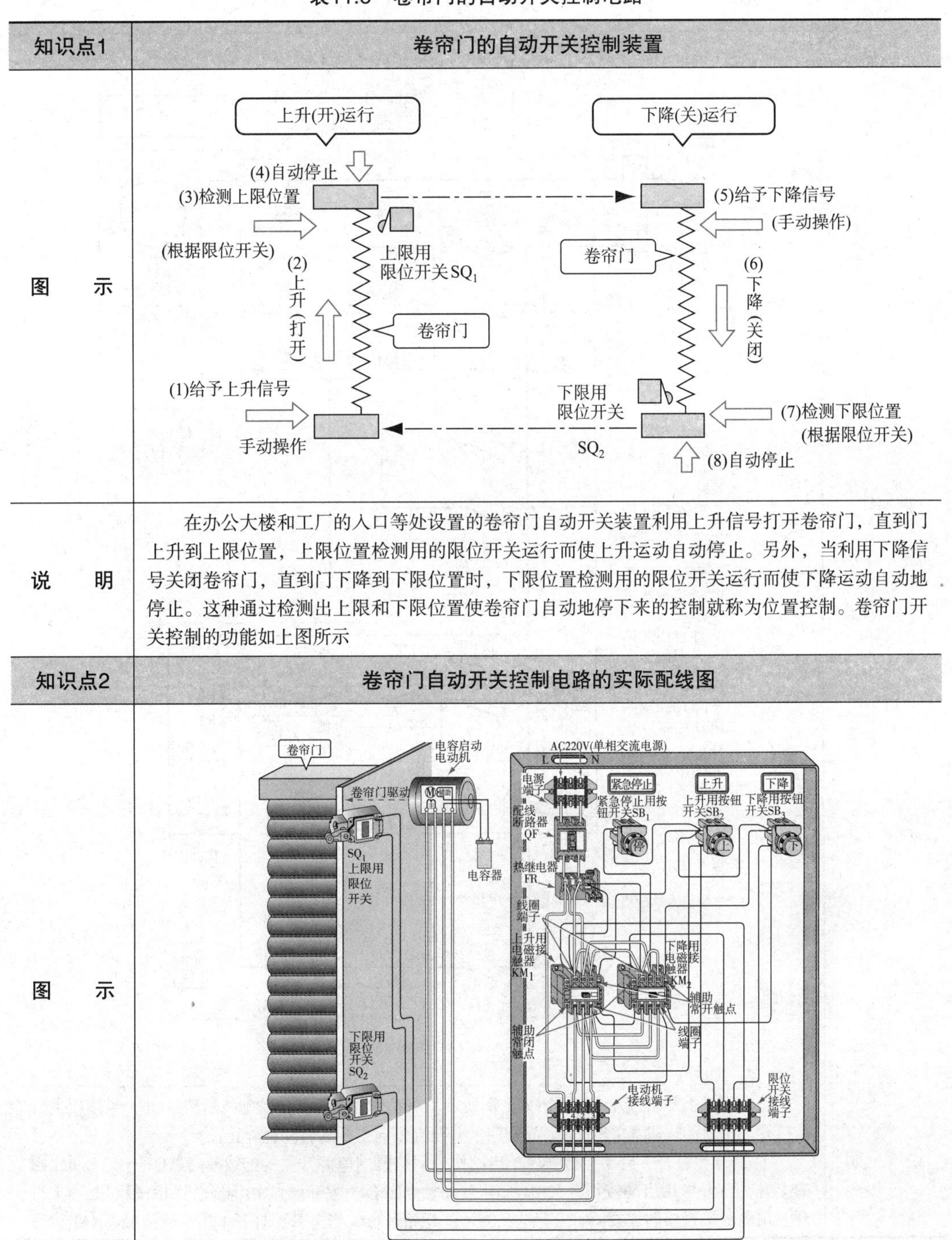

知识点1	卷帘门的自动开关控制装置
图　示	
说　明	在办公大楼和工厂的入口等处设置的卷帘门自动开关装置利用上升信号打开卷帘门，直到门上升到上限位置，上限位置检测用的限位开关运行而使上升运动自动停止。另外，当利用下降信号关闭卷帘门，直到门下降到下限位置时，下限位置检测用的限位开关运行而使下降运动自动地停止。这种通过检测出上限和下限位置使卷帘门自动地停下来的控制就称为位置控制。卷帘门开关控制的功能如上图所示
知识点2	卷帘门自动开关控制电路的实际配线图
图　示	

续表11.6

说　明

卷帘门的自动开关控制电路，采用了作为电源开关的配线断路器，并且利用正转用和反转用电磁接触器的各自的启动按钮开关，使作为卷帘门驱动动力的电容启动电动机运行，据此进行正转（卷帘门打开：上升）和反转（卷帘门关闭：下降）的切换，以及利用停止按钮开关使卷帘门停止运行。实际配线图如上图所示

知识点3　卷帘门的上升（打开）运行

图　示

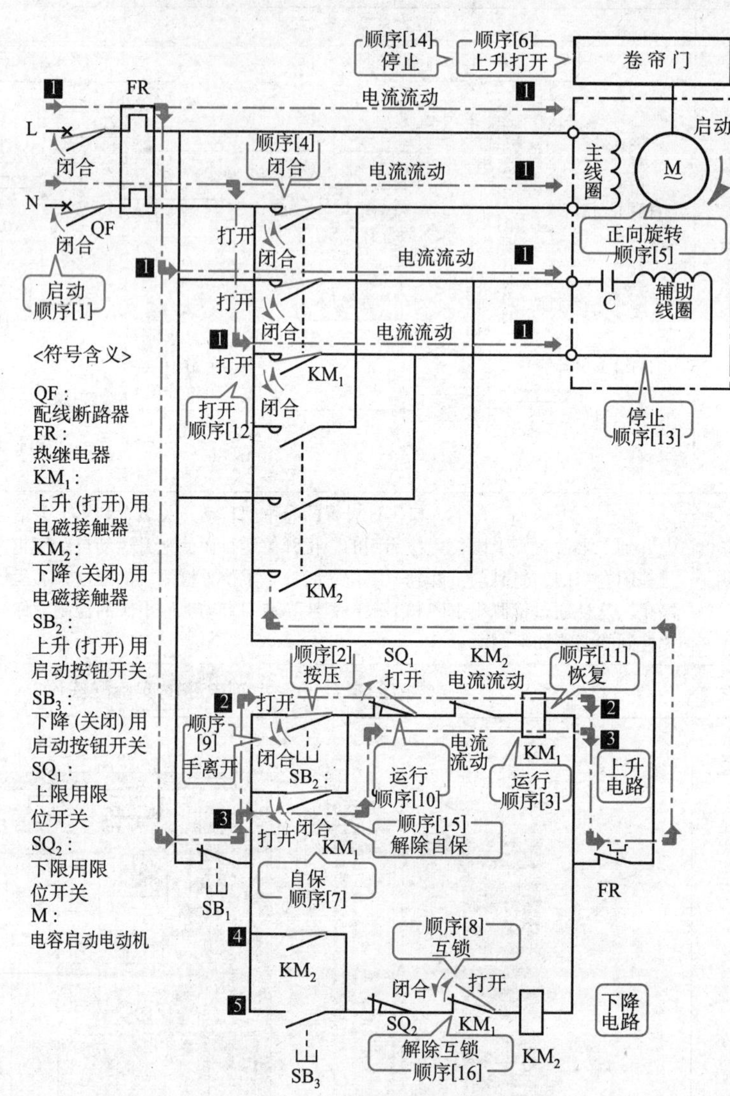

说　明

卷帘门的上升（打开）运行图如上图所示。启动作为电源开关的配线断路器QF，当按压上升（打开）用启动按钮开关SB2时，卷帘门上升至上限而打开后自动地停止

① 上升（打开）启动运行顺序。启动作为回路1的电源开关的配线断路器QF→按压回路2的上升（打开）用启动按钮开关SB_2，其常开触点闭合→常开触点SB_2闭合，回路2的上升（打开）用电磁接触器的线圈KM_1中有电流流过，开始运行，当上升（打开）用电磁接触器KM_1运行

续表11.6

说　明	时，主回路❶的主触点KM_1闭合→回路❶的驱动用电容启动电动机M的主线圈和辅助线圈中有电流流过，电动机启动并且向正方向旋转→卷帘门上升后打开→上升（打开）用KM_1运行，回路❸的自保常开触点KM_1闭合，进入自保状态→上升（打开）用KM_1运行，下降（关闭）回路❺的常闭触点KM_1打开，构成互锁→使按压回路❷的上升（打开）启动按钮开关SB_2的手离开 ② 上升停止运行顺序。卷帘门上升（打开）并达到上限，回路❷的上限用限位开关SQ_1动作，其常闭触点SQ_1打开→回路❷的上升（打开）用电磁接触器线圈KM_1中无电流流过，处于恢复状态，当上升（打开）用电磁接触器KM_1恢复时，主回路❶的主触点KM_1断开→驱动用电容启动电动机M的主线圈和辅助线圈中无电流流动，处于停止状态→驱动用电容启动电动机M停止，卷帘门也停止到上限位置→上升（打开）用KM_1恢复，回路❸的自保常开触点KM_1打开，解除自保状态→上升（打开）用KM_1恢复，下降回路❺的常闭触点KM_1闭合，解除互锁状态
知识点4	**卷帘门的下降（关闭）运行**
图　示	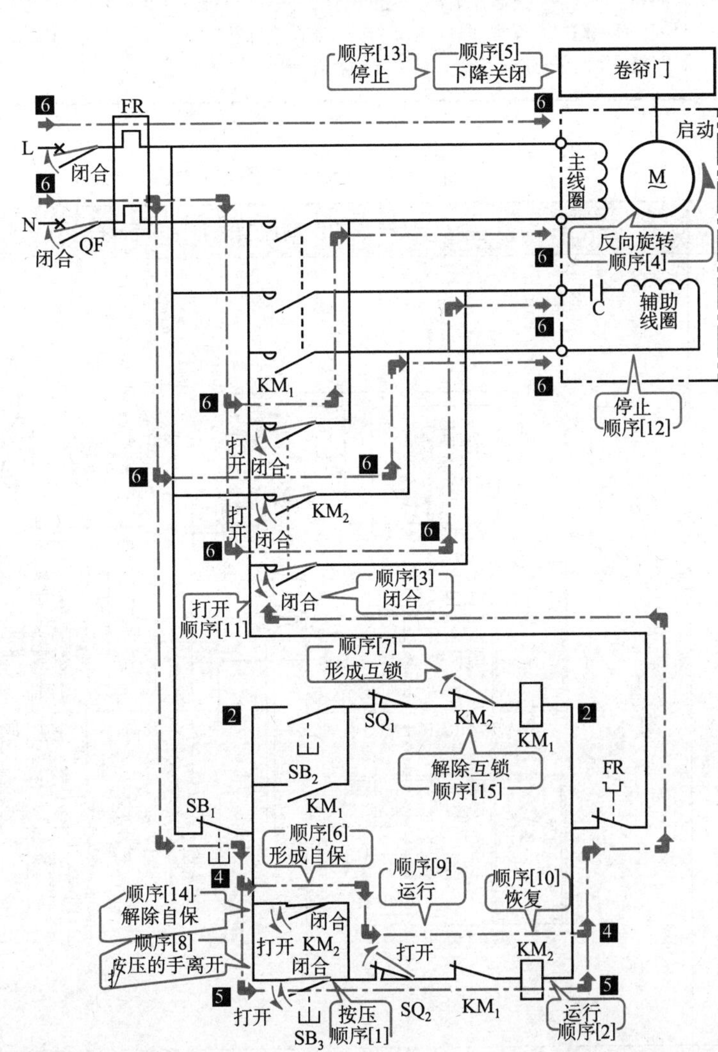

续表11.6

说　明	卷帘门的下降（关闭）运行图如上图所示。卷帘门的上限位置是其打开的状态，当按压下降（关闭）用启动按钮开关SB_3时，卷帘门下降直到降到下限关闭，卷帘门自动地停下来 ① 下降（关闭）启动运行顺序。按压回路❺的下降（关闭）用启动按钮开关SB_3，其常开触点闭合→常开触点SB_3闭合，回路❺的下降（关闭）用电磁接触器的线圈KM_2中有电流流过，开始运行，当下降（关闭）用电磁接触器KM_2运行时，主回路❻的主触点KM_2闭合→回路❻的驱动用电容启动电动机M的主线圈和辅助线圈中有电流流过，电动机启动并向反方向旋转→卷帘门下降并关闭→下降（关闭）用KM_2运行，回路❹的自保常开触点KM_2闭合而进入自保状态→下降（关闭）用KM_2运行，上升（打开）回路❷的常闭触点KM_2打开而构成互锁状态→使按压回路❺下降（关闭）用启动按钮开关SB_3的手离开 ② 下降（关闭）停止运行顺序。卷帘门下降（关闭）到下限，下限用限位开关SQ_2动作，其常闭触点SQ_2打开→回路❺的下降（关闭）电磁接触器线圈KM_2内无电流，进入恢复状态，当下降（关闭）用电磁接触器KM_2恢复时，主回路❻的主触点KM_2打开→驱动用电容启动电动机M的主线圈和辅助线圈中无电流流动，电动机M停止运行→卷帘门也停在下限位置→下降（关闭）用KM_2恢复，回路❹的自保常开触点KM_2打开，解除自保状态→下降（关闭）用KM_2恢复，上升（打开）回路❷的常闭触点KM_2闭合，解除互锁状态

表11.7　电炉的温度控制电路

知识点1	电炉的温度控制电路实际配线图
图　示	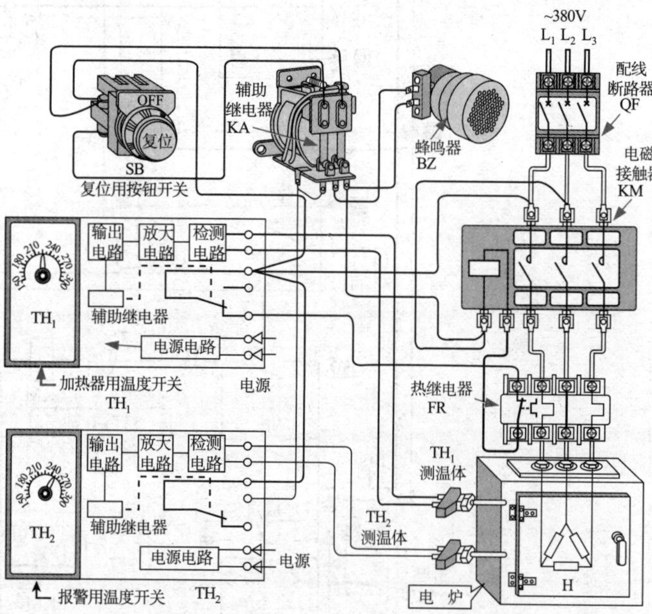
说　明	利用控制炉内温度进行加热处理等的装置称为电炉，电炉的温度控制电路实际配线图如上图所示

续表11.7

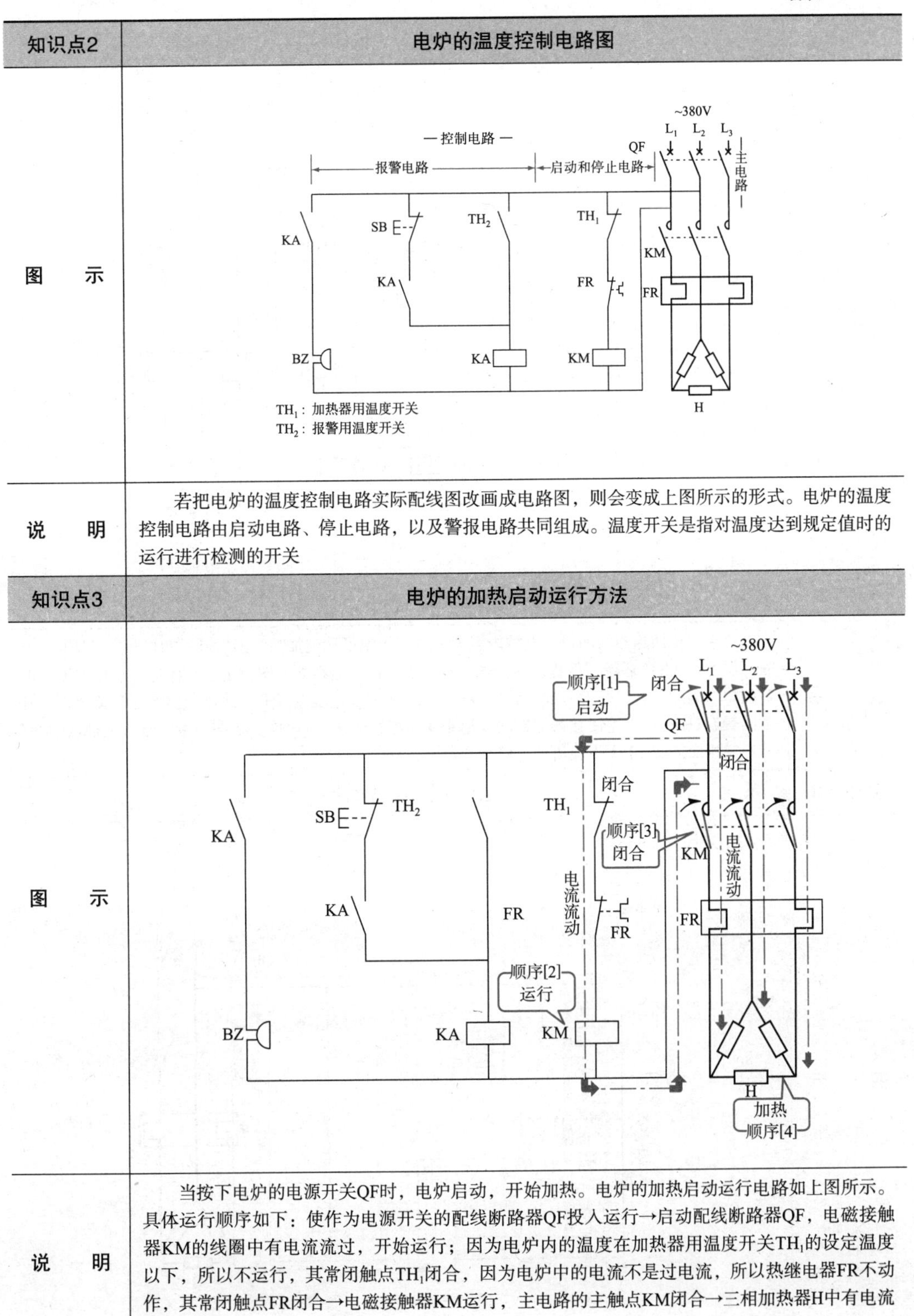

知识点2	电炉的温度控制电路图
图　　示	
说　　明	若把电炉的温度控制电路实际配线图改画成电路图，则会变成上图所示的形式。电炉的温度控制电路由启动电路、停止电路，以及警报电路共同组成。温度开关是指对温度达到规定值时的运行进行检测的开关
知识点3	**电炉的加热启动运行方法**
图　　示	
说　　明	当按下电炉的电源开关QF时，电炉启动，开始加热。电炉的加热启动运行电路如上图所示。具体运行顺序如下：使作为电源开关的配线断路器QF投入运行→启动配线断路器QF，电磁接触器KM的线圈中有电流流过，开始运行；因为电炉内的温度在加热器用温度开关TH_1的设定温度以下，所以不运行，其常闭触点TH_1闭合，因为电炉中的电流不是过电流，所以热继电器FR不动作，其常闭触点FR闭合→电磁接触器KM运行，主电路的主触点KM闭合→三相加热器H中有电流流动，于是启动，进行加热

续表11.7

知识点4	电炉加热停止运行方法
图　示	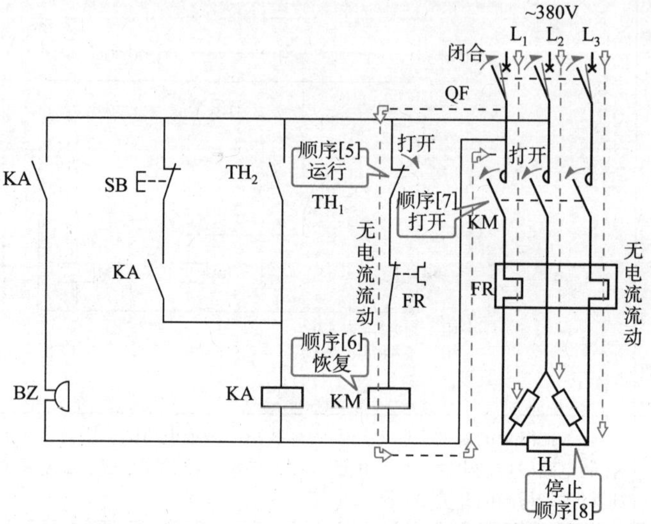
说　明	由于三相加热器的加热，电炉内温度上升。当温度达到加热炉温度开关TH_1的设定温度以上时，温度开关TH_1运行，停止加热操作。电炉加热停止运行如上图所示。具体运行顺序如下：电炉的炉内温度上升，并上升到加热器温度开关TH_1的设定温度以上，加热器用温度开关运行，其常闭触点TH_1打开→电磁接触器KM的线圈中无电流流动，进入恢复状态→主电路的主触点KM断开→三相加热器H中无电流流动，停止加热
知识点5	电炉的报警运行方法
图　示	

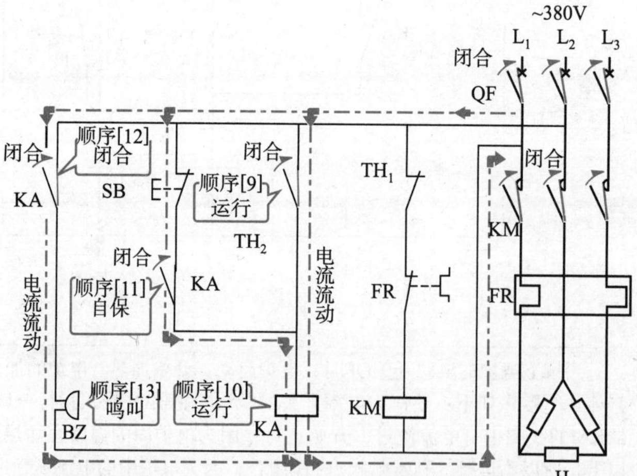

续表11.7

说　明	由于电炉的异常，三相加热器会产生过热现象。当超过设定温度而达到报警温度时，报警温度开关TH_2运行，蜂鸣器BZ鸣叫，发出警报。电炉的报警运行电路如上图所示。具体运行顺序如下：由于电炉异常而使炉内温度上升到报警温度，报警用温度开关运行，其常开触点TH_2闭合→辅助继电器KA的线圈中有电流流动，因而运行。当辅助继电器KA运行时，常开触点KA闭合，进入自保状态→辅助继电器KA运行，常开触点KA闭合→蜂鸣器BZ中有电流流过，BZ开始鸣叫。当炉内温度下降到报警温度以下时，报警用温度开关TH_2恢复，常开触点TH_2打开，因为辅助继电器KA处于自保状态，所以蜂鸣器继续鸣叫
知识点6	**电炉的报警运行复位方法**
图　示	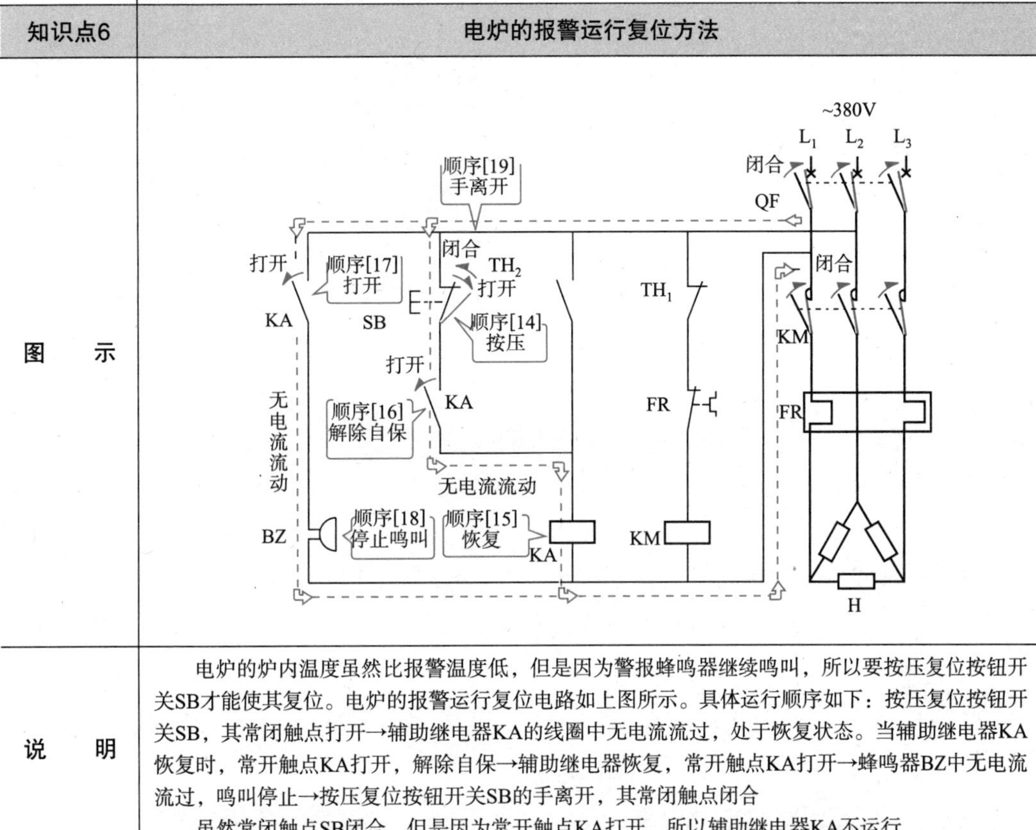
说　明	电炉的炉内温度虽然比报警温度低，但是因为警报蜂鸣器继续鸣叫，所以要按压复位按钮开关SB才能使其复位。电炉的报警运行复位电路如上图所示。具体运行顺序如下：按压复位按钮开关SB，其常闭触点打开→辅助继电器KA的线圈中无电流流过，处于恢复状态。当辅助继电器KA恢复时，常开触点KA打开，解除自保→辅助继电器恢复，常开触点KA打开→蜂鸣器BZ中无电流流过，鸣叫停止→按压复位按钮开关SB的手离开，其常闭触点闭合 虽然常闭触点SB闭合，但是因为常开触点KA打开，所以辅助继电器KA不运行

科学出版社

科龙图书读者意见反馈表

书　　名 ________________________________

个人资料

姓　　名：____________ 年　　龄：__________ 联系电话：________________

专　　业：____________ 学　　历：__________ 所从事行业：______________

通信地址：______________________________ 邮　　编：__________

E-mail：______________________________

宝贵意见

◆ 您能接受的此类图书的定价

20 元以内□　30 元以内□　50 元以内□　100 元以内□　均可接受□

◆ 您购本书的主要原因有(可多选)

学习参考□　教材□　业务需要□　其他____________

◆ 您认为本书需要改进的地方(或者您未来的需要)

____

____

◆ 您读过的好书(或者对您有帮助的图书)

____

____

◆ 您希望看到哪些方面的新图书

____

____

◆ 您对我社的其他建议

____

____

谢谢您关注本书！您的建议和意见将成为我们进一步提高工作的重要参考。我社承诺对读者信息予以保密，仅用于图书质量改进和向读者快递新书信息工作。对于已经购买我社图书并回执本“科龙图书读者意见反馈表”的读者，我们将为您建立服务档案，并定期给您发送我社的出版资讯或目录；同时将定期抽取幸运读者，赠送我社出版的新书。如果您发现本书的内容有个别错误或纰漏，烦请另附勘误表。

回执地址：北京市朝阳区华严北里 11 号楼 3 层

科学出版社东方科龙图文有限公司电工电子编辑部(收)

邮编：100029